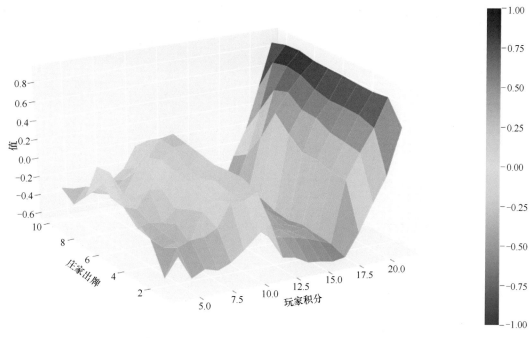

图4.3　首次访问蒙特卡洛预测算法在21点游戏中状态值的三维示例图

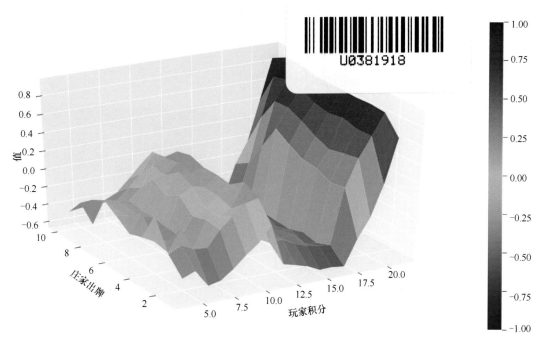

图4.4　每次访问蒙特卡洛预测算法在21点游戏中的状态值三维示例图

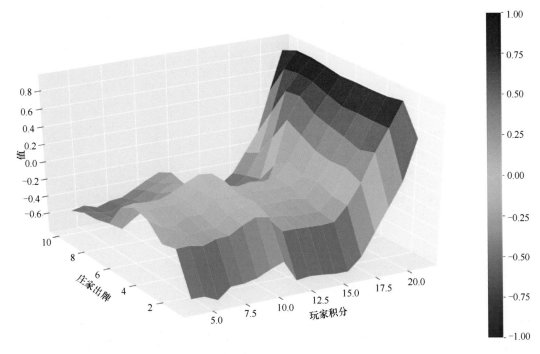

图4.7　固定策略的非起始点探索的蒙特卡洛控制21点游戏的对应价值

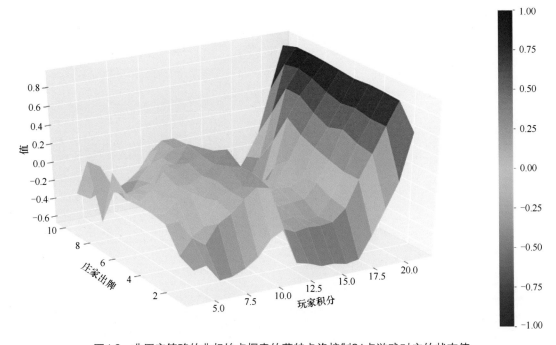

图4.8　非固定策略的非起始点探索的蒙特卡洛控制21点游戏对应的状态值

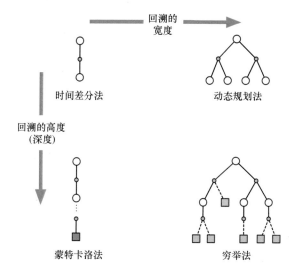

图5.7 强化学习求解方法的差异

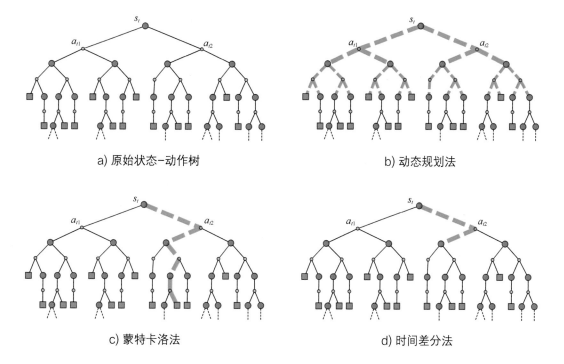

a) 原始状态-动作树

b) 动态规划法

c) 蒙特卡洛法

d) 时间差分法

图5.8 使用树状结构模拟马尔可夫决策过程,综合对比动态规划法、
蒙特卡洛法、时间差分法的差异[Sutton el al. 1998]

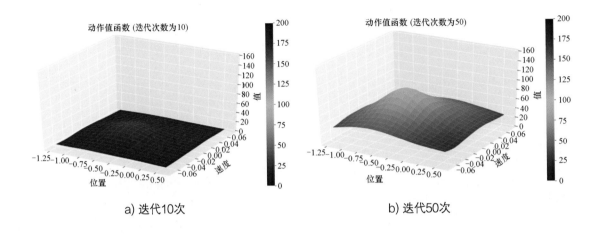

a) 迭代10次   b) 迭代50次

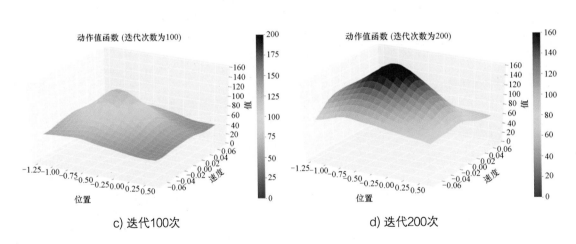

c) 迭代100次   d) 迭代200次

图 6.9　爬山车游戏中，基于值函数近似法的不同迭代次数的动作值函数对比图。x轴为小车当前所在位置，y轴为小车当前速度，z轴为小车位置和速度对应的状态值

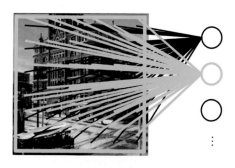 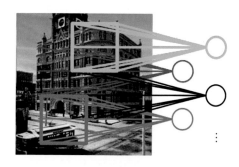

a) 全连接神经网络　　　　　　　　　b) 局部连接神经网络

图9.12　全连接与局部连接的对比示例

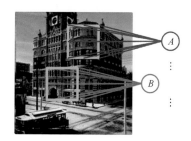 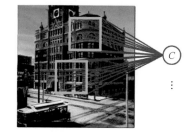

a) 没有权值共享　　　　　　　　　b) 权值共享

图9.13　带有权值共享和没有权值共享的对比示例

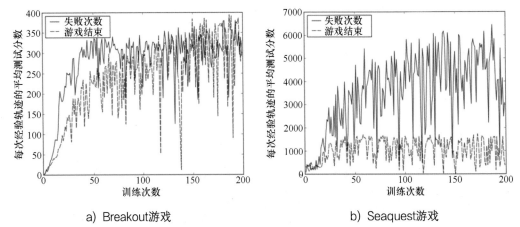

a) Breakout游戏   b) Seaquest游戏

图10.7 在Breakout 和 Seaquest 游戏中，基于失败次数和游戏结束的结果对比[Roderick et al. 2017]

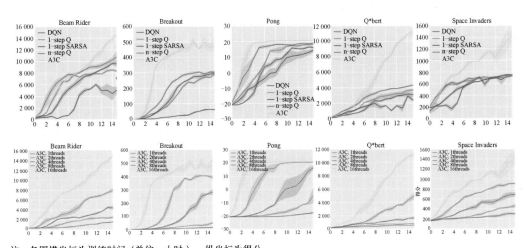

注：各图横坐标为训练时间（单位：小时），纵坐标为得分。

图11.4 A3C算法实验对比图[Mnih et al. 2016]

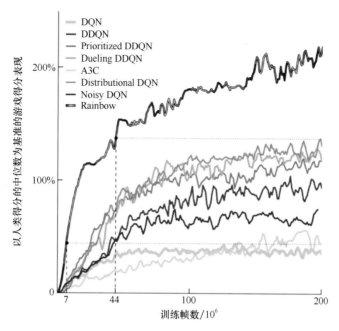

图11.5 Rainbow模型测试结果[Matteo et al. 2017]

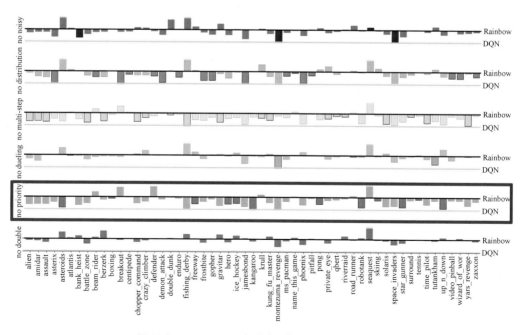

图11.6 Rainbow元素对比图[Matteo et al. 2017]

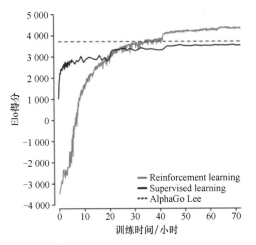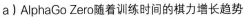

a）AlphaGo Zero随着训练时间的棋力增长趋势

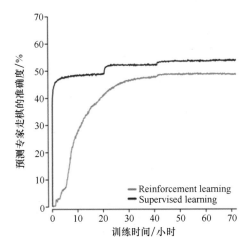

b）预测专家走棋的准确度变化趋势

图12.13　AlphaGo Zero训练结果

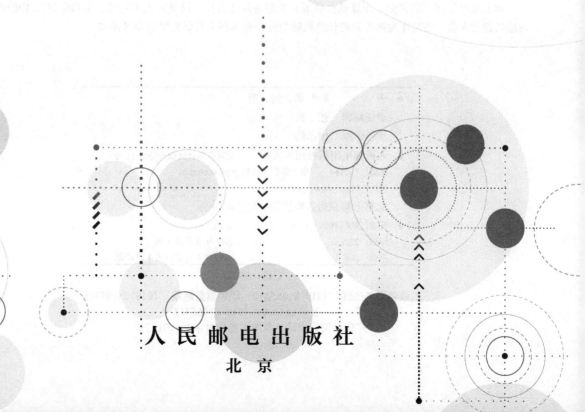

Deep Reinforcement Learning: Principles and Practices

深度强化学习
原理与实践

陈仲铭
何 明 著

人民邮电出版社

北 京

图书在版编目（CIP）数据

深度强化学习原理与实践 / 陈仲铭，何明著. -- 北京：人民邮电出版社，2019.5（2022.1重印）
ISBN 978-7-115-50532-3

Ⅰ. ①深… Ⅱ. ①陈… ②何… Ⅲ. ①机器学习—研究 Ⅳ. ①TP181

中国版本图书馆CIP数据核字(2019)第000679号

内 容 提 要

本书构建了一个完整的深度强化学习理论和实践体系：从马尔可夫决策过程开始，根据价值函数、策略函数求解贝尔曼方程，到利用深度学习模拟价值网络和策略网络。书中详细介绍了深度强化学习相关最新算法，如 Rainbow、Ape-X 算法等，并阐述了相关算法的具体实现方式和代表性应用（如 AlphaGo）。此外，本书还深度剖析了强化学习各算法之间的联系，有助于读者举一反三。

本书分为四篇：初探强化学习、求解强化学习、求解强化学习进阶和深度强化学习。涉及基础理论到深度强化学习算法框架的各方面内容，反映了深度强化学习领域过去的发展历程和最新的研究进展，有助于读者发现该领域中新的研究问题和方向。

本书适用于计算机视觉、计算机自然语言的相关从业人员，以及对人工智能、机器学习和深度学习感兴趣的人员，还可作为高等院校计算机等相关专业本科生及研究生的参考用书。

◆ 著　　　　　陈仲铭　何　明

　　责任编辑　张　爽

　　责任印制　焦志炜

◆ 人民邮电出版社出版发行　　北京市丰台区成寿寺路 11 号

　邮编　100164　电子邮件　315@ptpress.com.cn

　网址　http://www.ptpress.com.cn

　北京七彩京通数码快印有限公司印刷

◆ 开本：800×1000　1/16　　　　彩插：4

　印张：22.5　　　　　　　　　2019 年 5 月第 1 版

　字数：508 千字　　　　　　　2022 年 1 月北京第 4 次印刷

定价：99.00 元

读者服务热线：(010)81055410　印装质量热线：(010)81055316
反盗版热线：(010)81055315
广告经营许可证：京东市监广登字20170147号

序　一

　　强化学习是一门具有50多年历史的学科。该学科从生物学的试错方式和数学的最优控制问题开始萌芽。直到20世纪90年代，受马尔可夫决策过程理论的影响，强化学习的现代形式才逐渐兴起和趋于完善，并于20世纪90年代后期在Sutton和Barto的努力下，建立了完整的学科体系。

　　近年来，DeepMind团队提出了第一个深度强化学习算法（DQN），开发出了首次战胜人类职业棋手的围棋程序（AlphaGo）。受到DeepMind团队关于深度强化学习研究的影响，深度强化学习领域得到空前关注。据统计，在国际机器学习大会（ICML 2018）提交的论文中，强化学习相关的论文提交数量仅次于深度学习，成为ICML 2018第二大研究主题。

　　深度强化学习是深度学习和强化学习的结合，这两种学习方式在很大程度上是正交的，其数学结合方式非常优美。强化学习需要通过数据逼近函数的方法来部署价值函数、策略、环境模型和更新状态，而深度学习则是近年来最热、最成功的函数逼近器，两者的结合能够显著提升深度强化学习的应用范围。另外，在人工智能算法中，理想的智能系统能够在不接受持续监督的情况下自主学习、自主判断对错，而深度强化学习正是其中的最佳代表之一。

　　《深度强化学习原理与实践》一书对深度强化学习的基本概念、原理和应用技术做了深入浅出的讲解。相信本书的出版会对从事人工智能相关研究的工作者和研究人员大有裨益，能够在一定程度上促进国内深度强化学习的研究和应用。希望我国能够有更多的研究者参与到科研工作中，同时我也很高兴可以看到我国新一代人工智能创新活动的蓬勃发展。

中国科学院院士

张景中

序　二

AlphaGo围棋程序在人机大战中所取得的成绩，比专家预测的人工智能在围棋领域战胜人类职业选手的时间提前了10年，这极大地突破了人类已有的认知。同时，这一成绩使得AlphaGo围棋程序背后的核心技术——深度强化学习，第一次大范围地进入大众视野。

理实交融，相辅相成。深度强化学习是一种理论与实践结合较为紧密的技术，缺一不可。一方面，在深度强化学习中，涉及大量的基础知识，如动态优化、贝尔曼方程、蒙特卡洛采样等；另一方面，深度强化学习的核心组成（即强化学习和深度学习）均为实践性较强的技术。从业者想要系统性地掌握深度强化学习，需要很好地兼顾理论与实践两个方面。

目前，关于深度强化学习的参考书还较为缺乏，能够兼顾理论与实践两个方面的参考书更是少之又少，而《深度强化学习原理与实践》这本书就较好地兼顾了理论与实践两个部分。该书在对深度强化学习原理进行系统性梳理和介绍的基础上，给出了众多重要算法的代码实现，内容丰富且翔实。

相信《深度强化学习原理与实践》的出版，不仅能够为从业者带来更多的理论参考与指导，而且能够为深度强化学习算法的落地提供更好的实践参考与指导，使得深度强化学习在更多领域开花、结果。

中国科学技术大学大数据学院常务副院长

陈恩红

序 三

近年来，深度强化学习在工业界呈现"星火燎原"之势。从围棋对弈到自动工业机器人，从个性化电商到自动驾驶，背后都依靠基于深度强化学习的智能决策系统。智能手机，作为与用户联系最为紧密的终端设备，尤为需要基于深度强化学习所提供的自学习能力。

事实上，在深度强化学习中，智能体通过与环境进行交互并动态地完善自身动作策略的学习模式，与用户使用终端设备的行为习惯极为类似，这使得在智能终端落地深度强化学习拥有天然的优势。另外，通过充分利用深度强化学习所具备的感知优势和决策优势，能够更好地捕捉与刻画终端用户的兴趣漂移和行为变化。基于此，OPPO研究院针对深度强化学习技术与终端的有机融合做了大量的研究与实践，进而为用户提供更个性、更智能的使用体验。

"工欲善其事，必先利其器"。将深度强化学习落地到实际应用场景，既需要系统性地了解其背后的算法原理，又需要具备良好的工程实践能力。在《深度强化学习原理与实践》一书中，两位作者既给出了详细的理论介绍，同时也给出了大量的算法代码实现。相信通过对此书的学习，读者能够较好地理解和掌握这两方面的内容。

OPPO作为全球性的智能终端制造商和移动互联网服务提供商，将持续探索更多前沿技术（如生物科技、量子通信等）与手机融合的可能性，以持续提升OPPO在终端和互联网服务的智能化程度。

OPPO研究院院长

刘畅

前　言

编写背景

2014年1月，Google斥巨资收购了位于英国伦敦的人工智能公司——DeepMind。DeepMind在深度强化学习领域中，设计出第一个深度强化学习算法DQN，并开发出战胜了人类最为顶尖的围棋职业选手李世石的AlphaGo围棋程序，震惊了世人。

随着AlphaGo的成名，深度强化学习开始吸引众多研究者的关注和研究。大量与深度强化学习相关的技术论文开始出现在人工智能领域的学术会议上，如IJCAI（国际人工智能联合会议）、AAAI（美国人工智能协会年会）、ICML（国际机器学习大会）和NIPS（神经信息处理系统大会）等。此外，越来越多的企业也开始加码对深度强化学习的布局和研究，致力于降低深度强化学习的准入门槛。如Google于2018年开源的深度强化学习框架——多巴胺（Dopamine），旨在为入门或资深的深度强化学习研究人员提供具备灵活性、稳定性和可重复性的研究平台。

不可否认的是，深度强化学习在实际应用中依然存在着一定的约束和弊端，如面临维数灾难、奖励稀疏等挑战。但基于深度强化学习所拥有的强大表征优势和决策优势，能够为人工智能领域的发展带来更多的可能：医疗领域，通过深度强化学习能够对恶性肿瘤进行精确检测，其检测准确率比普通医生提高了20%；自动驾驶领域，通过深度强化学习能够进一步提升出行和驾驶体验；智能终端领域，通过深度强化学习能够让数字设备更加人性化。

回顾过去十年，云计算的兴起和数据的爆炸式增长，极大地推动了深度强化学习的发展。尤其是随着越来越多从业者的加入和研究，相信深度强化学习能够在更多领域取得如AlphaGo一样的成就。

"数风流人物，还看今朝！"

本书结构

本书包含12个章节和5个附录，其中第1~8章围绕强化学习领域，第9~12章围绕深度强化学习领域，附录A~附录E主要介绍深度学习相关的基础知识。基于章节之间的逻辑关系，本书将12个章节分成四篇（核心为第二~四篇），接下来对这四篇内容分别进行简要介绍。

第一篇（第1~2章）

这部分主要围绕强化学习的概念和基础框架，包括其基本概念和数学原理。该部分介绍的基础知识将贯穿全书，尽管涉及的数学公式和推导方程稍显复杂，但有助于深度理解强化学习的基础概念。

第1章按顺序依次介绍强化学习的发展历史、基础理论、应用案例、特点与未来。从强化学习的发展历史中可以了解强化学习与机器学习之间的关系；基础理论可以帮助读者对强化学习有一个整体的认识与了解，通过具体的应用案例可以了解如何对强化学习进行落地应用。最后，从宏观角度对强化学习的特点与未来进行了讨论。第2章则集中介绍强化学习涉及的数学概念，从马尔可夫决策过程对强化学习任务的表示开始，到介绍价值函数和策略。其中，价值函数是强化学习的核心，后续章节的大部分求解方法都集中在价值函数的逼近上。

第二篇（第3~5章）

这部分主要探讨如何通过数学求解获得强化学习的最优策略。对于基于模型的强化学习任务可以使用动态规划法，对于免模型的强化学习任务可以使用蒙特卡洛法和时间差分法。值得注意的是，本部分对于强化学习任务的求解使用的是基于表格的求解方法。

第3章介绍使用动态规划法求解强化学习任务，通过策略评估和策略改进的迭代交互计算方式，提出了用以求解价值函数和策略的策略迭代算法。然而策略迭代算法存在效率低、初始化随机性等问题，研究者又提出了值迭代算法。由于实际情况中不一定能够获得完备的环境知识，因此出现了第4章的针对免模型任务的强化学习求解方法。其中，蒙特卡洛求解法基于采样的经验轨迹，从真实/仿真的环境中进行采样学习，并分别从蒙特卡洛预测、蒙特卡洛评估到蒙特卡洛控制进行了详细介绍。事实上，蒙特卡洛法同样存在一些不足，如使用离线学习方式、数据方差大、收敛速度慢等，这会导致在真实环境中的运行效果并不理想。第5章中引入了在线学习的时间差分法，主要分为固定策略的Sarsa算法和非固定策略的Q-learning算法。需要注意的是，Q-learning算法将作为深度强化学习（即第四篇）中的基础算法之一。

第三篇（第6~8章）

动态规划法、蒙特卡洛法、时间差分法都属于基于表格的求解方法。近似求解法通过寻找目标函数的近似函数，大大降低了表格求解法所需的计算规模和复杂度。近似求解方法主要分为3种：基于价值的强化学习求解法——值函数近似法；基于策略的强化学习求解法——策略梯度法；基于模型的强化学习求解法——学习与规划。

第6章详细介绍了基于价值的强化学习任务求解方法，即对价值函数进行近似求解。通过对函数近似进行数学解释，来引入值函数近似的数学概念和值函数近似法。然而，基于值函数近似的方法难以处理连续动作空间的任务，因此有了第7章介绍的策略梯度法。其将策略的学习从概率集合变换成策略函数，通过求解策略目标函数的极大值，得到最优策略。第8章为基于模型的强化学习，智能体从真实的经验数据中学习环境模型，并基于该环境模型产生的虚拟经验轨迹进行规划，从而获得价值函数或者策略函数。

第四篇（第9~12章）

此部分主要围绕深度强化学习展开，该技术通过结合深度学习的表征能力和强化学习的决策能力，使得智能体具备了更好的学习能力，能够解决更为复杂的感知决策问题。

第9章首先概述深度学习中较为经典的3种网络结构模型：深度神经网络、卷积神经网络和循环神经网络。随后介绍深度强化学习相关概念，并对深度强化学习当前具有代表性的应用进行简单介绍。第10章介绍了第一个深度强化学习算法：DQN算法。该方法通过结合Q-learning算法、经验回放机制以及卷积神经网络生成目标Q值等技术，有效地解决了深度学习和强化学习融合过程中所面临的问题和挑战，实现了深度学习与强化学习的深层次融合。第11章介绍了DQN算法所存在的不足，以及后续研究者所提出的具有代表性的深度强化学习算法：DDPG算法、A3C算法、Rainbow算法和Ape-X算法。第12章全面而细致地介绍了AlphaGo程序的设计思想与原理，并给出了AlphaGo和AlphaGo Zero程序的算法细节。

本书的最后提供了附录A~附录E，内容涵盖深度学习方面相关函数、算法及技巧，供读者学习使用。

建议和反馈

为了帮助广大读者更好地理解和使用书中的案例代码，本书的实验代码托管在GitHub上，地址为：https://github.com/chenzomi12/Deep-Reinforcement-Learning。

写一本书是一项极其琐碎、繁重的工作，尽管两位作者已经竭力使本书趋于完美，但仍然可能存在很多漏洞和瑕疵。如果读者对本书有任何评论和建议，可提交到异步社区中，我们将不胜感激。

致谢

编写一本书不是一件一蹴而就的事情。两位作者在工作之余为此付出了巨大的努力；感谢张爽编辑的支持和配合；同时，感谢两位作者的亲人长时间的支持、理解、陪伴和帮助。

感谢本书参考文献中的作者，在深度强化学习领域，正是有了他们的辛勤付出以及对各自子领域的深入研究，才有了本书所介绍到的专业知识。

感谢张景中院士、陈恩红教授、OPPO研究院院长刘畅为本书作序。他们无论在学术界还是工业界都有着深厚的积累，更是机器证明、距离几何及动力系统、机器学习与数据挖掘方面的领军人物。同时，感谢他们为计算机和数学领域所做的巨大贡献，也感谢他们对两位作者的信任和支持。

感谢购买本书的读者对两位作者专业水平的认可。我们希望本书能够为读者提供专业的指导，并希望本书介绍的强化学习技术能够对你们的实际工作有所帮助。

陈仲铭

何　明

2019年1月于上海

资源与支持

本书由异步社区出品，社区（https://www.epubit.com/）为您提供相关资源和后续服务。

提交勘误

作者和编辑尽最大努力来确保书中内容的准确性，但难免会存在疏漏。欢迎您将发现的问题反馈给我们，帮助我们提升图书的质量。

当您发现错误时，请登录异步社区，按书名搜索，进入本书页面，点击"提交勘误"，输入勘误信息，点击"提交"按钮即可。本书的作者和编辑会对您提交的勘误进行审核，确认并接受后，您将获赠异步社区的 100 积分。积分可用于在异步社区兑换优惠券、样书或奖品。

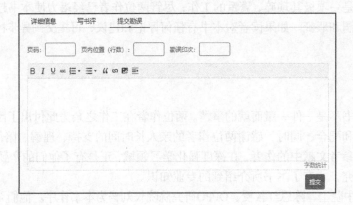

扫码关注本书

扫描下方二维码，您将会在异步社区微信服务号中看到本书信息及相关的服务提示。

与我们联系

我们的联系邮箱是 contact@epubit.com.cn。

如果您对本书有任何疑问或建议,请您发邮件给我们,并请在邮件标题中注明本书书名,以便我们更高效地做出反馈。

如果您有兴趣出版图书、录制教学视频,或者参与图书翻译、技术审校等工作,可以发邮件给我们;有意出版图书的作者也可以到异步社区在线提交投稿(直接访问 www.epubit.com/selfpublish/submission 即可)。

如果您是学校、培训机构或企业,想批量购买本书或异步社区出版的其他图书,也可以发邮件给我们。

如果您在网上发现有针对异步社区出品图书的各种形式的盗版行为,包括对图书全部或部分内容的非授权传播,请您将怀疑有侵权行为的链接发邮件给我们。您的这一举动是对作者权益的保护,也是我们持续为您提供有价值的内容的动力之源。

关于异步社区和异步图书

"异步社区" 是人民邮电出版社旗下 IT 专业图书社区,致力于出版精品 IT 技术图书和相关学习产品,为作译者提供优质出版服务。异步社区创办于 2015 年 8 月,提供大量精品 IT 技术图书和电子书,以及高品质技术文章和视频课程。更多详情请访问异步社区官网 https://www.epubit.com。

"异步图书" 是由异步社区编辑团队策划出版的精品 IT 专业图书的品牌,依托于人民邮电出版社近 30 年的计算机图书出版积累和专业编辑团队,相关图书在封面上印有异步图书的 LOGO。异步图书的出版领域包括软件开发、大数据、AI、测试、前端、网络技术等。

异步社区

微信服务号

数学符号

$\doteq$	通过定义得到的相等关系
$\approx$	约等于
$P\{X=x\}$	随机变量X取值为x时的概率
$X\sim p$	随机变量X的分布，其中 $p(x)\doteq P\{X=x\}$
$\mathbb{E}[X]$	随机变量X的期望，例如 $\mathbb{E}[X]=\sum_x p(x)x$
$\underset{a}{\mathrm{argmax}}\, f(a)$	对函数$f(a)$的变量a取最大值
$\Re$	实数
s,s'	状态
a	动作
r	奖励
$\mathcal{S}$	状态集合
$\mathcal{S}^+$	带有终止状态的状态集合
$\mathcal{A}$	动作集合
$\mathcal{R}$	奖励集合
$\boldsymbol{S}$	状态空间
$\boldsymbol{A}$	动作空间
$\boldsymbol{R}$	奖励空间
G	累积奖励

$\boldsymbol{P}_{sa}$	状态转换概率
t	确定的时间步
T	经验轨迹的最后时间步
S_t、s_t	在时间步t的状态
A_t、a_t	在时间步t的动作
R_t、r_t	在时间步t的奖励
G_t	从时间步t开始的累积奖励
π	策略，决策规则
$\pi(s)$	确定性策略，基于策略π，在状态s下采取的动作a
$\pi^*(s)$	基于最优策略π^*，在状态s下采取的动作a
$\pi(a\|s)$	随机性策略，基于策略π，在状态s下执行动作a的概率
$\pi(a\|s,\boldsymbol{\theta})$	给定策略参数$\boldsymbol{\theta}$，在状态s下执行动作a的概率
$p(s',r\|s,a)$	从状态、动作到状态、奖励的转移概率
$p(s'\|s,a)$	从状态、动作到状态的转移概率
$r(s,a,s')$	在动作a下从状态s到s'的期望即时奖励
$v(s)$	状态值函数，亦称价值函数、状态函数
$v_\pi(s)$	基于策略π，状态s的价值
$v^*(s)$	状态的最优价值
$\hat{v}(s,\boldsymbol{w})$	给定权重参数$\boldsymbol{w}$的状态近似价值
$\hat{v}_{\boldsymbol{w}}(s)$	给定权重参数$\boldsymbol{w}$的状态近似价值
$v_{\boldsymbol{w}}(s)$	给定权重参数$\boldsymbol{w}$的状态近似价值
$q(s,a)$	动作状态值函数，亦称动作值函数、动作价值函数
$q_\pi(s,a)$	基于策略π，在状态s下执行动作a的价值

$q^*(s,a)$	动作状态对的最优动作值函数
$\hat{q}(s,a,w)$	给定权重参数w的动作状态对近似价值
$\hat{q}_w(s,a)$	给定权重参数w的动作状态对近似价值
$q_w(s,a)$	给定权重参数w的动作状态对近似价值
V,V_t	状态值函数v_π或v^*的数组估计
Q,Q_t	动作值函数q_π或q^*的数组估计
$x(s)$	状态s的特征向量
$x(s,a)$	在状态s下执行动作a的特征向量

目　　录

第四篇　深度强化学习

附录部分

第一篇　初探强化学习

我相信，从某种意义上讲，强化学习是人工智能的未来。

——强化学习之父，Richard Sutton

Google 收购 DeepMind 后，DeepMind 取得的成绩在人机大战的历史中留下了浓重的一笔。有人说机器让围棋失去了"性感"的一面，也有人说机器不懂对弈时双方厮杀的那份紧张感。但在人机对弈中，毫无疑问的是使用了深度强化学习（Deep Reinforcement Learning, DRL）技术的 AlphaGo 赢了！事实上，这只是强化学习（Reinforcement Learning, RL）开启未来智能篇章的序幕。正如 DeepMind 所说，下围棋只是开始，实现真正的智能才是我们最终的使命。

不管是 DeepMind 使得强化学习高调地进入了人们的视野，还是强化学习助力了 DeepMind 的发展，强化学习俨然成为了人工智能领域研究的热门方向。强化学习不仅吸引了自动化、计算机、生物等交叉领域的众多优秀的科学家，也吸引了对强化学习有着浓厚兴趣的普通民众，大家一起去探究其内在的奥秘！

从模拟玩游戏、人机对弈到机器人手臂控制、自动化系统，甚至深入到 Web 系统上的推荐引擎、自然语言对话系统等，强化学习的应用无处不在。在强化学习日新月异的技术发展潮流中，我们既需要夯实自身强化学习的理论基础，也需要努力地提升深度强化学习的实践能力。

第 1 章

强化学习绪论

本章内容:
☐ 强化学习的发展历史
☐ 强化学习的理论知识
☐ 强化学习的应用案例
☐ 强化学习的特点与未来

凡是过往,皆为序章。

——莎士比亚《暴风雨》

"知往鉴今",为了更好地学习强化学习,需要对强化学习的发展历史进行整体了解。唯有全面了解强化学习的发展历史,才能够更为直观、深刻地理解强化学习所取得的成就和存在的不足,并厘清强化学习的未来发展趋势。除此之外,由于强化学习是机器学习的分支之一,也需要对强化学习在机器学习领域中的定位以及与其他机器学习之间的异同进行辨析。同时,由于强化学习涉及的知识面广,尤其是涵盖了诸多数学知识,如贝尔曼方程、最优控制等,更需要对强化学习有系统性的梳理与认识,以便于更好地学习后面的章节。

基于此,本章将会按照顺序依次介绍强化学习:发展历史—基础理论—应用案例—思考。首先,从强化学习的发展历史中将会了解强化学习与机器学习的共同点与差异。然后,通过基础理论可了解强化学习的工作方式。接下来通过相关的具体应用案例,可直观地了解强化学习所能完成的任务。最后,从更加宏观的角度去探讨强化学习的特点与未来的发展。

1.1   初探强化学习

维基百科对强化学习的定义为：受到行为心理学的启发，强化学习主要关注智能体如何在环境中采取不同的行动，以最大限度地提高累积奖励。

强化学习主要由智能体（Agent）、环境（Environment）、状态（State）、动作（Action）、奖励（Reward）组成（见图1.1）。智能体执行了某个动作后，环境将会转换到一个新的状态。对于该新的状态，环境会给出奖励信号（正奖励或者负奖励）。随后，智能体根据新的状态和环境反馈的奖励，按照一定的策略执行新的动作。上述过程为智能体和环境通过状态、动作、奖励进行交互的方式。

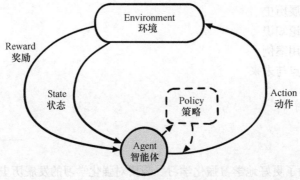

图1.1   强化学习基本架构：主要由智能体和环境组成，两者间通过奖励、状态、
动作3个信号进行交互

智能体通过强化学习，可以知道自己在什么状态下，应该采取什么样的动作使得自身获得最大奖励。由于智能体和环境的交互方式与人类和环境的交互方式类似，可以认为强化学习是一套通用的学习框架，可用来解决通用人工智能的问题。因此，强化学习也被称为通用人工智能的机器学习方法。

下面给出强化学习基本组成元素的定义。

❑ **智能体**：强化学习的本体，作为学习者或者决策者。

❑ **环境**：强化学习智能体以外的一切，主要由状态集组成。

❑ **状态**：表示环境的数据。状态集是环境中所有可能的状态。

❑ **动作**：智能体可以做出的动作。动作集是智能体可以做出的所有动作。

❑ **奖励**：智能体在执行一个动作后，获得的正/负奖励信号。奖励集是智能体可以获得的所有反馈信息，正/负奖励信号亦可称作正/负反馈信号。

❑ **策略**：强化学习是从环境状态到动作的映射学习，该映射关系称为策略。通俗地说，智能体选择动作的思考过程即为策略。

❑ **目标**：智能体自动寻找在连续时间序列里的最优策略，而最优策略通常指最大化长期累积奖励。

因此，强化学习实际上是智能体在与环境进行交互的过程中，学会最佳决策序列。

1.1.1 强化学习与机器学习

2016年，由DeepMind开发的AlphaGo程序在人机围棋对弈中打败了韩国的围棋大师李世石。就如同1997年IBM的"深蓝"计算机战胜了国际象棋大师卡斯帕罗夫一样，媒体开始铺天盖地般地宣传人工智能时代的来临。

在介绍AlphaGo程序时，很多媒体会把人工智能（Artificial Intelligence）、机器学习（Machine Learning）和深度强化学习混为一谈。从严格定义上来说，DeepMind在AlphaGo程序中对上述3种技术都有所使用，但使用得更多的是深度强化学习。图1.2展示了人工智能、机器学习、深度强化学习三者之间的关系。其中人工智能包含机器学习，而强化学习则是机器学习的重要分支之一，它们三者是包含与被包含的关系，而非并列的关系。

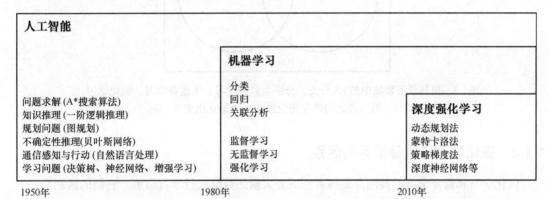

图1.2　深度强化学习、机器学习、人工智能之间的关系。人工智能的概念从1950年左右开始被提出，而机器学习则是在1980年左右被提出，最近热门的深度强化学习则是在2010年左右被提出的

从20世纪50年代"人工智能"这一概念第一次提出至今，人工智能的问题大致分为6个具体的方向：问题求解、知识推理、规划问题、不确定推理、通信感知与行动、学习问题。而机器学习主要分为3个方向：分类、回归、关联性分析。最后到深度强化学习则是对机器学习中的强化学习进行深度拓展。

人工智能实际上包含了日常使用到的算法。例如在问题求解方面，用到A*搜索算法和a-b剪枝算法等经典算法；又如人工智能中的学习问题则包含了机器学习的大部分内容。现阶段已经有很多资料介绍机器学习的相关算法，较为著名的机器学习的十大算法为：决策树、支持向量机SVM、随机森林算法、逻辑回归、朴素贝叶斯、KNN算法、K-means算法、AdaBoost算法、Apriori算法、PageRank算法。

在机器学习里，其范式主要分为监督学习（Supervised Learning）、无监督学习（Unsupervised Learning）和强化学习，如图1.3所示。

正如维基百科所说,强化学习是机器学习的一个分支,但是却与机器学习中常见的监督学习和无监督学习不同。具体而言,强化学习是通过交互的一种目标导向学习方法,旨在找到连续时间序列中的最优策略;监督学习是通过带有标签的数据学习数据中固有的规则,通常指回归、分类问题等算法;无监督学习是通过无标签的数据找到其中的隐藏模式,通常指聚类、降维等算法。

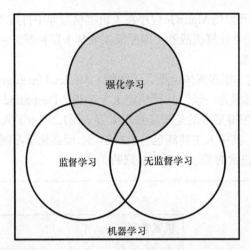

图1.3   机器学习领域中的3大分支,分别为监督学习、无监督学习、强化学习,
但三者之间并非完全独立,而是互相交叉

1.1.2   强化学习与监督学习的区别

强化学习和监督学习的共同点是两者都需要大量的数据进行学习训练。它们的区别是:

(1)两者的学习方式不尽相同;

(2)两者所需的数据类型有差异,监督学习需要多样化的标签数据,强化学习则需要带有回报的交互数据。

1. 学习方式

一般而言,监督学习是通过对数据进行分析,找到数据的表达模型;随后,利用该模型,在新输入的数据上进行决策。图1.4为监督学习的一般方法,主要分为训练阶段和预测阶段。在训练阶段,首先根据原始数据进行特征提取,该过程称为“特征工程”。得到数据的特征后,可以使用决策树、随机森林等机器学习算法去分析数据之间的关系,最终得到关于输入数据的模型(Model)。在预测阶段,同样按照特征工程的方法抽取数据的特征,使用训练阶段得到的模型对特征向量进行预测,最终得到数据所属的分类标签(Labels)。值得注意的是,验证模型使用验证集数据对模型进行反向验证,确保模型的正确性和精度。

深度学习的一般方法(如图1.5所示)与传统机器学习中监督学习的一般方法相比,少了特征工程,从而大大降低了业务领域门槛与人力成本。

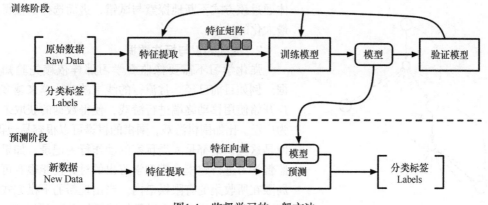

图1.4 监督学习的一般方法

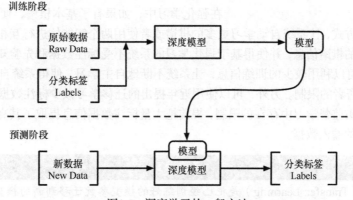

图1.5 深度学习的一般方法

如上所述，监督学习分为预测和训练两个阶段，学习只能发生在训练阶段，该阶段会出现一个预测阶段中不会出现的监督信号（即具有学习的能力，数学上称为"差分信号"）。例如在语音识别任务中，需要收集大量的语音语料数据和该语料对应标注好的文本内容。有了原始的语音数据和对应的语音标注数据后，即可通过监督学习的方法学习收集数据中的模式，例如对语音进行分类、判别该语音音素所对应的单词等。

上述的标注语音文本内容相当于一个监督信号，等语音识别模型训练完成后，在预测阶段就不再需要该监督信号，生成的语言识别模型仅用来作为新数据的预测。如果想要重新修改监督信号，则需要对语言识别模型进行重新训练（由于监督学习的训练阶段非常耗时，现在有众多研究学者对迁移学习进行深入研究，以期望缩短监督学习的训练时间）。

强化学习与监督学习截然不同，其学习过程与生物的自然学习过程非常类似。具体而言，智能体在与环境的互动过程中，通过不断探索与试错的方式，利用基于正/负奖励的方式进行学习。图1.6所示为强化学习的一般方法，智能体从最上方的状态s开始，执行动作a后达到下一时间步的状态s'；在执行动作a的期间，智能体可以选择执行其他动作到达另外一个状态，例如s^*。智能

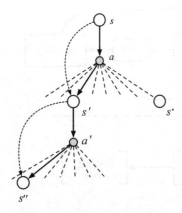

图1.6　强化学习的一般方法

体通过该方式不断地探索与试错，进而选择出使得奖励最大化的动作。

2．先验知识与标注数据

强化学习不需要像监督学习那样依赖先验知识数据。例如目前已经非常流行的线上游戏，越来越多的用户开始使用移动终端进行游戏，使得数据的获取来源更为广泛。比如围棋游戏，围棋的棋谱可以很容易地得到，但是这些棋谱都是人类玩家的动作行为记录，如果只用监督学习进行建模，模型学习出的对弈技能很有可能只局限在所收集的有限棋谱内。当出现新的下棋方式时，模型可能因为找不到全局最优解而使得棋力大减。

强化学习通过自我博弈方式产生更多的标准数据。在强化学习中，如果有了基本棋谱，便可以利用系统自我学习和奖励的方式，让系统自动学习更多的棋谱或者使用两个智能体进行互相博弈，进而为系统自身补充更多的棋谱信息，并使得基于强化学习的系统不受标注数据和先验知识所限制。总而言之，强化学习可以利用较少的训练信息，让系统不断地自主学习，使得系统自我补充更多的信息，进而免受监督者的限制。另外，可以使用近年提出的迁移学习减少标注数据的数量，因为其在一定程度上突破监督学习中存在的限制，提前把大量标注数据信息提取了其高维特征，从而减少后续复用模型的输入数据。

迁移学习

迁移学习（Transfer Learning）是把已经训练好的模型参数迁移到新的模型以帮助训练新模型。考虑到大部分数据或任务存在相关性，通过迁移学习可以将已经学到的模型参数（也可理解为模型学到的知识）通过某种方式分享给新模型，进而使得新模型不需要从零开始进行学习，加快并优化新模型的学习效率。

1.1.3　历史发展

强化学习的历史主要沿两条主线发展而来，第一条主线是心理学上模仿动物学习方式的试错法，第二条主线是求解最优控制问题。两条主线最初是独立发展的。心理学上的试错法从20世纪50年代末、60年代初贯穿了人工智能的发展，并且一定程度上促进了强化学习的发展。20世纪80年代初期，试错法随着人工智能的热潮而被学者们广泛研究。而求解最优控制法则是利用动态规划法求解最优值函数。到20世纪80年代末，基于时间差分法求解的第三条主线开始出现。时间差分法吸收了前面两条主线的思想，奠定了现代强化学习在机器学习领域中的地位。强化学习具体的历史事件阶段节点如表1.1所示。

表1.1　强化学习中有影响力的算法的出现时间

发展阶段	时　间	有影响力的算法
首次提出	1956年	Bellman提出动态规划方法
	1977年	Werbos提出自适应动态规划算法
第一次 研究热潮	1988年	Sutton提出时间差分算法
	1992年	Watkins 提出Q-learning 算法
	1994年	Rummery 提出Saras算法
发展期	1996年	Bersekas提出解决随机过程中优化控制的神经动态规划方法
	2006年	Kocsis提出置信上限树算法
	2009年	Kewis提出反馈控制自适应动态规划算法
第二次 研究热潮	2014年	Silver提出确定性策略梯度（Policy Gradents）算法
	2015年	Google DeepMind 提出Deep Q-Network算法

　　强化学习历史的第一条主线是试错法。试错法是以尝试和错误学习（Trial-and-Error Learning）为中心的一种仿生心理学方法。心理学家Thorndike发表的"效应定律"（Law of Effect）描述了增强性事件对动物选择动作倾向的影响，该定律定义了如何累积生物的学习数据（例如奖罚之间的相互关系）。而在这之后很长一段时间内，如何在生物的学习过程中累积其学习数据，心理学家和科学家们产生了巨大的分歧和争议。甚至在很长一段时间内，部分学者很难区分强化学习和无监督学习之间的区别。

　　在试错学习中，比较有代表性的是20世纪60年代初Donald Michie的相关研究工作。Michie描述了如何使用一个简单的试错系统进行井字游戏。1968年，Michie又使用试错系统进行一个增强型的平衡杆游戏，该游戏包括两部分：一个是强化学习的学习者GLEE（游戏学习经验引擎），另一个是强化学习的控制者BOXES。Michie的基于试错法的平衡杆游戏是有关强化学习免模型任务的最早例子，该例子对后续Sutton等人的工作产生了一定的影响。

　　强化学习历史的第二条主线是最优控制。在20世纪50年代末，"最优控制"主要用来描述最小化控制器在动态系统中随着时间变化的行为问题。在20世纪50年代中期，Richard Bellman等人扩展了汉弥尔顿和雅可比的理论，通过利用动态系统中的状态信息和引入一个值函数的概念，来定义"最优返回的函数"，而这个"最优返回的函数"就是求解强化学习通用范式的贝尔曼方程。贝尔曼通过求解贝尔曼方程来间接解决最优控制问题，此方法后来被称为动态规划（Dynamic Programming）法，并且使用马尔可夫决策过程描述最优控制的过程。时隔不久，在1960年，Ronald Howard提出了策略迭代求解马尔可夫决策的过程。上面提到的两位数学家Richard Bellman和Ronald Howard所提出的理论都是现代强化学习理论和算法的基础要素。

　　虽然贝尔曼后来提出了使用动态规划去解决最优控制问题，但仍会遇到"维度灾难"问题，这意味着在计算资源极度匮乏的年代，计算需求随着状态数目的增加而呈指数增加的动态规划法难以被大规模实际应用。可是大家仍然认为解决一般随机最优控制问题的唯一方法是动态规划法，因为该方法相对其他算法更加快速、有效。

强化学习历史的第三条主线是时间差分法。跟前两条主线不同，时间差分法虽然是在20世纪80年代末提出的，但是却在免模型的强化学习任务中扮演着重要的角色。时间差分法这一概念可能最早出现在Arthur Samuel的西洋陆棋游戏程序中。

Sutton关于时间差分法的研究主要受到动物学习方式的理论和Klopf研究的影响。1981年，Sutton突然意识到以前研究者的大量工作实际上都是时间差分和试错法的一部分。于是Sutton等人开发了一种新的强化学习框架——演员-评论家架构，并把该方法应用在Michie和Chambers的极点平衡问题中。1988年，Sutton将时间差分中的策略控制概念分离，并将其作为强化学习的策略预测方法。

时间差分法对强化学习影响最显著的标志是在1989年Chris Watkins等人发表了Q-learning算法，该算法成功地把最优控制和时间差分法结合了起来。在这个时间节点之后，强化学习再一次迎来发展高峰期，Watkins等人使得强化学习在人工智能、机器学习、神经网络领域都取得了快速进步。最为著名的是Gerry Tesauro使用TD-Gammon算法玩西洋双陆棋游戏时赢得了最好的人类玩家，这使得强化学习引起了大众和媒体的广泛关注。但在这之后，随着其他机器学习算法的大量出现并在实际应用中表现优异，如PageRank、K-means、KNN、AdaBoost、SVM、神经网络等，而强化学习因为缺少突破性的研究进展，又慢慢地跌入研究的低谷。

直到2013年，结合强化学习和神经网络的深度强化学习的出现，使得强化学习再一次高调地进入大众的视野，也迎来了强化学习的第二次研究热潮。实际上，强化学习的基本学习方法是利用时间差分学习的实例，通过值函数、策略、环境模型、状态更新、奖励等信号，利用逼近函数的方法来实现对应的算法。而深度学习则是近年来函数逼近模型中最具有代表性、最成功的一种算法。Google收购了DeepMind之后，DeepMind使用深度强化学习Deep Q-Network进行Atari游戏，并在许多Atari的游戏中获得了相当惊人的成绩。在这之后，DeepMind又开发出了AlphaGo围棋程序，一举战胜了人类围棋的天才柯洁和李世石。

虽然深度学习模型有其特定的问题，例如网络模型容易过拟合、网络模型需要大量的数据进行表征学习，但是这并不能说明类似于深度学习的监督式学习方法不适用于大规模应用或者与强化学习结合。DQN算法首次将深度学习与强化学习结合，开创了新的机器学习分支——深度强化学习。深度学习和强化学习这两种学习方式在近年来得到了长足的进步，相信读者也很清楚AlphaGo围棋算法和Google推出的关于深度学习的TensorFlow框架。

我们有理由相信，深度学习和强化学习的结合体——深度强化学习是人工智能的未来之路。智能的系统必须能够在没有持续监督信号的情况下自主学习，而深度强化学习正是自主学习的最佳代表。人工智能系统必须能够自己去判断对与错，而不是主动告诉系统或者通过一种监督模拟的方法实现，相信如深度强化学习式的自主学习方式能够给人工智能带来更多的发展空间与想象力。

1.2 基础理论

本节会对强化学习涉及的要点进行概述，包括基本组成元素（智能体、环境、状态、动作、奖励）以及两类环境模型（基于模型和免模型）。除此之外，还会对强化学习背后的重要原则和设计思想进行探讨，如探索和利用。

1.2.1 组成元素

强化学习主要由智能体和环境组成。由于智能体和环境的交互方式与生物和环境的交互方式类似，因此可以认为强化学习是一套通用的学习框架，代表着通用人工智能算法的未来发展趋势。

强化学习的基本框架如图1.7所示，智能体通过状态、动作、奖励与环境进行交互。假设图1.7中环境处于时刻t的状态记为s_t，智能体在环境中执行某动作a_t。这时动作a改变了环境原来的状态并使智能体在时刻$t+1$到达新的状态s_{t+1}，在新的状态使得环境产生了反馈奖励r_{t+1}给智能体。智能体基于新的状态s_{t+1}和反馈奖励r_{t+1}执行新的动作a_{t+1}，如此反复迭代地与环境通过反馈信号进行交互。

上述过程的最终目的是让智能体最大化累积奖励（Cumulative Reward），式（1.1）为累积奖励G的计算过程。

$$G = r_1 + r_2 + \cdots + r_n \tag{1.1}$$

在上述过程中，根据状态s_t和奖励r_t选择动作的规则称为策略π，其中价值函数（Value Function）v是累计奖励的期望。

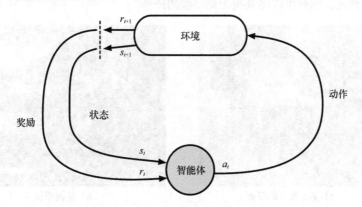

图1.7　强化学习的基本框架：主要由智能体和环境组成，其通过奖励、
状态、动作3个信号进行交互

强化学习就是不断地根据环境的反馈信息进行试错学习，进而调整优化自身的状态信息，其目的是找到最优策略或者最大奖励。

1.2.2 环境模型

智能体所处的环境有两种类型：一种是所处的环境是已知的，叫作基于模型（Model-based）；另一种是所处的环境是未知的，叫作免模型（Model-free）。

具体而言，基于模型就是智能体已经对环境进行建模。在状态s下执行动作a转移到状态s'的概率P_{sa}是已知的，其状态转移所带来的奖励r同样是已知的，所以可以假设环境中的状态空间S和动作空间A都是有限的。此时求解强化学习的任务叫作基于模型学习（Model-based Learning）。

不幸的是，在现实情况下，环境的状态转移概率P、奖励函数R往往很难提前获取，甚至很难知道环境中一共有多少个状态。此时求解强化学习的任务叫作免模型学习（Model-free Learning）。显然，求解免模型的任务比求解基于模型的任务要困难得多。不过无须过于担心，对基于模型的任务可以使用动态规划法来求解，而免模型的任务除了可以使用蒙特卡洛法和时间差分法来求解，还可以使用值函数近似、梯度策略等方法（这里提到求解强化学习任务的方法将会在本书的后续章节一一提到，并给出实例和对应代码，方便读者进行学习和分析）。

通俗地区分基于模型任务和免模型任务之间的关系如图1.8所示。图1.8a所示的工厂载货机器人CEIT通过传感器感应地面上的黑色航线来控制其行走。由于地面上的黑色航线是事先规划好的，工厂的环境也是可控已知的，因此可以将其视为基于模型的任务。图1.8b为特斯拉汽车的自动驾驶系统，在现实的交通环境下，很多事情是无法预先估计的，例如路人的行为、往来车辆的行走轨迹等突发情况，因此可以将其视为免模型的任务。

a）基于模型的任务   b）免模型任务

图1.8 基于模型和免模型的具体例子。a)为CEIT载重车在工厂进行自动运货；
b)为特斯拉无人车在真实交通环境进行自动驾驶

1.2.3 探索与利用

在强化学习中，"探索"（Exploration）的目的是找到更多有关环境的信息，而"利用"（Exploitation）的目的是利用已知的环境信息来最大限度地提高奖励。简而言之，"探索"是尝试还未尝试过的动作行为，而"利用"则是从已知动作中选择下一步的行动。

图1.9a所示为《帝国时代》或者《红色警戒》一类的策略游戏。在探索阶段，玩家并不知道地图上黑色被遮盖的地方到底存在什么，敌人是否在那里，所以需要一个探路者游走于黑色地图区域进行**探索**，以便能够获得更多地图相关的环境知识，便于玩家制定作战策略。当开拓完地图之后，如图1.9b所示，就能全面地知道地图上的信息，即相当于了解了地图上的环境状态信息。接下来玩家便可以**利用**上述探索到的信息，去找到一个最优的作战策略。

实际上，"探索"和"利用"哪个重要，以及如何权衡两者之间的关系，是需要深入思考的。在基于模型的环境下，已经知道了环境的所有信息（也称为环境的完备信息），这时智能体不需要在环境中进行探索，而只需要简单地利用环境中已知的信息即可；可是在免模型的环境下，探索和利用两者同等重要，既需要知道更多有关环境的信息，又需要针对这些已知的信息来提高奖励。

然而，"探索"和"利用"两者本身是矛盾的，因为在实际的运行中，算法能够尝试的次数是有限的，增加了探索的次数则利用的次数会降低，反之亦然。这就是强化学习中的探索-利用困境（Exploration-Exploitation Dilemma）。如果想要最大化累积奖励G，就必须在探索和利用之间进行权衡。

a）探索   b）利用

图1.9 探索与利用示例

1.2.4 预测与控制

在后续章节中，求解强化学习时常常会提及两个概念：预测和控制。具体而言，有免模型预测（Model-free Prediction）和免模型控制（Model-free Control），以及基于模型预测（Model-based Prediction）和基于模型控制（Model-based Control）。

"预测"的目的是验证未来——对于一个给定的策略，智能体需要去验证该策略能够到达的理想状态值，以确定该策略的好坏。而"控制"则是优化未来——给出一个初始化策略，智能体希望基于该给定的初始化策略的条件下，找到一个最优的策略。

与1.2.3节的"探索"和"利用"相比较而言，"预测"和"控制"事实上是探索和利用的抽象词语。预测对应于探索，希望在未知的环境中探索更多可能的策略，然后验证该策略的状态值函数。控制对应于利用，在未知的环境中找到了一些策略，希望在这些策略中找到一个最好的策略（关于预测和控制的概念，本书将会在求解强化学习的方法中着重介绍，这里只进行简单概述）。

1.2.5   强化学习的特点

前面曾经提到强化学习与机器学习的其他范式（监督学习、无监督学习）不同，具体有以下 5 个方面。

- 没有监督者，只有奖励信号（Reward Only）：监督学习要基于大量的标注数据进行（标注数据是训练与学习的目标）。而在强化学习中没有监督者，这意味着强化学习不能够由已经标注好的样本数据来告诉系统什么是最佳的动作，智能体只能从环境的反馈中获得奖励。换言之，系统不能够马上获得监督信号，只能从环境中获得一个奖励信号。
- 反馈延迟（Feedback Delay）：反馈延迟实际上是延迟奖励。环境可能不会在每一步的动作上都获得奖励，有时候需要完成一连串的动作，甚至是当完成整个任务才能获得奖励。
- 试错学习（Trail-and-Error）：因为没有监督，所以没有直接的指导信息，智能体要不断与环境进行交互，通过试错的方式来获得最优策略（Optimal Policy）。
- 智能体的动作会影响其后续数据：智能体选择不同的动作，会进入不同的状态。由于强化学习基于马尔可夫决策过程（当前状态只与上一个状态有关，与其他状态无关），因此下一个时间步所获得的状态发生变化，环境的反馈也会随之发生变化。
- 时间序列（Sequential）很重要：机器学习的其他范式可以接受随机的输入，而强化学习更加注重输入数据的序列性，下一个时间步 t 的输入经常依赖于前一个时间步 $t-1$ 的状态（即马尔可夫属性）。

1.3   应用案例

深度学习已经被许多传统制造业、互联网公司应用到各种领域，与之相比，强化学习的应用还相对有限，本节将对强化学习的已有应用进行简单介绍。

强化学习模仿人类和动物的学习方法。在现实生活中可以找到很多符合强化学习模型的例子，例如父母的表扬、学校的好成绩、工作的高薪资等，这些都是积极奖励的例子。无论是工厂的机器人进行生产，还是商业交易中的信贷分配，人们或者机器人不断与环境进行交流以获得反馈信息的过程，都与强化学习的学习过程相仿。更加真实的案例是 AlphaGo 的出现，其通过每步走棋的反馈来调整下围棋的策略，最终赢得了人类最顶尖的围棋职业选手。AlphaGo 中所使用到的深度强化学习也紧随深度学习之后，成为了目前人工智能领域最热门的话题。事实上，强化学习也确实可以通过对现实问题的表示和人类学习方式的模拟解决很多的现实问题。

一方面，强化学习需要收集大量的数据，并且是现实环境中建立起来的数据，而不是简单的仿真模拟数据。不过幸运的是，强化学习可以通过自我博弈的方式自动生成大量高质量的可用于训练模型的数据。另一方面，与部分算法的研究成果易复现不同的是，复现基于强化学习的研究成果较为困难，即便是对于强化学习的研究者来说，需要重复实现已有的研究成果也十分困难。究其原因是强化学习对初始化和训练过程的动态变化都十分敏感，其样本数据基于在线采集的方

1

式。如果没有在恰当的时机遇到良好的训练样本，可能会给策略带来崩溃式的灾难，从而无法学习到最优策略。而随着机器学习被应用到实际环境的任务中，可重复性、稳健性以及预估错误的能力变得不可缺失。

因此，就目前的情况而言，对于需要持续控制的关键任务而言，强化学习可能并不是最理想的选择。

即便如此，目前依然有不少有趣的实际应用和产品是基于强化学习的。而由强化学习实现的自适应序列决策能够给包括个性化、自动化在内的许多应用带来广泛的益处和更多的可能性。

1. 制造业

日本发那科株式会社大量地使用强化学习算法去训练工业机器人，使它们能够更好地完成某一项工作。如图1.10所示，图中黄色的FANUC机器人使用深度强化学习在工厂进行分拣工作，目标是从一个箱子中选出一个物品，并把该物品放到另外一个容器中。在学习阶段，无论该动作成功还是失败，FANUC机器人都会记住这次的动作和奖励，然后不断地训练自己，最终能以更快、更精确的方式完成分拣工作。

图1.10　自动化工厂通过使用6台FANUC机器人，组成一个分拣系统来分拣瓶子

中国的智能制造发展迅速，富士康等工厂为了让机器制造更加方便、快捷，正在积极地研发智能制造来装备机器人。未来的工厂将会装备大量的智能机器人，智能制造将是工业4.0乃至工业5.0的重心。强化学习在未来智能制造的技术应用将会进一步被推广，其自动化前景更是引人注目。

2. 自动化系统

2017年6月，日本软银公司（Softbank）宣布收购Google旗下的波士顿动力公司（Boston Dynamics）。在这之前，波士顿动力的平行机器人的知名度非常高，其能通过各种巧妙的姿势轻松躲避障碍物。如图1.11所示，波士顿动力在2009年与斯坦福大学的吴恩达（Andrew Ng）教授合作，基于强化学习方法，通过信号进行策略搜索控制仿生狗的姿态以越过障碍。

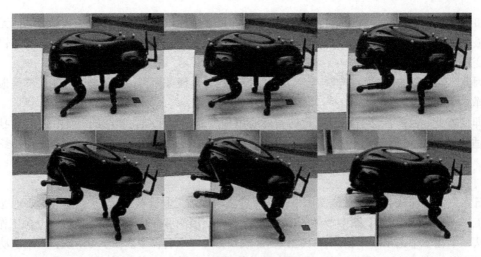

图1.11 波士顿动力的仿生狗

在自动化领域，还有非常多使用强化学习来控制机器人进而获得优异性能的实际应用案例，如吴恩达教授所带领的团队利用强化学习算法开发了世界上最先进的直升机自动控制系统之一。

3. 医疗服务业

在医学领域，医生的主要责任是为病人找到有效的治疗方案，而动态治疗方案（Dynamic Treatment Regime，DTR）一直是热门的研究方向。想要更好地进行动态治疗方案的研究，疾病的治疗数据对于从业者和研究者来说是弥足珍贵的。尤其是诸如类风湿、癌症等不能够马上治愈，需要长期服用药物和配合长期治疗疗程的疾病治疗数据。

而在这个过程中，强化学习可以利用这些有效的或无效的医疗数据作为奖励或者是惩罚，从患者身上收集各种临床指标数据作为状态输入，并利用有效的临床数据作为治疗策略的训练数据，从而针对不同患者的临床反应，找到最合适该患者的动态治疗方案。

4. 电子商务个性化

南京大学和淘宝联合发表的论文（*Virtual-Taobao: Virtualizing Real-world Online Retail Environment for Reinforcement Learning*）详细介绍了淘宝使用强化学习优化商品搜索的新技术。新构建的虚拟淘宝模拟器可以让算法从买家的历史行为中学习，规划最佳商品搜索显示策略，并能在真实环境下让淘宝网的收入提高2%，这是一笔非常可观的交易额。

电子商务最初主要解决了线下零售商的通病——信息不透明所导致的价格居高不下、物流不发达造成的局部市场价格垄断。近年来，线下门店的价格与电商的价格差别已经不是很明显，部分用户反而转回线下零售商，为的是获得更好的购物体验。

未来，对于零售商或者电子商务而言，需要主动迎合客户的购买习惯和定制客户的购买需求，只有个性化、私人订制才能在新购物时代为用户提供更好的消费体验。

事实上，强化学习算法可以让电商分析用户的浏览轨迹和购买行为，并据此制定对应的产品和服务，以匹配用户的兴趣。当用户的购买需求或者状态发生改变的时候，可以自适应地去学习，然后根据用户的点击、购买反馈作为奖励，找到一条更优的策略方法：推荐适合用户自身购买力的产品、推荐用户更感兴趣的产品等，进而更好地服务用户。此外，[Nair, Arun, et al.]发表的文章也揭示了Google以使用强化学习作为广告的推荐框架（Gorila），从而大大提高了Google的广告收益（4%左右），如图1.12所示。

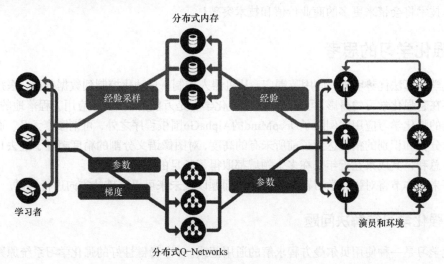

图1.12 Gorila被应用在Google的推荐系统中，每天为Google带来数以
亿计的点击量[Nair et al. 2015]

5. 游戏博弈

强化学习应用于游戏博弈这一领域已有20多年历史，其中最轰动的莫过于AlphaGo围棋程序（见图1.13）。AlphaGo使用基于强化学习与深度学习的蒙特卡洛树搜索模型，并将强化学习与深度学习有机融合。在第12章，我们会对AlphaGo程序背后的原理和设计思想进行详细介绍，这里不再赘述。

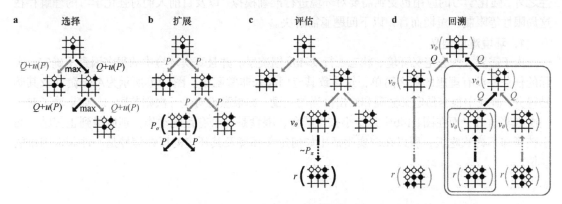

图1.13 AlphaGo围棋程序中的蒙特卡洛树搜索[Min et al. 2017]

强化学习的应用案例还有很多，例如爱奇艺使用强化学习处理自适应码流播放，使得基于智能推荐的视频观看率提升了15%；又如阿里巴巴使用深度强化学习方法求解新型的三维装箱问题，提高了菜鸟网络的货物装箱打包效率，节省了货物的打包空间。

总而言之，强化学习让机器人处理一些难以想象的任务变得可能，但这仅仅是强化学习的开始，这一技术将会带来更多的商业价值和技术突破！

1.4   强化学习的思考

强化学习算法优势明显、应用范围广。从机器人控制、自动化控制到数据分析、医疗应用等领域都存在着强化学习的身影。可这并不代表强化学习是万能的，在实际应用工程落地的环节中，最为成功的强化学习应用案例除了DeepMind的AlphaGo围棋程序之外，可谓寥寥无几。而深度学习对图像分类和识别的精度达到了前所未有的高度，对图像语义分割的精度超过了过去10年技术进步累计总和，其成果在近年来在多个领域都取得了长足的进步。

接下来，本节将对强化学习存在的待解决问题以及未来可以突破的方向进行探讨。

1.4.1   强化学习待解决问题

强化学习是一种使用贝尔曼方程求解的通用范式。一个稳健性好的强化学习系统原则上能够准确模拟生物的学习方式，可以处理能够归纳为马尔可夫决策过程的问题。通过结合强化学习和深度学习而形成的深度强化学习，理论上是最接近于通用人工智能的范式之一。不幸的是，无论是强化学习还是深度强化学习，到目前为止都不能真正地达到通用人工智能，或者说还远远未达到人们对通用人工智能的预期。

虽然使用深度强化学习技术的AlphaGo围棋程序取得了巨大成功，但其很难推广到其他领域，因为其使用Google自研的TPU每天进行数以万计的围棋对局，并需要巨大的计算能力去支持AlphaGo的训练和学习，而大多数实际应用都难以满足其计算能力诉求。除了芯片运算力的局限性之外，强化学习的应用也受到需要对环境进行准确模拟，以及目前人们对强化学习的理解存在这局限性等限制。短期而言，以下问题亟需解决。

1. 环境难以定义

由于需要人为去定义环境、状态、行动和反馈奖励，并且真实环境中的很多因素不确定，实际的任务并没有理想的那么简单，这导致其应用起来非常困难。图1.14a所示为Atari游戏及其奖励得分，游戏中很容易定义输赢和给出恰当的奖励，如果赢得对手一次则奖励+1，如果输了对手一次则奖励-1；而在图1.14b中是给小孩子喂食，喂食是一个有益的动作，理应得到正奖励，而小孩子却不喜欢吃饭，所以在现实生活中如何定义环境及其环境的反馈信号是一件非常困难的事情。

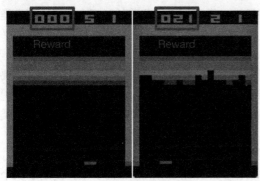
a) Atari游戏及其奖励

b) 给小孩喂食

图1.14 如何定义环境

2. 应用难快速部署（Hardly Quick Deployment）

强化学习只有与环境不断交流，才能获得环境反馈的状态和奖励。然而，智能体在真实环境中的学习成本过高，不能够快速地部署并应用。例如在现实工业环境中，控制系统不允许失败多次去学习一个策略，反之，仿真则可以。虽然强化学习可以去优化一个基准控制器，但是自适应控制系统比强化学习算法更加成熟、简洁、稳定，所以在自动化控制领域中传统自动化算法占据主流位置。

3. 维数灾难（Curse of Dimensionality）

强化学习中的维数灾难指环境的状态空间随着系统特征数量的增加而呈现指数级别的增长。例如在自动驾驶的过程中，每执行一个动作后都可能达到一个新的状态空间，而新的状态空间可能有成千上百种可能性，在下一个状态同样如此。维度灾难的存在使得高效地求解最优策略π^*或者计算最优值函数v^*十分困难。为了避免维数灾难，强化学习目前主要采取的解决方案是利用深度学习的神经网络对值函数进行估计。尽管深度神经网络在GPU的加速下，可以大幅度提高强化学习的学习速度，但并不能够保证其收敛性。所以如何在保证快速学习的情况下，让强化学习的估计函数收敛是强化学习的研究难点和热点之一。

4. 采样低效性（Sample Inefficient）

强化学习理论上可以解决任何问题，包括在世界模型未知的环境中执行任务。然而，这种泛化能力需要大量的代价，即很难利用任何特定问题的信息来帮助模型进行学习，这就迫使智能体需要使用大量的样本来学习那些可能已经被硬编码的知识。

深度强化学习算法的例子中最著名的莫过于Atari游戏。正如DQN算法所展示的那样，如果将Q-learning和合理规模的神经网络组合在一起，加上一些优化技巧，那么便可以在部分Atari游戏中达到与人类相同的游戏水平，甚至在部分游戏上超越人类的游戏水平。可是，Atari游戏以每秒30帧的速度运行，即使目前最好的DQN算法也需要采集非常大量的游戏数据帧才能达到人类玩家的平均水平。

根据Rainbow DQN模型，其训练数据到达了1800万帧的时候就突破了人类玩家的平均水平。

这一数据相当于人类玩家玩了60个小时的游戏，如果加上模型训练所花费的时间会更长。而人类玩家通常能够在几分钟内学会一款Atari游戏，并通过一个小时的训练就便可以达到同等玩家的平均水平。

值得注意的是，1800万帧实际上已经是相当好的结果。分布式DQN（Distributed DQN）需要7000万帧才能达到人类玩家的平均水平，4倍于Rainbow DQN的训练时间。另外，发表在《自然》杂志上面关于DQN的论文表明，即使使用了2亿帧的游戏，还有很大一部分游戏并没有达到人类玩家的水平。

在强化学习中，完成一项任务所要花费的时间和采集的数据往往比我们想象中的要多得多。在DeepMind的论文（*Emergence of Locomotion Behaviors in Rich Environments*）中，使用了64个worker在超过100小时的时间里训练策略。结果确实很惊人，强化学习竟然可以很好地学习例子游戏中的奔跑状态。不过，需要6400个CPU小时进行训练的事实限制了其应用范围，因为不是每个科研机构或者公司都能够拥有如此惊人的计算能力。更为重要的是，即使没有期望强化学习能够在更短的时间内完成任务，其在实践当中的采样效率低下也在一定程度上限制了其应用范围。

在某些环境下，能够比较容易生成经验提供给智能体进行采样。例如游戏只需要执行新的动作，就马上可以得到环境的反馈和获得奖励回报。然而，在大部分情况下，强化学习将会面临非常大的挑战。例如，无人驾驶的路径规划采用强化学习的方法，它不仅需要正确行驶的数据，也需要错误行驶的数据作为惩罚，而在现实情况下的任何时候都不希望出现错误行驶的数据，因为会造成交通事故。如此一来，需要采集足够的数据（或者说是均衡的数据）训练一个好的强化学习模型，是非常困难的。

5. 系统可替代性（System Replaceable）

如果仅仅关心任务算法的最终性能，那么有很多任务都可以通过传统人工算法得到更好地解决，在寻求解决方案时可以直接在不同的方法之间进行权衡。如果单纯希望得到一个好的解决方案，或许深度强化学习的方法并不是最好的选择，因为其很容易被其他方法所击败。

在Atari游戏中，使用现成的蒙特卡洛树搜索也能够很容易地达到强于DQN的游戏水平。[Guo et al.]在NIPS 2014上所发表的论文比较了训练好的DQN模型和UCT Agent得分（其中UCT是目前使用的蒙特卡洛树搜索的一个标准版本），结果表明用单纯的搜索方法比强化学习方法取得更好的效果。又例如，波士顿动力公司的机器狗和机器人的控制算法中明确表示了没有使用强化学习，但如果去查阅波斯顿动力研究团队所发表的论文，可以得知其使用了诸如LQR、QP求解和凸优化等相关的算法。

事实证明，经典的控制算法在绝大部分情况下能够让机器人很好地工作，而不一定需要强化学习或者深度强化学习。因此在特定领域的问题中，很多时候深度强化学习并不是最好的方法。

6. 需要奖励函数（Reward Function）

根据强化学习的范式，其需要一个奖励函数来与环境进行连接。这个奖励函数通常可以人为离线设定好，在学习过程中保持固定；也可以根据环境的反馈动态调节。为了让强化学习正确地学习，奖励函数必须正确地反映环境对于智能体的反馈，而且这个反馈信息应该尽可能精确。

在Atari游戏中，不仅可以轻易地收集到大量的经验样本，而且每个游戏的最终目标是将得分最大化，所以根本不需要担心游戏中奖励函数的定义，每一款游戏都有严格的奖励函数控制方法。例如在模拟仿真环境中，拥有关于所有对象状态的完备知识，这使得奖励函数的定义变得非常明确。在上述情况下，需要一个奖励函数并不是十分困难的事情，困难的地方在于奖励函数的设计。

7. 奖励函数设计困难

上文提到创建一个奖励函数并不困难，困难在于设计合适的奖励函数让智能体得到其期望的动作。

定性奖励函数和稀疏奖励函数对算法的影响各不相同。例如在Atari的PingPoing游戏当中，赢了一个球奖励为+1，输了一个球奖励为-1，这属于一种定性的奖励。游戏中赢得的分数越多，智能体得到的奖励得分就越大；越接近最终目标，给出的奖励就会越高，此时奖励函数明确，智能体容易学习。与之对应的是稀疏奖励函数，其仅在达到目标状态时才给出奖励，在其他中间状态没有奖励，例如围棋游戏中没有到最终状态时，并不会知道输赢，这可能会使得智能体学习到的样本产生误导。

另外，在奖励函数设计不平衡的情况下，强化学习算法得到的可能不是所期望的结果。奖励函数设计不平衡，可能使得智能体最后求得的路径不是最优方案。

下面再给出几个因为奖励函数设计不当而引起问题的案例。

□ 智能体进行室内导航。如果智能体走出地图边界，导航就终止。然而当事件以这种方式终止时，没有增加任何惩罚项。最终智能体学到的策略可能表现出奇怪的自杀行为，因为负奖励太多，而正奖励难以获得。

□ 训练机械臂到达桌子上的某一个点。事实是这个目标点是相对于桌子定义的，而桌子并没有固定到任何东西上。智能体学习到的策略可能是猛烈地撞击桌子，最终将桌子掀翻，使得目标点被移动。而此时，目标点恰巧落在了机械臂末端的附近。

□ 使用强化学习来训练模拟机器手，使它拿起锤子钉钉子。开始时，奖励是由钉子插入孔中的距离决定的。机器人并没有拿起锤子，而是使用自己的肢体将钉子砸入了孔中。因此，增加了一个奖励项来鼓励机器人拿起锤子，并重新训练策略。最后智能体得到了拿起锤子的策略，但是后来它将锤子扔在了钉子上，而不是使用锤子去砸钉子。

8. 局部最优解问题

局部最优解的问题不只存在于深度学习。深度学习通过使用大规模的样本、对样本清洗、归一化等方法，尽可能地减少局部最优解的问题，但依然无法彻底解决局部最优解问题。同时，该问题还存在于强化学习中，主要来源于强化学习中经典的"探索"与"利用"困境。

假设智能体为一个仿生机器人，目标是奔跑到终点，这里不设置任何限制，机器人既可以使用四肢一起奔跑，也可以依靠双足奔跑。强化学习模型得到的是状态向量，经过某策略选择后输出动作向量，通过与环境进行交互获得奖励信号，但其学习过程中可能会发生以下情况。

□ 在随机探索的过程中，策略发现向前扑倒比原地不动要好。

□ 智能体努力记住该行为，所以它会连续地向前扑倒后再站立起来。

❑ 智能体发现前空翻会比单纯向前扑倒得到更多的奖励。

❑ 策略固化过程，智能体学习前空翻姿势和角度，使其以更好的前空翻姿势奔向终点。

上述过程听上去带有搞笑成分，这绝对不是人们所期望的方式。产生上述问题的原因是智能体并没有探索完所有可能达到终点的方式，而是找到了局部最优解，然后不断优化策略以满足该局部最优解，使其获得更大的奖励。

在1.2.4节中讲述"探索"与"利用"问题，如果智能体"探索"过度，会引入大量的垃圾数据，导致学习不到有价值的事。如果"利用"太多，则智能体得到的行为往往是局部最优解。

9. 过拟合问题

DQN是一个通用的算法，可以在很多Atari游戏通过合适的训练超过人类平均的游戏水平。但是对于某一款游戏其需要单独的训练，聚焦在一个单独的目标上。最终的强化学习模型不能够泛化到其他游戏当中，因为它并没有以其他游戏中的方式进行训练过，不同的游戏奖励函数不同。在实际工作中，虽然能够将一个学习好的DQN模型迁移到另一个Atari游戏中，但是并不能够保证其实际的运行效果的高效性。

在某种情况下，模型可以很好地被迁移，例如深度学习中使用ImageNet数据训练的VGG网络模型迁移到使用其他数据训练的VGG网络模型中。但实际上，深度强化学习的泛化能力还不足以处理很多诸如此类的任务集合。至少到目前为止，深度强化学习还没有达到像神经网络的迁移学习那样的程度。模型过拟合泛化问题依然是科学家们的研究热点。

10. 结果不稳定性和算法难以复现

无论是SVM、K-means，还是神经网络模型，几乎每一个机器学习算法都存在影响模型的学习行为和学习方式的超参数。这些超参数都需要通过人工手动挑选得到，或者通过某种特定的算法计算得到。完全自动化而不需要超参数的机器学习算法屈指可数。

与强化学习相比，监督学习算法性能较为稳定。基于对算法的经验技巧掌握，机器学习训练过程中不同参数对结果的影响很容易从训练产生的数据体现出来，例如随机梯度下降算法学习率对结果的影响可从损失曲线中进行观察。

但强化学习对初始化和训练过程的动态变化十分敏感，因为数据采用在线采集的方式，可得到的唯一监督信息只有来自于与环境反馈得到的奖励信号。一方面，强化学习在较好的训练样例上，可能会更快、更好地学习到较优的策略。另一方面，如果智能体没有在恰当的时机遇到好的训练样本，有可能给算法带来崩溃式的灾难，从而无法学习到好的策略。并且在训练过程中，任何偏离现有状况的行动都有可能导致更多的负反馈。上述强化学习的随机性给强化学习算法带来了结果不稳定性，算法难以复现其论文中的最优效果。

短期而言，深度强化学习存在一些亟需解决的挑战，一定程度上使得部分学者对深度强化学习的现状感到很无奈和消极。尽管如此，我们还是可以从深度强化学习的成功案例中获得一些信心。在这些成功案例中，深度强化学习给通用人工智能带来了一线希望，同时这也是一个很好的概念和理论体系，等待着我们去探索和完善。

1.4.2　强化学习的突破点

深度强化学习虽然目前存在着问题与不足，但其仍蕴含的巨大价值，值得投入更多的精力去研究与探索。科研的道路是一个发现与探索的过程。神经网络刚被发明的时候，不仅效果不佳而且效率极低，三起三落的研究热潮使得神经网络不断发展，最终发展到如今号称人工智能的入口——深度学习。作者深信强化学习同样如此，是一个短期悲观、长期乐观的事情，相信更多研究者的参与能够为该领域注入更多新鲜的血液，带来更多的遐想空间。

通过对强化学习的认识和了解，以下给出目前深度强化学习的突破点。

1. 局部最优

有人说"人类思考的方式比其他所有的生物都要优秀"，这种话语可能有点过于傲慢。实际上，与其他生物物种相比，人类只是在某些方面做得很好。同样，强化学习的解决方案不一定需要得到全局最优解，只要其局部最优解能够较好地满足实际的应用需求，就是一个可以接受的解决方案。就像1.4.1节中谈论的仿生机器人虽然还不能够用双足奔跑，但是至少能够以一种速度较快的方式移动到终点。

2. 硬件加速

TPU、GPU、APU的出现使得部分人觉得，人工智能最重要的发展方式就是不断扩展硬件以获得更多的计算能力。一方面，硬件速度的提升对于人工智能算法来说举足轻重，没有硬件加速可能就没有了深度学习的爆发。另一方面，没有深度学习算法，再快的硬件可能也无济于事。不过需要承认的一点是，硬件运算速度越快，就可以越少地关心采样低效的问题，甚至在部分时候可以暴力地解决探索问题，就像AlphaGo背后强大的TPU集群支持其使用蒙特卡洛树搜索算法进行大范围的走棋探索与评估。

3. 增加奖励信号和学习数据

对于强化学习来说，稀疏的奖励函数难以学习，因为从中获得的有效信息较少。但可以通过经验回放的方式增加奖励信号；也可以通过无监督的辅助方法让智能体进行自我学习和自我增强，如AlphaGo Zero程序使用两个智能体互相下棋以获得更多的数据。

4. 提高采样效率和学习速率

原则上说，一个泛化能力强的强化学习算法可以解决系列性的问题。泛化性强的模型可以更为方便地迁移到新的强化学习任务中，因此可以通过基于模型的学习来提高采样效率。这样就能够使得算法采集少量样本而达到相同的效果，类似于深度学习中的"迁移学习"。

迁移学习可以利用此前任务中学习到的知识来加快新任务的学习。如果迁移学习训练得到一个好的网络模型，那么对于不同的任务可以有好的稳健性以完成系列性的强化学习任务。如果迁移学习做得不好，强化学习的模型泛化能力不足，那么对于深度强化学习的发展仍然是一个很大的限制。

5. 结合深度学习算法

DQN算法结合了深度学习与强化学习，AlphaGo程序同样结合了蒙特卡洛搜索树、深度学习与强化学习，在有监督的深度学习基础上利用强化学习对深度学习模型进行微调。诚然，这是一种很好的方法，因为深度学习具有很强的表征能力，有助于加速强化学习中的探索效率。换言之，深度强化学习可以依托深度学习，并在此基础上进行深入的研究和尝试。

6. 设计可学习的奖励函数

机器学习的目标是使用数据自动地去学习到比人工设定更好的分类、回归或者关联分析的模型。因为奖励函数设计很困难，人为指定奖励函数可能会以偏概全，甚至会破坏强化学习系统的稳定性。基于此，可以使用机器学习的方法来学习奖励函数。另外，"模仿学习"和"逆强化学习"都取得了一定的研究进展，它们揭示了可以通过演绎法或者评估法来隐式地定义奖励函数。

7. 提供良好的先验知识

好的先验知识可以极大地缩短模型的学习时间。强化学习算法被设计为适用于马尔可夫决策过程中的任务，这是强化学习算法泛化性不足的根本原因。通过给智能体提供有效的先验知识，就能够使智能体快速学习现实环境中的新任务，这会加快智能体学习马尔可夫决策过程，一定程度上弱化算法的泛化性问题。

8. 使用预测学习

预测学习属于机器学习中的无监督范式。其主要目标是让智能体拥有"共识"，即从可获得的任意信息中预测所感知对象（系统状态或动作、图像、语言等）的过去、现在或将来的任意部分。其预测对象将要发生的事情，然后根据实际情况（反馈信号）进行学习。系统在没遇到将会发生的事情时，没有监督者告诉系统应该预测什么，一切都是由系统自身去探索决定。强化学习之父Sutton曾经表示，预测学习将会是续强化学习后的下一个研究方向。

（上面提到的模仿学习、逆强化学习、预测学习、迁移学习均不在本书的讨论范围内，有兴趣的读者可以自行查阅相关资料。）

尽管从研究的角度来看，深度强化学习目前所取得的成绩还不尽如人意，但是研究深度强化学习对于研究通用人工智能的意义是非凡的。例如特斯拉汽车公司的CEO埃隆·马斯克一直在宣扬人工智能威胁论，并多次警告不要低估人工智能所带来的危害。

部分学者认为人工智能试图通过制造与人类思想类似的事物来理解人类的思想，从而可能在思想上超越人类。正如费曼所说，"我无法创造的东西，我就不理解它"。可以预计的是，无论在科技界还是生物界，将会发生的一件重要的事情就是人类会面对一场意识解放，即人类会进一步理解自身的意识，这种意识本身将会对社会和哲学上产生巨大的影响。

对人类意识上的理解，或许就是这个时代最伟大的科学成就，它也将是有史以来人文学科最伟大的成就——深刻地理解自我。从这个角度来说，通用人工智能的发展并不是一件坏事。而要达到真正意义上的通用人工智能，仍然有很长的道路，这是一个非常具有挑战性的任务。

毫无疑问，当人类更深入地了解大脑如何运作时，今天我们所珍视的一些观点也会面临同样的挑战。到了那时，被视为对通用人工智能发展非常重要的强化学习，也许会被遗忘在科学的分支上。但这并不是一件坏事，因为科学在进步，人类同样在进步。我们站在巨人的肩膀上，勇敢地探索人工智能的未来！

1.5 小结

本章按照顺序依次介绍了强化学习与机器学习之间的关系，以及强化学习的发展历史、基础理论、应用案例、特点与评价。从强化学习的发展历史了解到强化学习与机器学习的共同点与差异。通过基础理论了解到强化学习的模式，引出状态、动作、奖励、策略、状态值函数等一系列概念。在应用案例中直观地了解了强化学习能处理什么类型的任务，最后从宏观的角度探讨了强化学习的未来。

- **强化学习**：一般而言，强化学习的目标是学会如何将观察结果和其测量值映射到一系列的行为中，同时最大化长期奖励。其过程实际上是智能体通过与环境进行交互，在连续时间序列中学会最优决策序列。

- **任务目标**：强化学习的目标是找到使累积奖励最大化的策略，其中价值函数 v 是对累积奖励的期望。

- **组成元素**：智能体通过状态、动作、奖励与环境进行交互。在每一个时间步 t 中，智能体达到一个状态 s，选择一个动作 a，然后获得一个奖励 r，其中动作 a 的选择要通过策略来表达。

- **强化学习的特点**：只有奖励信号、反馈延迟、试错学习、动作影响后续状态、时间序列重要。

- **发展的限制**：环境定义困难、不能快速部署并应用、存在维度灾难问题。

## 第 2 章

数学基础及环境

2

本章内容：
- □ 马尔可夫决策过程
- □ 值函数与动作值函数
- □ 贝尔曼方程
- □ 交互环境模型

数学方法渗透并支配着一切自然科学的理论分支，它愈来愈成为衡量科学成就的主要标志。

——约翰·冯·纽曼

　　数学是科学的皇冠。无论是手机信号的传递、医疗成像的分析，还是对时空规律的认识，都以数学为先导。数学是理解和探索世界所必须使用的语言，对那些热爱数学、从事数学研究的人而言，吸引他们投身于数学研究的是数学所蕴含的简洁和优雅。黎曼写出让人着迷的zeta函数，笛卡儿通过坐标平面把代数和几何优美地联系在一起。数学历史上的每一次进步，都意味着数学英雄们的远航达到了人类未知的新世界。

　　数学是科技发展的先声。科学技术的发展推动着数学的学科建设，数学研究的新发现也为技术的革新注入新的力量。强化学习能够取得今天的成绩，更离不开数学为其打下的坚实基础。强化学习基于马尔可夫决策过程，构建贝尔曼方程，并利用诸如凸函数、动态规划等数学方法对问题进行求解，从而搭建出一套自适应、自学习的强化学习决策体系。毫无疑问，强化学习的基础是数学，人工智能的基础更是数学。

　　通过第1章强化学习的基本介绍，我们初步了解了强化学习的主要组成元素（智能体、环境、奖励、状态以及动作）以及强化学习的相关概念（探索与利用、预测与控制）。本章将会深入探讨强化学习所涉及的数学基础。本章不会过多地讨论强化学习问题的求解过程，因为具体的求解过程较为复杂，将会在后续章节专门进行介绍。此外，本章将给出两个建立强化学习交互环境模型的具体例子，一方面为了帮助读者更加直观地理解强化学习，另一方面为后续章节的代码例子做铺垫。

2.1　简介

强化学习基于严格的数学理论，其内部使用了贪婪算法（Greedy Algorithm）、动态规划、近似求解（Approximate Solution）、凸函数优化（Convex Function Optimization）等数学求解方法，这些数学方法都是求解强化学习问题中的关键部分。

强化学习的数学基础理论基于具有马尔可夫性质的马尔可夫决策过程，定义强化学习中的值函数（Value Function）和动作值函数（State-Value Function）后，通过贝尔曼方程对值函数或动作值函数进行形式化表示，最终得到强化学习任务的求解方法。简而言之，强化学习通过优化贝尔曼方程，进而完成带有马尔可夫决策过程的强化学习任务。这使得强化学习的求解过程转化成优化贝尔曼方程，从而大大降低了求解任务的复杂度和学习难度。

2.2　马尔可夫决策过程

本节对强化学习中最为核心的马尔可夫决策过程进行详细的介绍，主要包括马尔可夫性质和决策过程，为进一步探索强化学习奠定基础。

2.2.1　马尔可夫性质

在进一步了解马尔可夫决策过程之前，需要先了解马尔可夫性质（Markov Property），其具体定义如下。

马尔可夫性质

在时间步$t+1$时，环境的反馈仅取决于上一时间步t的状态s和动作a，与时间步$t-1$以及$t-1$步之前的时间步都没有关联性。

由上可知，马尔可夫具有**无后效性**，即系统的下一个状态只与当前的状态有关，而与之前更早的状态无关。然而在实际环境中，智能体所需完成的任务不能够完全满足马尔可夫属性，即在时间步$t+1$的反馈不一定仅依赖于时间步t的状态和动作。但为了简化问题的求解过程，仍假设该任务满足马尔可夫属性，并通过约束环境的状态使得问题满足马尔可夫属性。

2.2.2　马尔可夫决策过程

马尔可夫所具有的**无后效性**大大简化了马尔可夫的决策过程。具体而言，一个马尔可夫决策过程由一个四元组构成，即 $MDP = (S, A, P_{sa}, R)$。

□ S为状态空间集：s_i表示时间步i的状态，其中 $S = \{s_1, s_2, \cdots, s_n\}$。

□ A为动作空间集：a_i表示时间步i的动作，其中 $A = \{a_1, a_2, \cdots, a_n\}$。

   ❑ **P_{sa}为状态转移概率**：表示在当前状态s下执行动作a后，转移到另一个状态s'的概率分布，记作$p(s'|s,a)$；如果带有获得的奖励r，则记作$p(s',r|s,a)$。

   ❑ **R为奖励函数**：在状态s下执行动作a后转移到状态s'获得的奖励为r，其中$r = R(s,a)$。

图2.1a所示为强化学习的一个简单示例，主要由智能体、环境、动作、状态和奖励组成。图2.1b为图2.1a所展开的马尔可夫决策过程。具体而言，智能体的初始状态为s_0，选择动作a_0并执行后，智能体按照$p(s_1|s_0,a_0)$ =0.5概率转移到下一个状态s_1，获得对应的奖励r_0=1.5；然后选择动作a_1执行后，智能体按照$p(s_2|s_1,a_1)$=0.3概率转移到下一个状态s_2，获得对应的奖励r_0=3。按照上述方式持续进行直到任务完成，该学习流程即为一个典型的带有马尔可夫决策过程的强化学习任务的求解过程。

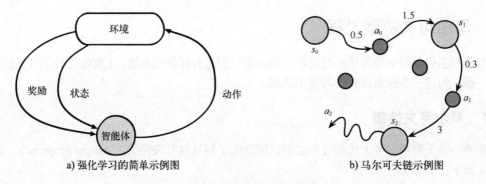

a) 强化学习的简单示例图　　　　　　　b) 马尔可夫链示例图

图2.1　强化学习的马尔可夫决策过程

一般而言，强化学习任务都是基于马尔可夫决策过程来进行学习和求解的。由于在马尔可夫决策过程中同时考虑了动作a和状态s，所以系统的下一个状态不仅与当前的状态s有关，也与当前所采取的动作a有关。

为了更为直观地理解马尔可夫决策中的状态转化过程，将图2.1a中强化学习的状态转换过程进行简化表示，如图2.2所示。智能体在状态s_0下选择动作a_0并执行，到达下时刻的状态s_1；在状态s_1下选择动作a_1并执行，到达下时刻的状态s_2。不断往下循环，最终达到状态s_n。

$$s_0 \xrightarrow{a_0} s_1 \xrightarrow{a_1} s_2 \xrightarrow{a_2} \dots \xrightarrow{a_{n-1}} s_n$$

图2.2　基于马尔可夫决策过程表示的强化学习

接下来给出一个较为常见的例子，把上课学习的过程当作一个简单的马尔可夫决策过程，如图2.3所示。

该任务有5个状态（高数课s_0、高数课s_1、自习s_2、自习s_3、宿舍s_4）。在每一步转移后，给定若状态是保持继续学习，则能够获得的奖励+1；如果是执行聊天、睡觉、刷微博等影响学习的动作，对应的奖励-1（惩罚）。图中箭头表示状态的转移方向，标识a、r分别代表导致状态转移的动作以及获得的奖励。

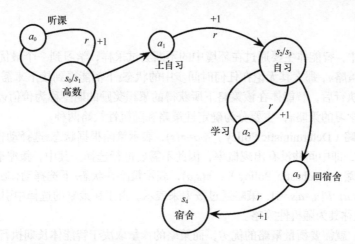

图2.3 马尔可夫决策过程示例: s代表状态, a代表动作, r代表奖励, 每一条线段代表转移概率p

由图2.3可知, 为了获得最大的奖励G, 最优策略π如下。

❑ **步骤1**: 当前状态为s_0 (高数课), 选择动作a_0 (听课), 到达状态s_1 (高数课), 获得奖励+1。

❑ **步骤2**: 当前状态为s_1 (高数课), 选择动作a_1 (上自习), 达到状态s_2 (自习), 获得奖励+1。

❑ **步骤3**: 当前状态为s_2 (自习), 选择动作a_2 (学习), 到达状态s_3 (自习), 获得奖励+1;

❑ **步骤4**: 在自习课结束之后选择动作a_3 (回宿舍), 到达状态s_4 (宿舍), 获得奖励+1。

到这里, 强化学习任务得以完成。

对应的最优动作策略为: 听课、上自习、做作业、回宿舍, 如图2.4所示。

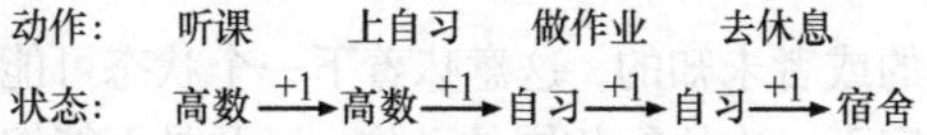

$$\text{动作:} \quad \text{听课} \qquad \text{上自习} \qquad \text{做作业} \qquad \text{去休息}$$
$$\text{状态:} \quad \text{高数} \xrightarrow{+1} \text{高数} \xrightarrow{+1} \text{自习} \xrightarrow{+1} \text{自习} \xrightarrow{+1} \text{宿舍}$$

图2.4 上课学习例子所对应的最优动作策略

该策略下所获得的奖励最大为4。

$$1 (\text{听课}) + 1 (\text{上自习}) + 1 (\text{做作业}) + 1 (\text{回宿舍}) = 4 \qquad (2.1)$$

由此可知, 通过将强化学习任务转化为马尔可夫的决策过程, 大大简化了强化学习任务的求解难度和复杂度, 为高效且精准地求解强化学习任务夯实了基础。

2.3 强化学习的数学基础理论

了解强化学习背后的数学基础理论, 有助于更为深刻地理解强化学习。本节主要围绕策略π、奖励r、动作a、价值v来展开。在前面章节对策略、奖励、动作做了简要介绍, 接下来会对策略π和价值v进行更为详细的讲解。

2.3.1　策略

在强化学习中，智能体主要通过在环境中的不断尝试采样，学习到一个最优策略π^*。假设智能体学习到某一策略π，那么其无论在任何时间步中的状态s下都能得到接下来需要执行的动作a。经过一段时间的执行后，智能体在该策略下所获得的累积奖励的期望称为价值v。

智能体需要学习的策略π，主要分为确定性策略和随机性策略两种。

- **确定性策略**（Deterministic Policy）：$a=\pi(s)$，表示策略根据状态s选择动作a。这是一个确定性过程，即中间并没有出现概率，因此不需要进行选择。其中，策略表示为函数。
- **随机性策略**（Stochastic Policy）：$\pi(s,a)$，表示策略在状态s下选择动作a的概率，其扩展公式为$\pi(s,a)=P[a_t=a|s_t=s]$，策略通过概率来表示。由于在策略的选择中引入了随机性概率P_{sa}，因此称其为随机性策略。

有了策略后，就需要衡量策略的优劣，而策略的衡量取决于智能体长期执行某一策略π_i后得到的累积奖励（Cumulative Reward）G。即策略的优劣取决于长期执行这一策略后得到的累积奖励。

所以说，强化学习的目的，是寻找能使累积奖励G最大化的策略π^*。

2.3.2　奖励

为了找到长期累积奖励，不仅需要考虑当前时间步t的奖励，还需考虑到未来的奖励。总奖励（Total Reward）R的计算公式如下。

$$R = r_1 + r_2 + r_3 + \cdots + r_n \tag{2.2}$$

根据总奖励R的计算公式可知，长期累积奖励从当前时间步t开始，直到最终状态的奖励r_n，得到未来累积奖励（Future Cumulative Reward）R_t。

$$R_t = r_t + r_{t+1} + r_{t+2} + \cdots + r_n \tag{2.3}$$

一般而言，环境是随机的或者未知的，这意味着下一个状态可能也是随机的。即由于所处的环境是随机的，所以无法确定下一次执行相同的动作，以及是否能够获得相同的奖励。而向未来探索得越多，可能产生的分歧（不确定性）就越多。因此，在实际任务中，通常使用折扣未来累积奖励（Discounted Future Cumulative Reward）G_t来代替未来累积奖励。

$$G_t = R_t + \gamma R_{t+1} + \gamma^2 R_{t+2} + \cdots + \gamma^{n-t} R_n \tag{2.4}$$

其中γ为折扣因子（Discount Factor），是介于[0,1]的常数。对于距离当前时间步越远的奖励，其重要性就越低。由式（2.4）易得，时间步t的折扣未来累积奖励G_t可以用时间步$t+1$的折扣未来累积奖励G_{t+1}表达。

$$G_t = R_t + \gamma \left(R_{t+1} + \gamma (R_{t+2} + \cdots) \right) = R_t + \gamma G_{t+1} \tag{2.5}$$

假设折扣因子$\gamma=0$，可以认为该策略"目光短浅"，只考虑当前的即时奖励r_t。倘若想平衡当前时间的奖励和未来的奖励，可将γ设置为一个较大的值，如$\gamma=0.9$。如果环境是恒定的，或者说环境所有状态是已知的（Model-based），那么未来累积奖励可以提前获得并不需要进行折扣计算，这时可以简单地将折扣因子γ设置为1。

综上所述，强化学习的目标最终演变成智能体选择一个能够最大化折扣未来累积奖励G_t的最优策略。

2.3.3 价值函数

当执行到某一步时，如果需要评估当前智能体在该时间步状态的好坏程度，主要由价值函数（Value Function）来完成。由于价值函数的输入分为状态s和<状态-动作>对$\langle s,a \rangle$，后续章节中输入状态时统称为状态值函数，输入<状态-动作>对时统称为动作值函数，当不讨论其输入时统称为价值函数。

状态值函数$v(s)$是对未来奖励的预测，表示在状态s下，执行动作a会得到的奖励期望。

$$v(s) = \mathbb{E}[G_t \mid s_t = s] \tag{2.6}$$

而动作值函数（Action-Value Function）主要用来评估当前智能体在状态s选择动作a的好坏程度，用$q(s,a)$来表示。实际上，动作值函数和状态值函数相类似，区别在于动作值函数多考虑了在当前时间步执行动作a所带来的影响，即：

$$q(s,a) = \mathbb{E}[G_t \mid s_t = s, a_t = a] \tag{2.7}$$

由式（2.7）可知，价值函数最后的计算结果是一个期望数值，为累积奖励G_t的期望。

数学期望

在概率论和统计学中，数学期望是试验中每次可能结果的概率乘以结果值的总和。

由此，累积奖励G_t的期望为：状态s执行动作a的概率乘以状态s执行动作a后获得的奖励值的总和。需要注意的是，累积奖励与策略相关联，选择不同的策略会获得不同的奖励值。所以对应一个特定的策略，能够获得一个特定的价值函数。

2.4 求解强化学习

2.3节对强化学习的数学原理进行了说明，并主要围绕策略、奖励而展开。本节将对强化学习中的核心部分（即如何求解强化学习任务）进行初步概述。事实上，求解强化学习等同于优化贝尔曼方程。

2.4.1 贝尔曼方程

贝尔曼方程表示当前时刻状态的价值$v(s_t)$和下一时刻状态的价值$v(s_{t+1})$之间的关系。状态值函数和动作值函数都可以使用贝尔曼方程来表示。

对于值函数来说，把式（2.5）代入式（2.6），可以分为两个部分：第一个部分为即时奖励

R_t，另外一个部分为未来状态的折扣价值 $\gamma v(s_{t+1})$。

$$v(s) = \mathbb{E}\left[G_t \middle| s_t = s\right] = \mathbb{E}\left[r_t + \gamma v(s_{t+1}) \middle| s_t = s\right] \tag{2.8}$$

因此，状态值函数的贝尔曼方程为：

$$v(s) = R_s + \gamma \sum_{s' \in S} P_{ss'} v(s') \tag{2.9}$$

式（2.9）表示当前状态 s 的价值函数，由当前状态获得的奖励 R_s 加上经过状态间转换概率 $P_{ss'}$ 乘以下一状态的状态值函数 $v(s')$ 得到，其中 γ 为未来折扣因子。

将式（2.9）使用矩阵来表示，可以简化为：

$$v = R + \gamma P v \tag{2.10}$$

2.4.2   最优值函数

由 2.3 节可知，强化学习的目标就是求解马尔可夫决策过程的最优策略，而值函数是对最优策略的表达（最优策略是使价值函数最大的策略）。最优策略 π^* 可以通过最优状态值函数（Optimal Value Function）v^* 来表示。

$$\pi^*(s) \to v^*(s) = \max_\pi v(s) \tag{2.11}$$

最优状态值函数 $v^*(s)$ 表示在所有策略产生的状态价值函数中，选取使状态 s 价值最大的函数。在实际环境中，最优值函数的真实表现为智能体所选择执行的最优动作（即智能体执行的最优策略）。

同理，最优动作值函数 $q^*(s,a)$ 指的是从所有策略产生的动作值函数中，选取<状态-行为>对 $\langle s,a \rangle$ 价值最大的函数。

$$q^*(s,a) = \max_\pi q_\pi(s,a) \tag{2.12}$$

最优值函数确定了马尔可夫决策过程中智能体最优的可能表现。获得了最优值函数，也就获得了每个状态的最优价值，那么此时该马尔可夫决策过程的所有变量都为已知的，接下来便能很好地求解马尔可夫决策过程的问题。

2.4.3   最优策略

最优策略（Optimal Policy）的定义如下。

$$\pi \geqslant \pi' \, if \, v_\pi(s) \geqslant v_{\pi'}(s) \tag{2.13}$$

在状态 s 下，当策略 π 的价值函数优于任何其他策略 π' 的价值函数时，策略 π 即为状态 s 下的最优策略。关于马尔可夫决策过程的最优策略，有如下 3 个定理。

（1）对于任何马尔可夫决策过程问题，存在一个最优策略 π^*，其好于（至少相等于）任何其他策略，即 $\pi^* \geqslant \pi$。

（2）所有最优策略下都有最优状态值函数，即 $v_{\pi^*}(s) = v^*(s)$。

（3）所有最优策略下都有最优动作值函数，即 $q_{\pi^*}(s,a) = q^*(s,a)$。

基于上述3个定理，寻找最优策略可以通过最优状态值函数 $v_{\pi^*}(s)$ 或者最优动作值函数 $q_{\pi^*}(s,a)$ 来得到。也就是说如果最优值函数已知，则可以获得马尔可夫决策过程的最优策略。

因此，可以通过最大化 $q^*(s,a)$ 得到最优策略 π^*，具体定义如下。

$$\pi^*(a|s) = \begin{cases} 1, & a = \max q(s,a) \\ 0, & 其他 \end{cases} \tag{2.14}$$

式（2.14）中，当 $a = \max\limits_{a \in \mathcal{A}} q(s,a)$ 时，$\pi(a|s)$ 为1，表明如果动作值函数的最大值为最优策略所选择的动作，那么智能体已经找到最优策略 π^*。只要最优动作值函数 $q^*(s,a)$ 已知，就可以立即获得最优策略。综上所述，最优策略 π^* 对于任何马尔可夫决策过程都会有一个对应的确定性最优策略 $\pi^*(a|s)$。

到目前为止，最优策略的求解问题事实上已经转化成最优值函数的求解问题。如果已经求出最优值函数，那么最优策略是非常容易得到的，反之同理。通过最优策略求解问题的转换，可以将孤立的最优策略 π^*、最优值函数 $v^*(s)$、最优动作值函数 $q^*(s,a)$ 联为一体。需要注意的是，在实际工作中，也可以不求最优值函数，而使用其他方法直接求解最优策略。

2.4.4 求解最优策略

求解强化学习问题实际上是求解最优策略，由2.4.3节可知，最优策略可以通过求解最优值函数得到。而根据2.4.1节，最优值函数的求解就是优化贝尔曼方程。简言之，强化学习的求解最后演化成了优化贝尔曼方程。具体而言，对于小规模的马尔可夫决策过程，可以直接求解价值函数，对于大规模的马尔可夫决策过程，则可采用以下迭代的方法优化贝尔曼方程。

❑ 动态规划法（Dynamic Programming Method）

❑ 蒙特卡洛法（Monte Carlo Method）

❑ 时间差分法（Temporal Difference Method）

在后续章节中，将会详细介绍如何根据马尔可夫决策过程，通过上述方法来求解贝尔曼方程，进而得到强化学习模型。

无论是利用动态规划法、蒙特卡洛法，还是时间差分法，求解最优策略时都会遇到第1章提到的"探索-利用"困境。因为在实际的策略求解过程中，需要权衡"探索"和"利用"的重要性。而这两者本身是矛盾的，在具体求解过程中尝试的次数又是有限的，增加探索的次数就会降低利用的次数，反之亦然。实际上，在基于模型任务的环境下已经知道了环境的所有信息，这个时候不需要去探索，只需要利用即可；而在免模型任务的环境下探索和利用两者都同等重要，既要知道更多有关环境的信息，更要针对这些已知的信息来提高奖励。接下来介绍一个常用的平衡"探索"和"利用"两者之间重要性的具体方法——ε-贪婪算法。

1. ε-贪婪算法的原理

如果想要让累积奖励G最大化，就需要在"探索"和"利用"之间进行权衡，而ε-贪婪算法可以实现此目标。

ε-贪婪算法的流程

以ε的概率进行"探索"，即以概率ε随机选择一个动作；

以$1-\varepsilon$的概率进行"利用"，即以概率$1-\varepsilon$选择奖励最高的动作。

ε-贪婪算法的数学表达式为：

$$A = \begin{cases} \underset{a}{\operatorname{argmax}}\ Q(a), & P = 1-\varepsilon \\ \text{Random Action}, & P = \varepsilon \end{cases} \tag{2.15}$$

其中，$P = \varepsilon$表示算法以一定的概率（ε）选择随机动作（Random Action），即智能体在环境中进行随机"**探索**"；$P = 1-\varepsilon$表示算法以概率（$1-\varepsilon$）选择价值最大的动作作为下一时间步需要执行的动作，即智能体直接"**利用**"已经探索得到的信息。

算法2.1给出了强化学习中贪婪算法的具体使用方法，该算法的重点在"重复步骤"：首先，在时间步t根据贪婪算法选择一个动作A；然后，智能体按照策略执行该动作A得到相应的奖励R。$Q(A)$用于记录动作A的平均奖励，$N(A)$用于记录某动作的执行次数。

算法2.1　贪婪算法在强化学习中的整体算法流程

初始化：

$$Q(a) \leftarrow 0$$

$$N(a) \leftarrow 0$$

迭代执行直到任务完成（t）：

$$A = \begin{cases} \underset{a}{\operatorname{argmax}}\ Q(a), & P = 1-\varepsilon \\ \text{Random Action}, & P = \varepsilon \end{cases}$$

$$N(A) \leftarrow N(A)+1$$

$$R \leftarrow 策略（A）$$

$$Q(A) \leftarrow Q(A) + \big[R - Q(A)\big]/N(A)$$

上述算法流程中，智能体尝试t次（t个时间步）后所得到的平均奖励为$Q_t(a_t)$。其中$N_t(a_t)$记录当前动作a_t已经尝试的次数，用作分母的目的是归一化操作作用。经过第t次尝试后，智能体获得奖励为r_t，此时平均奖励更新为：

$$Q_t(a_t) = Q_{t-1}(a_{t-1}) + \frac{r_t - Q_{t-1}(a_{t-1})}{N_t(a_t)} \qquad (2.16)$$

式（2.16）即为最优动作值函数的贝尔曼方程表达式，该式将会贯穿全书，在后续章节多次出现。式（2.16）的通用范式为：

$$NewEstimate \leftarrow OldEstimate + StepSize \times [Target - OldEstimate] \qquad (2.17)$$

其中，$[Target - OldEstimate]$表示预测误差。

2．ε-贪婪算法的实现

为了让读者更好地理解ε-贪婪算法，下面给出ε-贪婪算法的代码清单2.1，函数epsilon_greedy()为ε-贪婪算法的具体实现。算法有4个输入参数，分别是当前状态的动作数nA、奖励函数R、尝试次数T和概率参数epsilon。具体而言，首先对累计奖励r进行初始化（r=0），另外创建有nA个动作数的数组N用来记录动作的尝试次数。在正式进入迭代之后，使用random.rand()自动产生一个随机数，然后与epsilon进行比较，根据大小关系决定是进入探索阶段，还是利用阶段。如果进入探索阶段，则随机选择一个动作；如果进入利用阶段，则选择奖励最大的动作，然后按照式（2.16）更新平均奖励q_value。

【代码清单 2.1】 ε-贪婪算法

```python
def epsilon_greedy(nA, R, T, epsilon=0.6):
    # 初始化累积奖励 r
    r = 0
    N = [0] * nA

    for _ in range(T):
        if np.random.rand() < epsilon:
            # 探索阶段：以均匀分布随机选择
            a = np.random.randint(q_value.shape[0])
        else:
            # 利用阶段：选择价值函数最大的动作
            a = np.argmax(q_value[:])

        # 更新累积奖励和价值函数
        v = R(a)
        r = r + v
```

```
q_value[a] = (q_value[a] * N[a] + v)/(N[a]+1)
N[a] += 1
```

```
# 返回累积奖励 r
return r
```

3. ε参数的选择

ε-贪婪算法能够根据选择的动作和反馈的奖励及时地调整策略，避免陷入次优状态。当ε较大时，模型具有较大的灵活性，能够更快地探索潜在的更高的奖励，收敛速度快；当ε较小时，模型具有更好的稳定性，拥有更多的机会来利用当前最好的奖励，但收敛速度慢。需要注意的是，参数ε难以准确设置，虽然ε较大时系统适应能力变强，但是累积奖励可能会很低；而如果ε过小，那么系统的适应变化能力就会太弱，但却能够获得更好的累积奖励。

在实际任务中，ε参数的选择是一项比较棘手的任务。ε参数的选择较为困难，有以下知识可供借鉴。当动作对应的奖励不确定性较大、概率分布较宽时，需要更多的探索（即选择较大的ε）。比如进行21点游戏时每次发牌前不确定性因素都较大，此时可以选择较大的ε值；当动作对应的奖励不确定性因素较小、概率分布较为集中时，少量的尝试就可以较好地近似真实奖励（即选择较小的ε）。比如在迷宫游戏中，在某个岔路口只有较少的几个选择，此时ε的值可以被设置得很小。另外，还可以通过设置较大的尝试次数t，在尝试的过程中动态地调整ε的值。在系统刚开始尝试时，设置较大的ε值，增强系统的探索能力，以获得更多的未知信息。当系统尝试次数较多后，降低ε值，增强系统的利用能力，以尽可能地从已经探索到的信息中选择最优策略。最为简单的一种方法是，让ε的值随着尝试次数的增加而减少（如设置 $\varepsilon = 1/\sqrt{t}$）。

除了ε-贪婪算法之外，还有Decaying ε_t-贪婪算法、softmax算法、置信区间上界（Upper Confidence Bound，UCB）算法、Thompson采样等解决"探索"和"利用"困境的算法。具体选择哪种算法，取决于实际的应用。

目前而言，在实际强化学习任务中应用较多的是ε-贪婪算法和softmax算法，最为普遍的还是ε-贪婪算法。基于ε-贪婪算法的有效性和普遍性，本书的后续章节将会统一使用ε-贪婪算法作为动作的选择策略。

2.5　示例：HelloGrid 迷宫环境

为了让读者对强化学习有一个更为清晰和直观的认识，从本章开始，将会结合实际强化学习任务给出相对应的求解实现代码。本节主要提供OpenAI Gym库的操作方法和HelloGrid的游戏程序，目的是让读者初步了解强化学习的编程环境，以及智能体与环境的交互方式。值得注意的是，HelloGrid游戏程序将会在后续章节多次被引用，因此有必要去了解HelloGrid游戏程序的实现过程。

2.5.1　初识 OpenAI Gym 库

在进入强化学习具体的求解策略算法之前，需要智能体在环境中进行感知，并通过捕获环境的反馈得到新的状态和奖励。本节将会集中介绍OpenAI Gym库，以了解强化学习的智能体和环境的交互方式。

根据OpenAI Gym官方文档所介绍：OpenAI Gym是一个用来开发和比较强化学习算法的工具包。换言之，OpenAI Gym是一个为强化学习而生的Python库，便于对强化学习的算法进行验证和比较。自然而然地，OpenAI Gym库也提供了智能体与环境进行交互的基本功能。

Gym库的核心是使用Env对象作为统一的环境接口，其中Env对象包含下面3个核心方法。

❑ reset(self)：重置环境的状态，返回环境的当前状态。

❑ step(self,action)：推进一个时间步，返回的信息是state、reward、done、info。其中，done用来表明游戏是否结束的标志位，info是关于游戏的附加信息。

❑ render(self,mode='human',close=False)：重绘环境。

接下来给出Atari中的"Breakout打乒乓球"游戏来直观呈现OpenAI Gym中智能体与环境之间的简单交互过程，如代码清单2.2所示。

【代码清单2.2】　Gym运行Breakout游戏

```
import gym
# 声明使用的环境
env = gym.make('Breakout-v0')
env.reset() # 环境初始化

# 对环境迭代地执行1000次
for _ in range(1000):
env.render()
    # 随机选择一个动作
    env.step(env.action_space.sample())
```

其中，gym库通过make()函数产生对应例子的环境。随后，进行1 000次Breakout-v0环境的迭代，在每一步迭代中调用env.render()函数来渲染重绘环境。运行完一次迭代后，会看到图2.5所示的Atari游戏迭代的情形。

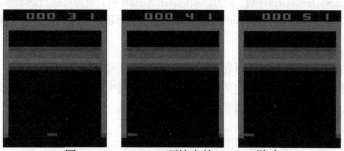

图2.5　OpenAI Gym环境中的Breakout游戏

在该例子中，每一次迭代都是随机选择动作来执行。函数env.action.sample()返回的就是随机选择的动作序号，env.step(action)函数主要用来执行该序列对应的动作。

2.5.2 建立 HelloGrid 环境

通过2.5.1节的讲解，我们初步掌握了OpenAI Gym库的使用方法。接下来，通过实现HelloGrid格子迷宫游戏掌握如何进一步定义智能体与环境交互的方法。

假设智能体机器人在一个4×4的格子迷宫中进行探索，目标是从图2.6a中的起始位置S(Start)走到目标位置G(Goal)，格子中的X代表地雷，O代表可以行走的区域。形式化的表达如代码清单2.3所示。

【代码清单 2.3】 HelloGrid游戏

```
S  O  O  O        S：起始位置（安全）
O  X  O  X        O：可行位置（安全）
O  O  O  X        X：陷阱位置（危险）
X  O  O  G        G：目标位置（安全）
```

当智能体到达位置G时会获得奖励reward=+1，到达其他位置奖励reward=-1。另外，当智能体到达位置G或者位置X时，系统会停止退出。其中，智能体可以选择的动作为上、下、左、右4个，选择不同的动作将会到达下一个不同的位置状态，直至到达X或G位置时智能体停止运行。

该示例的环境虽是一个4×4的迷宫格子，可实际上却与机器人在真实的环境中寻找行走路径非常类似，不同的是后者环境更为复杂（后者的环境可能存在未知的变量），而示例对环境进行了简化（即假设环境已知）。

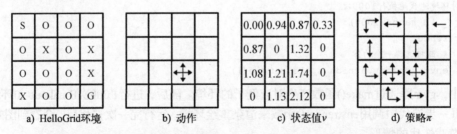

图2.6 HelloGrid环境：a)为原始的HelloGrid环境；b)为可执行的动作，
即上、下、左、右；c)为HelloGrid某策略下的状态值；d)为HelloGrid的某策略

1. 建立HelloGridEnv环境

在实现HelloGrid环境之前，需要先加载gym toy_text中的discrete类，该类中的DiscreteEnv为本次模拟的核心环境类接口。随后定义智能体在HelloGrid中的4个动作（UP、RIGHT、DOWN、LEFT）和地图环境MAPS，如代码清单2.4所示。

【代码清单 2.4】 建立HelloGridEnv环境

```
import numpy as np
```

```
import sys
from six import StringIO, b

from gym import utils
from gym.envs.toy_text import discrete

# 对应所有状态都有四个动作
UP = 0
RIGHT = 1
DOWN = 2
LEFT = 3

# HelloGrid 环境
MAPS = {'4x4':["SOOO","OXOX","OOOX","XOOG"]}
```

有了基本的地图MAPS和动作序列（UP、RIGHT、DOWN、LEFT）后，开始编写模拟环境。在HelloGrid环境初始化阶段必需的变量为nS、nA、isd、P。其中，nS表示状态空间集个数，nA表示动作空间集个数，isd为初始状态分布（Initial State Distribution）。P为状态转换概率表，从状态s选择动作a后转移到下一个状态的概率为P_{sa}。具体如代码清单2.5所示。

【代码清单2.5】　初始化HelloGrid环境

```
class HelloGridEnv(discrete.DiscreteEnv):
    metadata = {'render.modes': ['human', 'ansi']}

    def __init__(self, desc=None, map_name='4x4'):
        """
        GridWorldEnv环境构造
        """
        # 环境地图Grid
        self.desc = np.asarray(MAPS[map_name], dtype='c')
        # 获取MAPS的形状 (4, 4)
        self.shape = desc.shape

        # 动作集个数
        nA = 4
        # 状态集个数
        nS = np.prod(self.desc.shape)

        # 设置最大的行号和最大的列号方便索引
        MAX_Y = self.shape[0]
        MAX_X = self.shape[1]

        #初始状态分布 [ 1.  0.  0.  ...], 并从格子S开始执行
        isd = np.array(desc == b'S').astype('float64').ravel()
```

```
isd /= isd.sum()

# 动作-状态转换概率字典
P = {}
```

在代码清单2.5中，定义完nS、nA、P、isd 4个主要的环境元素之后，需要对环境中的每一个状态进行遍历，进而更新动作-状态转换概率字典P中的内容，这主要通过numpy中的nditer迭代进行。is_done为python的lambda表达式，表示当s等于'GX'两个字母中任意一个时。is_done(s)将会返回True，否则返回False。最后，无论是否达到状态G，都会对当前状态s的转换概率字典P进行更新。值得注意的是，状态转换概率使用Python字典对像类型进行存储，具体存储内容如代码清单2.6中的P[s][a]=[(probability,nextstate,reward,done),...]所示。

【代码清单 2.6】　更新动作-状态转换概率字典P

```
# 使用numpy 的nditer对状态grid进行遍历
state_grid = np.arange(nS).reshape(desc.shape)
it = np.nditer(state_grid, flags=['multi_index'])

# 通常it.finish, it.iternext() 连在一起使用
while not it.finished:
    # 获取当前的状态state
    s = it.iterindex
    # 获取当前状态所在grid格子中的值
    y, x = it.multi_index

    # P[s][a] == [(probability, nextstate, reward, done)*4 ]
    P[s] = {a : [] for a in range(nA)}

    s_letter = desc[y][x]
    # 使用lmbda表达式代替函数
    is_done = lambda letter: letter in b'GX'
    # 只有到达位置G奖励才为1
    reward = 1.0 if s_letter in b'G' else -1.0

    if is_done(s_letter):
    # 如果达到状态G, 直接更新动作-状态转换概率
        P[s][UP] = [(1.0, s, reward, True)]
        P[s][RIGHT] = [(1.0, s, reward, True)]
        P[s][DOWN] = [(1.0, s, reward, True)]
        P[s][LEFT] = [(1.0, s, reward, True)]
    else:
    # 如果还没有到达状态G
        # 新状态位置的索引
        ns_up = s if y == 0 else s - MAX_X
        ns_right = s if x == (MAX_X - 1) else s + 1
```

```
        ns_down = s if y == (MAX_Y - 1) else s + MAX_X
        ns_left = s if x == 0 else s - 1

        # 新状态位置的索引对应的字母
        sl_up = desc[ns_up // MAX_Y][ns_up % MAX_X]
        sl_right = desc[ns_right // MAX_Y][ns_right % MAX_X]
        sl_down = desc[ns_down // MAX_Y][ns_down % MAX_X]
        sl_left = desc[ns_left // MAX_Y][ns_left % MAX_X]

        # 更新动作-状态转换概率
        P[s][UP] = [(1.0, ns_up, reward, is_done(sl_up))]
        P[s][RIGHT] = [(1.0, ns_right, reward, is_done(sl_right))]
        P[s][DOWN] = [(1.0, ns_down, reward, is_done(sl_down))]
        P[s][LEFT] = [(1.0, ns_left, reward, is_done(sl_left))]
        # 准备更新下一个状态
        it.iternext()

    self.P = P
    super(HelloGridEnv, self).__init__(nS, nA, P, isd)
```

2. 渲染HelloGridEnv环境

HelloGridEnv的内置函数成员_render()在每次执行完某动作之后，显示该环境及其对应的状态。_render()函数主要对当前状态位置的格子进行着色和显示，如代码清单2.7所示。

【代码清单 2.7】 _render渲染函数实现

```
def _render(self, mode='human', close=False):
    # 判断程序是否已经结束
    if close:
        return

    outfile = StringIO() if mode == 'ansi' else sys.stdout

    # 格式转换
    desc = self.desc.tolist()
    desc = [[c.decode('utf-8') for c in line] for line in desc]

    state_grid = np.arange(self.nS).reshape(self.shape)
    it = np.nditer(state_grid, flags=['multi_index'])

    while not it.finished:
        s = it.iterindex
        y, x = it.multi_index

        # 对于当前状态用红色标注
        if self.s == s:
```

```
            desc[y][x] = utils.colorize(desc[y][x], "red", highlight=True)
        it.iternext()

    outfile.write("\n".join(' '.join(line) for line in desc)+"\n")

    if mode != 'human':
        return outfile
```

3．运行HelloGridEnv环境

最后，运行HelloGridEnv环境，如代码清单2.8所示。具体而言，调用HelloGrid环境类，并使用for循环迭代执行5次，每次随机获取一个动作。随后，通过env.step(action)函数执行该动作，并获得4个反馈变量，分别为state、reward、done、info，并由Python的print输出选择的动作方向（Up、Right、Down、Left中的一个）。最后检测是否遇到done，即是否遇到位置X或者到达最终目的地G，当检测结果为done时，返回True。

【代码清单 2.8】　运行HelloGrid环境

```
env = HelloGridEnv()          # 使用HelloGrid环境
state = env.reset()           # 初始化状态state


# 执行5次动作
for _ in range(5):
    # 显示环境
    env.render()
    # 随机获取动作action
    action = env.action_space.sample()
    # 执行随机选取的动作action
    state, reward, done, info = env.step(action)

    print("action:{}({})".format(action, ["Up","Right","Down","Left"][action]))
    print("done:{}, observation:{}, reward:{}".format(done, state, reward))


    # 如果执行动作后返回的done状态为True则停止继续执行
    if done:
        print("Episode finished after {} timesteps".format(_+1))
        break
```

对代码清单2.8的输出进行整理，得到5次迭代结果（见图2.7）。其中，策略为从左上角的S开始执行"右、右、左、下"，随后刚好达到X位置，停止继续执行。图2.7中的深色标记表示上一次状态s的所在位置，由于最后智能体陷入了位置X，并没有达到目的地G，因此得到的累积奖励为0。

值得一提的是，本节示例只是单纯地使用OpenAI Gym库建立智能体与环境之间的交互关系，主要包括智能体根据当前状态选择的动作、到达新的环境状态和获得相应的奖励，并不包含策略的具体求解过程。HelloGrid环境的策略求解将会在第二篇"求解强化学习"的具体例子中进行详细介绍。

迭代数	0	1	2	3	4
环境	S O O O O X O X O O O X X O O G	S O O O O X O X O O O X X O O G	S O O O O X O X O O O X X O O G	S O O O O X O X O O O X X O O G	S O O O O X O X O O O X X O O G
动作	（右移）	（右移）	（左移）	（下移）	（结束游戏）
状态	0	1	2	1	5
奖励	0	0	0	0	0

图2.7 HelloGrid环境，此处对应环境的状态，动作是系统随机选择，红色为智能体当前所属位置。第一行iter为迭代的次数，第二行为环境（Environment）情况，第三行为动作（action），第四行为状态（state）的序号，第五行为奖励（reward）。经过5次随机选择动作后，智能体进入X中，结束本次运行

2.6 小结

本章主要介绍了强化学习的基本数学原理。简而言之，由于智能体与环境的交互方式实际上是一个马尔可夫决策过程，于是有了使用马尔可夫决策过程来表达强化学习任务的求解过程。随后，数学家贝尔曼通过动态规划法来表达马尔可夫决策过程，使得强化学习的求解问题转化为贝尔曼方程的优化问题。

- **任务目标**：强化学习的目标是找到使累积奖励最大化的策略，即智能体的目标是最大化累积奖励。
- **马尔可夫属性**：环境在$t+1$时间步的反馈仅取决于t时间步的状态和动作，与其他时间步的状态和动作都不相关。但现实环境并不能完全满足马尔可夫属性，为了让求解问题简单化，仍然将现实任务假设成一个马尔可夫决策过程。
- **马尔可夫决策过程MDP**：马尔可夫决策过程由一个四元组构成，即$MDP = (S, A, P_{sa}, R)$，分别对应状态空间集、动作空间集、状态转移概率和奖励函数。
- **状态值函数$v(s)$**：状态值函数用来评估当前智能体在状态s的好坏程度，即智能体在状态s下对累积奖励G_t的期望。值得一提的是，当给定一个策略，状态值函数便等同于该策略。如果对于所有状态s都有$v_{\pi_1}(s) > v_{\pi_2}(s)$，表示策略$\pi_1$优于策略$\pi_2$。
- **动作值函数$q(a,s)$**：动作值函数用来评估当前智能体在状态s下选择动作a的好坏程度，其跟状态值函数类似，唯一的区别是动作值函数受到动作带来的影响。
- **贝尔曼方程**：贝尔曼方程刻画了当前状态s和下一个状态s'之间的关系，贝尔曼方程存在于状态值函数和动作值函数中，可用于求解马尔可夫决策过程。
- **最优值函数$v^*(s)$**：最优值函数是基于最优策略的值函数，而贝尔曼方程定义了当前状态的最优值和后续状态最优值之间的相互关系。

第二篇　求解强化学习

理论是思考的根本，也就是说，是实践的精髓。

——路德维希·波尔兹曼

　　第 1 章和第 2 章主要介绍了强化学习的基本元素及其基础理论知识，让读者对强化学习有一个基本认识。强化学习与人类或者动物的学习方式类似，智能体通过状态、动作、奖励 3 个信号与环境持续进行交互，并得到环境的反馈，进而调整智能体自身的下一步行为。智能体与环境的交互过程，实际上是一个马尔可夫决策过程。贝尔曼方程通过对马尔可夫决策过程进行数学抽象表达，使其变为可求解的状态值函数 $v(s)$，智能体通过状态值函数找到最优策略 π^*。

　　有了对强化学习的初步了解，本书第二篇开始深入探讨如何通过数学求解获得强化学习任务的最优策略 π^*。针对基于模型的环境任务，可以直接通过动态规划算法迭代地求解状态值函数 $v(s)$。然而，真实世界中大部分强化学习任务都是免模型的情况，常规的动态规划算法无法进行求解。

　　针对免模型情况下的强化学习任务，可采用蒙特卡洛控制算法（MC）多次对环境进行"模拟–采样–估值"来进行求解。由于蒙特卡洛法基于概率论，不能够真正意义上表达马尔可夫决策过程。基于此，科学家们引入了时间差分（TD）学习法去求解动作值函数 $q(s,a)$。相较于蒙特卡洛法，时间差分法能够更合理地表示马尔可夫决策过程。

　　德国著名的数学家克莱因说过：音乐能激发或抚慰情怀，绘画使人赏心悦目，诗歌能动人心弦，哲学使人获得智慧，科学可改善物质生活，但数学能给予以上的一切。接下来，让我们一起正式踏上求解强化学习的数学之路！

第3章

动态规划法

3

本章内容：

- ☐ 动态规划法
- ☐ 策略评估与策略改进
- ☐ 策略迭代与值迭代
- ☐ 异步动态规划

新的数学方法和概念，常常比解决数学问题本身更重要。

——华罗庚

强化学习从动物学习行为中的试错方式和优化控制理论两个领域独立发展，最终经贝尔曼方程抽象为马尔可夫决策过程，从而奠定了强化学习的数学理论基础。在贝尔曼之后，经过了众多科学家的深入研究和补充，形成了相对完备的强化学习体系。

正由于涉及的数学理论众多、公式繁杂，强化学习常常被看作机器学习领域中较为深奥的范式之一。可一旦对强化学习有了较为全面而深入的认识，其事实上所涵盖的元素就清晰了：基于马尔可夫决策过程的4个重要元素（状态s、动作a、奖励r和状态动作转换概率P_{sa}），以及策略π、状态值函数$v(s)$和动作状态值函数$q(s,a)$。

而强化学习任务的求解实际上就是寻找最优策略π^*，基于贝尔曼方程可以有3种求解方法：动态规划法、蒙特卡洛法和时间差分法。本章将会着重介绍如何利用动态规划法来完成强化学习中基于模型的任务，并通过价值函数或者策略函数获得最优策略π^*。

3.1   动态规划

动态规划法将原问题分解为子问题,并通过对子问题的求解而解决较难的原问题。这与基于马尔可夫决策过程的强化学习任务具有天然地关联性。为了让读者更好地了解动态规划与强化学习之间的联系,本节会对两者之间的关系进行着重阐述。

3.1.1   动态规划概述

维基百科对动态规划的定义为:动态规划把复杂的问题分解为多个简单的问题集合,随后针对性地解决各个子问题。

换言之,动态规划通过把复杂问题划分为子问题,并逐个求解子问题,最后把子问题的解进行结合,进而解决较难的原问题。其中,"动态"指问题由一系列的状态组成,而且能随时间变化而逐步发生改变;"规划"即优化每一个子问题。

3.1.2   动态规划与贝尔曼方程

在求解贝尔曼方程中,首先使用的就是动态规划法,主要原因在于:

☐ 贝尔曼等人在研究多阶段决策过程优化问题时,提出了使用动态规划来求解多阶段决策过程;

☐ 由马尔可夫决策过程的马尔可夫特性(即某一时刻的子问题仅取决于上一时刻子问题的状态和动作)所决定的。贝尔曼方程可以递归地切分子问题,因此非常适合采用动态规划法来求解贝尔曼方程。

强化学习的核心思想是使用值函数 $v(s)$ 或者状态值函数 $q(s,a)$,找到更优的策略给智能体进行决策使用。由第2章的内容可知,当找到最优的状态值函数 $v^*(s)$ 或者最优的动作值函数 $q^*(s,a)$,就可以找到最优策略 π^*,公式如下。

$$
\begin{aligned}
v^*(S) &= \max_{a \in A} \mathbb{E}\left[R_{t+1} + \gamma v_\pi(S_{t+1}) | S_t = s, A_t = a \right] \\
&= \max_{a \in A} \sum_{s',r} p(s',r \mid s,a)\left[r + \gamma v^*(s') \right]
\end{aligned}
\tag{3.1}
$$

或者:

$$
\begin{aligned}
q^*(S,A) &= \mathbb{E}\left[R_{t+1} + \gamma \max_{a'} q^*(S_{t+1},a') | S_t = s, A_t = a \right] \\
&= \sum_{s',r} p(s',r \mid s,a)\left[r + \gamma \max_{a'} q^*(s',a') \right]
\end{aligned}
\tag{3.2}
$$

其中,状态 $s \in S$、动作 $a \in A$、新的状态 $s' \in S^+$。对于式(3.1)和式(3.2)最优价值为环境中的每一个状态 s 和动作 a 对应的动作状态转换概率 $p(s',r \mid s,a)$ 乘以未来折扣奖励中的最大价值$\left[r + \gamma \max\limits_{a'} value^* \left(s', a' \right) \right]$。其中，$value^* \left(s', a' \right)$为价值函数，可以为$v^* \left(s' \right)$或$q^* \left(s', a' \right)$。

动态规划法主要是将式（3.1）或者式（3.2）中的贝尔曼方程转换为赋值操作，通过更新价值来模拟价值更新函数。

需要注意的是，使用动态规划法求解强化学习时，由于涉及对强化学习中的策略π进行评估与改进，于是引入了评估策略优劣程度的策略评估方法，并通过策略改进和策略迭代算法，寻找最优v^*。除此之外，还可以通过值迭代算法代替策略迭代来求解最优v^*。

接下来，将详细介绍上述提到的概念和在强化学习问题中使用动态规划法进行求解的具体过程。

3.2 策略评估

在环境模型已知的前提下，对于任意的策略π，需要合理估算该策略带来的累积奖励期望以及准确衡量该策略的优劣程度，而策略评估（Policy Evaluation，PE）可以实现这两个目标。

首先回顾一下策略π的具体定义：策略π是根据环境反馈的当前状态，决定智能体采取何种行动的指导方法。策略评估通过计算与策略π对应的状态值函数$v(s)$，以评估该策略的优劣。即给定一个策略，计算基于该策略下的每个状态的状态值$v(s)$的期望，并用该策略下的最终状态值的期望来评价该策略。

3.2.1 策略评估算法

策略评估通过迭代计算贝尔曼方程，以获得对应的状态值函数$v(s)$，进而利用该状态值函数评估该策略是否最优。根据第2章介绍的相关知识，在策略π下，状态值函数的数学期望为：

$$v_\pi \left(s \right) = \mathbb{E}_\pi \left[G_t \mid S_{t=s} \right] \tag{3.3}$$

对于某一确定性策略$\pi \left(s \right)$，其状态值函数$v_\pi \left(s \right)$为：

$$
\begin{aligned}
v_\pi \left(s \right) &= \mathbb{E}_\pi \left[G_t \mid S_{t=s} \right] \\
&= \mathbb{E}_\pi \left[R_{t+1} + \gamma G_{t+1} \mid S_{t=s} \right] \\
&= \mathbb{E}_\pi \left[R_{t+1} + \gamma v_\pi \left(s' \right) \mid S_{t=s} \right] \\
&= \sum_{s' \in \mathcal{S}} p \left(s' \mid s, \pi(s) \right) \left[r \left(s' \mid s, \pi(s) \right) + \gamma v_\pi \left(s' \right) \right]
\end{aligned} \tag{3.4}
$$

其中，$p \left(s' \mid s, \pi(s) \right)$为根据策略π从状态s转移到下一时间步状态$s'$的概率；而$r \left(s' \mid s, \pi(s) \right)$为根据策略π从状态s转到下一时间步状态$s'$所获得的奖励。

现将式（3.4）扩展到更一般的情况。如果根据策略π，状态s下能够采取的动作a有多种可能性，每种可能记为$\pi(a \mid s)$，扩展后新的状态值函数$v_\pi \left(s \right)$为：

$$v_\pi(s) = \sum_{a \in A} \pi(a \mid s) \sum_{s' \in S} p(s' \mid s, \pi(s)) \Big[r(s' \mid s, \pi(s)) + \gamma v_\pi(s') \Big] \qquad (3.5)$$

最终，策略评估变成计算策略π下其所对应的状态值函数$v_\pi(s)$。通常使用迭代的方法来更新计算状态值函数，算法3.1即为迭代式更新状态值函数的策略评估算法。

在策略评估算法中，需要预先初始化状态值函数$v(s)=0$。然后，智能体在环境中不断迭代学习（对应算法3.1中第一个Repeat操作），并设定参数值θ作为是否停止迭代的判断阈值。第二个Repeat操作为智能体在环境中迭代的所有状态。

迭代单次环境中的所有状态，该过程在固定时间步内遍历所有的状态s，利用已知的状态值$v_k(s')$来更新下一个时间步的状态值$v_{k+1}(s)$。其中，s'为s的下一个状态。

值得注意的是，在模型已知的情况下才能使用动态规划来求解贝尔曼方程，否则无法利用$v_k(s')$来更新$v_{k+1}(s)$。其中，$v \leftarrow v(s)$用于记录上一个状态值函数，式（3.5）用于更新本次迭代的状态值函数，可简化为：$v(s) \leftarrow \sum_a \pi(a \mid s) \sum_{s',r} p(s', r \mid s, a) \big[r + \gamma v(s') \big]$。

算法3.1   迭代式策略评估算法流程

输入 待评估策略π

　　初始化状态值$v(s) = 0$，其中$s \in \mathcal{S}$

循环（Repeat）：

　　$\Delta \leftarrow 0$

　　循环$s \in \mathcal{S}$（Repeat）：

　　　　$v \leftarrow v(s)$，记录上一状态值函数

　　　　$v(s) \leftarrow \sum_a \pi(a \mid s) \sum_{s',r} p(s', r \mid s, a) \big[r + \gamma v(s') \big]$，更新本次迭代的状态值函数

　　　　$\Delta \leftarrow \max \big(\Delta, |v - v(s)| \big)$

　　直到$\Delta < \theta$（θ为一个很小的正数）

输出$v \approx v_\pi$

3.2.2   策略评估算法实现

为了方便使用代码实现策略评估算法，需要为智能体初始化一个环境。根据第2章的示例，可以将HelloGridEnv() 环境类作为动态规划的环境。策略评估的输入是一个等待被验证的策略，因此可以随机模拟一个策略：假设基于该随机策略所有状态下执行某一动作的概率相同，可使用

1/env.nA作为平均动作的概率。建立初始化环境与产生随机策略的代码如代码清单3.1所示。

【代码清单3.1】 建立初始化环境与产生随机策略

```
# 初始化声明环境
>>> env = GridworldEnv()
# 建立随机策略
>>> random_policy = np.ones([env.nS, env.nA])/env.nA
# 打印随机策略
>>> print(random_policy)

# 随机策略
[[0.25 0.25 0.25 0.25]
 [ 0.25 0.25 0.25 0.25]
 [ 0.25 0.25 0.25 0.25]
          ...
 [ 0.25 0.25 0.25 0.25]
 [ 0.25 0.25 0.25 0.25]
 [ 0.25 0.25 0.25 0.25]]
```

接下来给出策略评估算法函数policy_evaluation()的实现代码，如代码清单3.2所示。函数的输入有4个：等待被验证的策略（policy）、智能体所处的环境（environment）、折扣因子（discount_factor）和停止迭代阈值（theta）。

在函数policy_evaluation()内部，首先对值函数向量进行初始化，随后对算法进行迭代，直到状态值函数的变化不大于theta或者超过最大迭代次数k之后，迭代停止。在迭代的主体程序内部，采用式（3.5）来更新状态值函数，并将式（3.5）中$v_\pi(s)$的下标修改为$v_{k+1}(s)$。

$$v_{k+1}(s) = \sum_a \pi(a|s) \sum_{s' \in S} p(s'|s, \pi(s))[r(s'|s, \pi(s)) + \gamma v_k(s')] \qquad (3.6)$$

代码清单3.2中使用向量来保存各状态s的状态值。每当得到一个新的状态值后，通过代码v[s]=v对旧的状态值进行覆盖，即实现算法3.1中的步骤$v \leftarrow v(s)$。

【代码清单3.2】 策略评估算法

```
def policy_evaluation(policy, environment, discount_factor=1.0, theta=1.0):
    """
    迭代式策略评估算法
    """
    # 环境变量赋值
    env = environment

    # 初始化一个全0的值函数向量用于记录状态值
    V = np.zeros(env.nS)

    # 迭代开始，10000为最大迭代次数
```

```
for _ in range(10000):
    delta = 0

    # 对于HelloGrid中的每一个状态都进行全备份
    for s in range(env.nS):
        v = 0
        # 检查下一个有可能执行的动作
        for a, action_prob in enumerate(policy[s]):
            # 对于每一个动作检查下一个状态
            for prob, next_state, reward, done in env.P[s][a]:
                # 累积计算下一个动作价值的期望，式 (3.6) 的实现
                v += action_prob * prob * (reward + discount_factor * V[next_state])

        # 选出变化最大的量
        delta = max(delta, np.abs(v - V[s]))
        V[s] = v

    # 检查是否满足停止条件
    if delta <= theta:
        break
return np.array(V)
```

在实现 policy_evaluation() 函数之后，需要对该策略评估算法进行实际验证，如代码清单3.3 所示。首先为策略评估函数 policy_evaluation()传入随机生成的策略random_policy和环境env类，然后利用numpy将策略评估函数输出的状态值向量v转换为与HelloGrid格子一致大小的4×4矩阵，便于查看最后的状态值函数。

【代码清单 3.3】 验证策略评估算法

```
>>> v = policy_eval(random_policy, env)
>>> print("Reshaped Grid Value Function:")
>>> print(v.reshape(env.shape))

# 策略验证迭代过程
===================================================================== 0
[[-1.          -1.25        -1.3125      -1.328125   ]
 [-1.25        -1.         -1.578125     -1.        ]
 [-1.3125      -1.578125    -1.7890625    -1.        ]
 [-1.         -1.64453125   -1.85839844    1.        ]]
===================================================================== 1
[[-2.125       -2.421875     -2.66015625   -2.57910156 ]
 [-2.421875    -2.         -2.86230469    -2.        ]
 [-2.578125    -3.00292969   -3.1809082    -2.        ]
 [-2.         -3.12646484   -2.79144287    2.        ]]
===================================================================== 2
......
===================================================================== 14
```

```
[[-16.06449266     -16.1389536      -16.31062604      -16.16878136   ]
 [-15.94730835     -15.            -15.50074442      -15.            ]
 [-15.69195786     -14.89101817     -13.41031502      -15.            ]
 [-15.            -12.83006971      -5.37247056       15.           ]]

# 最终输出的结果
Reshaped Grid Value Function:
[[-16.06449266     -16.1389536      -16.31062604      -16.16878136   ]
 [-15.94730835     -15.            -15.50074442      -15.            ]
 [-15.69195786     -14.89101817     -13.41031502      -15.            ]
 [-15.            -12.83006971      -5.37247056       15.           ]]
```

图3.1所示是策略评估算法policy_evaluation()的计算过程，图中k代表迭代次数。从图3.1中可以看出，当迭代次数为0时，根据计算出的状态值函数矩阵所对应的策略是随机的；随着迭代次数的增加，其状态值函数向量对应的策略越来越清晰。当迭代次数达到16时，函数收敛并退出迭代。从图3.1b中k=16可知，智能体从左上角的格子，根据箭头的方向可以依次走到右下角的格子，较好地完成了GridWorld游戏。

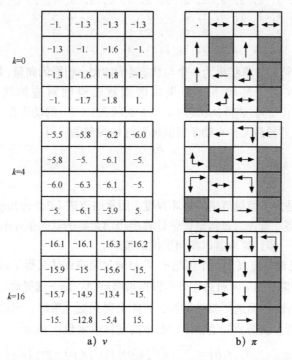

图3.1   GridWorld游戏的迭代策略评估示例图，k为迭代次数。a)为基于随机策略的状态值
函数的近似序列；b)为根据状态值函数得到的对应策略

另外，在实际情况下，如果要验证某一特定策略，可以通过代码清单3.4中的函数gen_random_policy()来产生随机策略，然后使用策略评估函数计算与之对应的状态值函数。

【代码清单 3.4】   随机产生策略

```
def gen_random_policy():
    return np.random.choice(4, size=((16)))


# 随机产生100个策略
>>> n_policy = 100
>>> policy_pop = [gen_random_policy() for _ in range(n_policy)]


# 随机产生策略结果
[array([2, 1, 3, 1, 2, 0, 1, 0, 1, 1, 0, 1, 0, 3, 2, 3]),
 array([0, 3, 1, 1, 0, 3, 3, 1, 2, 1, 0, 1, 2, 1, 2, 1]),
 array([2, 2, 2, 1, 2, 3, 1, 1, 1, 1, 1, 1, 2, 0, 3, 1]),
 array([3, 2, 0, 0, 2, 1, 1, 2, 0, 1, 3, 3, 0, 3, 0, 1]),
 array([1, 1, 1, 1, 1, 3, 1, 0, 3, 1, 0, 0, 2, 3, 2]),
 ...
 array([0, 0, 0, 0, 0, 2, 3, 1, 1, 3, 2, 1, 3, 1, 0, 3]),
 array([2, 1, 3, 3, 2, 3, 2, 3, 2, 3, 3, 1, 0, 3, 0, 3]),
 array([2, 2, 2, 1, 3, 1, 0, 1, 3, 0, 2, 3, 3, 1, 0, 3]),
 array([0, 1, 2, 3, 0, 2, 2, 0, 0, 2, 2, 3, 3, 1, 3]),
 array([3, 1, 2, 0, 0, 3, 0, 0, 3, 1, 3, 3, 0, 2, 1, 1])]
```

状态值函数$v(s)$最终的计算结果为一个与状态空间S大小相同的向量，每个状态位置代表对应的状态值。例如，在某个环境下，如果离散型状态空间对应的状态值有4个，分别为[1(0.2),2(−1),3(5),4(−2)]，那么选择从状态4（−2）到状态3（5）的动作作为当前最优策略，因为从−2到5的状态值间的差异最大，有助于智能体更好地找到最优值。

3.3   策略改进

策略评估的目的是为了衡量策略的好坏程度，而策略改进（Policy Improvement，PI）的目的是为了找到更优的策略。首先通过策略评估计算出当前策略的状态值$v(s)$，然后策略改进基于计算得到的状态值$v(s)$进一步计算求解以找到更优的策略。

具体而言，假设已经知道其中一个策略π，并且通过策略评估获得了该策略π下的状态值函数$v_\pi(s)$。根据确定性策略，有$a=\pi(s)$，表示根据策略π在状态s下选择确定性的动作a。可是，如果在状态s下不选择动作a，而选择其他动作，可能会得到更优策略。因此，要判断在状态s下选择其他动作的好坏与否，就需要知道在该状态下的动作值函数$q_\pi(s,a)$：

$$q_\pi(s,a) = \sum_{s,s'\in S} p(s'|s,a)\big[r(s'|s,a)+\gamma v_\pi(s')\big] \tag{3.7}$$

动作值函数$q_\pi(s,a)$通过遍历状态集合S下的<状态-动作>对。最优策略π'指向使得状态价值最大的那个动作，因此可以采用贪婪策略算法实现策略改进，从而得到更优的策略π'。

$$\pi'(s) = \operatorname*{argmax}_{a\in A} q_\pi(s,a) \tag{3.8}$$

由于 π 和 π' 是两个确定的策略，可得：

$$q_\pi\big(s,\pi'(s)\big) = \underset{a\in\mathcal{A}}{\arg\max}\, q_\pi(s,a) \geqslant q_\pi\big(s,\pi(s)\big) = v_\pi(s) \tag{3.9}$$

式（3.9）表明对所有状态 $s\in\mathcal{S}$ 都有 $v_{\pi'}(s)\geqslant v_\pi(s)$。根据策略的值函数越大该策略越好，可以推断得到策略 π' 必然比策略 π 更优（或者至少一样好）。当策略改进停止更新时，算法收敛，找到最大的值函数。

$$q_\pi\big(s,\pi'(s)\big) = \underset{a\in\mathcal{A}}{\arg\max}\, q_\pi(s,a) = q_\pi\big(s,\pi(s)\big) = v_\pi(s) \tag{3.10}$$

最后，通过结合式（3.8）得到更优的策略 $\pi^*(s)$。

$$\begin{aligned}
\pi^*(s) &= \underset{a\in\mathcal{A}}{\arg\max}\, q_\pi(s,a) \\
&= \underset{a\in\mathcal{A}}{\arg\max}\big[R_{t+1}+\gamma v_\pi(S_{t+1})|S_t=s,A_t=a\big] \\
&= \underset{a\in\mathcal{A}}{\arg\max}\sum_{s'\in\mathcal{S}}p(s'|s,a)\big[r(s'|s,a)+\gamma v_\pi(s')\big]
\end{aligned} \tag{3.11}$$

总而言之，策略改进算法（见算法3.2）的输入为策略 π 和其经过策略评估后得到的状态值函数 $v_\pi(s)$，通过遍历所有的状态，选出每一个状态对应的最高动作状态值 $q_\pi(s,a)$ 的动作序列作为更优的策略 π^*。

算法3.2　策略改进算法流程

输入 待提升的策略 π

　　输入策略的状态值 $v_\pi(s)$

循环 $s\in\mathcal{S}$：

　　$a\leftarrow\pi(s)$，记录当前策略所选择的动作

　　$\pi(s)\leftarrow\underset{a}{\arg\max}\sum_{s',r}p(s',r|s,a)\big[r+\gamma v(s')\big]$，策略改进

为了更好地理解策略改进与策略评估的作用与流程，给出图3.2所示的直观对比。

假设智能体需要从左上角的灰色格子走到右下角的灰色格子，由于当前输入的策略 π 是随机生成的，所以每个状态都有4个动作（上、下、左、右）可供选择，通过策略评估后得到该随机策略对应的状态值 v。

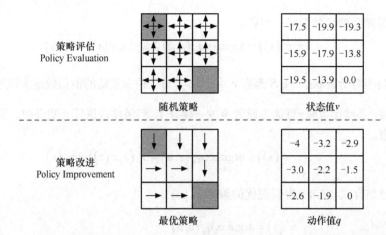

图3.2　策略改进与策略评估的对比（上图为策略评估示例，下图为策略改进示例）

　　策略改进是在当前输入策略π和其对应状态值ν的基础上，找到一个更优的策略π^*。即在图3.2下方基于策略改进的更优策略中，每一个状态（格子）都选择一个最优动作，其对应动作值q如图3.2所示。相比于策略评估过程，策略改进能够更好地提升智能体完成任务的效率，并带来更大的任务收益。

3.4　策略迭代

　　策略迭代（Policy Iteration）实际上由策略评估和策略改进相互组合而成。

　　策略迭代的整个过程如图3.3所示。假设现在有一个策略 π_0，首先利用策略评估获得该策略

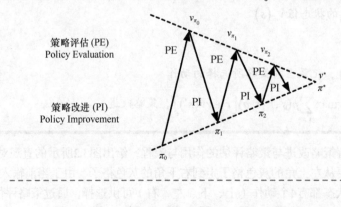

图3.3　策略迭代算法示例（上图为策略评估和策略迭代之间的关系，
下图为策略迭代的展开形式）

的状态值函数 $v_{\pi_0}(s)$；然后基于策略改进，获得更优的策略 π_1；接着再次利用策略评估得到新策略 π_1 的状态值函数 $v_{\pi_1}(s)$；最后根据策略改进获得更优的策略 π_2。如上所述反复交替地使用策略迭代和策略改进。经过多轮交替，策略迭代算法不断逼近最优状态值，最后找到最优的策略 π^* 和其对应的状态值函数 $v_{\pi^*}(s)$。

3.4.1 策略迭代算法

算法3.3为完整的策略迭代算法流程，主要由3部分组成。

（1）初始化策略函数 $\pi(s)$ 和状态值函数 $v(s)$。

（2）策略评估，获得状态值函数 $v(s)$。

（3）策略改进，获得更优的策略 $\pi'(s)$。

具体而言，初始化阶段主要是初始化输入的状态值 $v(s)$ 和策略 $\pi(s)$；在策略评估阶段，通过不断地迭代环境中的所有状态 s，计算给定策略的状态值 $v(s)$，并持续更新状态值获得给定策略下的最终状态值；在策略改进阶段，同样不断地迭代环境中的所有状态 s，然后利用状态值函数来更新策略函数 $\pi(s)$。最后，检查标志位policy-stable是否为真，如果不是，则回到步骤2的策略评估，进行新一轮的迭代。

算法3.3 完整的策略迭代算法流程

---

1. 初始化

对所有的状态 $s \in \mathcal{S}$，初始化状态值 $v(s) \in \Re$ 和策略 $\pi(s) \in \mathcal{A}(s)$

2. 策略评估

重复（Repeat）：

$\Delta \leftarrow 0$

重复（Repeat） $s \in \mathcal{S}$：

$v \leftarrow v(s)$

$v(s) \leftarrow \sum_a \pi(a \mid s) \sum_{s',r} p(s',r \mid s,a)\left[r + \gamma v(s')\right]$

$\Delta \leftarrow \max\left(\Delta, \left|v - V(s)\right|\right)$

直到 $\Delta < \theta$（θ 为一个较小的正值）

3. 策略改进

policy-stable $\leftarrow$ true

重复（Repeat）$s \in \mathcal{S}$：

$a \leftarrow \pi(s)$，记录当前策略选择动作

$\pi(s) \leftarrow \underset{a}{\arg\max} \sum_{s',r} p(s',r \mid s,a)\big[r + \gamma v(s')\big]$，计算选择最好的策略

if $a \neq \pi(s)$：

policy-stable $\leftarrow$ false

if policy-stable：

停止迭代并返回 $v \approx v^*$，$\pi \approx \pi^*$

else

回到步骤2的策略评估

3.4.2   策略迭代算法实现

本节将会实现算法3.3所示的策略迭代算法，以便更为直观地理解策略迭代的具体流程。

算法实现如代码清单3.5所示，代码外层使用while True作为判断条件，代码内部实现策略评估和策略改进的迭代过程。另外，while的循环内部设置了policy_stable标志位，用于检测算法是否已经找到最优策略。如果找到最优策略，则退出循环，并返回最优策略及其对应的状态值函数；否则继续执行while循环内部代码。

具体而言，policy_iteration()函数的输入有3个。

（1）环境env，这里仍然使用第2章的HelloGrid游戏环境。

（2）随机产生的策略policy。

（3）折扣因子，默认折扣因子大小为discount_factor=1。

其中，策略评估算法内容使用代码清单3.2中的policy_evaluation()函数。

【代码清单 3.5】   策略迭代算法 policy_iteration

```python
def policy_iteration(env, policy, discount_factor=1.0):
    while True:
        # 评估当前策略 policy
        V = policy_evaluation(policy, env, discount_factor)

        # policy标志位，当某种状态的策略更改后，该标志位为False
        policy_stable = True

        # 策略改进
        for s in range(env.nS):
```

```
                # 在当前状态和策略下，选择概率最高的动作
                old_action = np.argmax(policy[s])

                # 在当前状态和策略下，找到最优动作
                action_values = np.zeros(env.nA)
                for a in range(env.nA):
                        for prob, next_state, reward, done in env.P[s][a]:
                                action_values[a] += prob * (reward +\
                                                discount_factor * V[next_state])
                                # 由于GridWorld环境存在状态遇到陷阱X则停止，因此让状态值
                                # 遇到陷阱则为负无穷，不参与计算
                                if done and next_state != 15:
                                        action_values[a] = float('-inf')

                # 采用贪婪算法更新当前策略
                best_action = np.argmax(action_values)

                if old_action != best_action:
                        policy_stable = False
                policy[s] = np.eye(env.nA)[best_a]

        # 选择的动作不再变化，则代表策略已经稳定下来
        if policy_stable:
                # 返回最优策略和对应状态值
                return policy, V
```

　　需要注意的是，在代码清单3.5中并没有直接使用策略评估的代码，而是对代码清单3.2中的策略评估函数policy_evaluation()进行了修改，将迭代次数改为50。由于折扣因子为1，经过一次策略改进后的策略将不再拥有多个动作可供备选，取而代之的是在某种状态下的确定性策略，如某状态下随机策略为[0.25,0.25,0.25,0.25]，经过策略改进后策略变为[0,0,1,0]。因此，策略有可能不能收敛于某小数值，需要通过迭代次数进行截断。另外，迭代式策略评估的迭代次数不能太多，否则状态值函数的数值会越来越大（即使算法仍然在收敛），因此设置最大允许迭代次数为50。有了策略改进的代码后，下面开始验证策略迭代的算法效果，如代码清单3.6所示。

【代码清单 3.6】 验证策略迭代算法

```
    # 随机产生策略
    >>> random_policy = np.ones([env.nS, env.nA])/env.nA
    >>> env = GridworldEnv()

    # 运行策略迭代算法程序
    >>> policy, v = policy_iteration(env, random_policy)

    # 输出最优策略和其对应的状态值函数
    >>> print("\nReshaped Grid Policy (0=up, 1=right, 2=down, 3=left):")
```

```
>>> print(np.reshape(np.argmax(policy, axis=1), env.shape))

>>> print("Reshaped Grid Value Function:")
>>> print(v.reshape(env.shape))
```

代码清单3.7给出了策略迭代算法的具体结果。其中Reshaped Grid Value函数的输出数值越小，代表值函数越低。而动作是从状态值低向状态值高的方向进行选择，因此从策略迭代的算法结果可知：策略从随机选择动作开始，经过多次迭代后逐渐走向收敛，最后找到最优策略并退出程序。事实上，策略迭代输出的最优策略确实能够较好地完成HelloGrid游戏，从格子的左上角，经过"1（右）→1（右）→2（下）→2（下）→2（下）→1（右）"，成功地避开了所有陷阱X，并走到Grid的右下角G，如图3.4所示。

【代码清单 3.7】　策略迭代算法结果

```
# 显示策略迭代的结果
Reshaped Grid Policy (0=up, 1=right, 2=down, 3=left):
[[1 1 2 3]
 [2 0 2 0]
 [1 1 2 0]
 [0 1 1 0]]

Reshaped Grid Value Function:
[[ 38.  40.  42.   41.]
 [ 40. -50.  44.  -50.]
 [ 42.  44.  46.  -50.]
 [-50.  46.  48.   50.]]
```

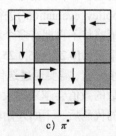

S	O	O	O
O	X	O	X
O	O	O	X
X	O	O	G

a) HelloGrid环境

38	40	42	41
40	-50	44	-50
42	44	46	-50
-50	46	48	50

b) v^*

c) π^*

图3.4　策略迭代HelloGrid环境结果：a)为HelloGrid环境，b)为最优状态值，c)为最优策略

3.5　值迭代

虽然策略迭代算法通过策略评估和策略改进可以为智能体找到最优策略，但它存在以下两个弊端。

（1）**多轮迭代导致效率下降**：策略迭代算法是一个"策略评估—策略改进—……—策略评估

—策略改进"不断迭代的过程。在策略评估中，每一轮迭代都需要计算对应的状态值$v(s)$，每一次计算状态值都需要遍历环境下所有出现的状态。因此当环境的状态空间较大时，大量的迭代计算将会直接影响策略迭代算法的效率。

（2）**策略初始化的随机性问题**：策略迭代算法的最初输入是给定一个策略π_0，然后基于该策略进行迭代式的评估和改进。如果初始化给定的策略π_0为一个不合理、错误的策略，有可能会造成算法无法收敛，得不到正确的最优策略π^*。

现在已经有一些能够缓解上面提到的关于策略迭代算法不足的相关研究。例如，在实际任务中，可以通过缩短策略评估的过程，避免在每次进行策略评估时都遍历环境中的所有状态，进而提升策略评估的效率。目前比较常用的解决方案是一次扫描（遍历）所有状态后停止策略评估（也称为截断式策略评估），然后进行策略改进，该方法称为值迭代（Value Iteration）算法。下面将会详细介绍值迭代算法的计算过程。

3.5.1 值迭代算法

结合策略改进和截断式策略评估，策略迭代算法可以转化为效率更高的值迭代算法。具体而言，每次迭代对所有的状态$s \in \mathcal{S}$按照式（3.4）进行更新，得到：

$$
\begin{aligned}
v_{k+1}(s) &= \max_a \mathbb{E}\left[R_{t+1} + \gamma v_k(R_{t+1}) \mid S_t = s, A_t = a\right] \\
&= \max_a \sum_{s',r} p(s',r \mid s,a)\left[r + \gamma v_k(s')\right]
\end{aligned}
\tag{3.12}
$$

式（3.12）的目标是最大化状态值的概率，表示迭代到第$k+1$次时，值迭代能够把获得的最大状态值$v(s)$赋值给$v_{k+1}(s)$。直到算法结束，再通过状态值v获得最优的策略。其中，$p(s',r \mid s,a)$表示在状态s下执行动作a，环境转移到状态s'并获得奖励r的概率。

算法3.4给出了值迭代算法的具体流程。从算法3.4可知，算法在迭代完所有状态后，可以获得局部最优的状态值$v^*(s)$，根据局部最优状态值获取局部最优策略，然后不断地迭代上述过程，直到局部最优状态值收敛于最优状态值为止。

算法3.4 值迭代算法

初始化：

对所有$s \in \mathcal{S}$，$v(s)=0$

重复：

$\Delta \leftarrow 0$

重复$s \in \mathcal{S}$：

$v \leftarrow v(s)$，记录当前状态值

$$v(s) \leftarrow \max_a \sum_{s',r} p(s',r \mid s,a)\big[r + \gamma v(s')\big], \ 更新状态值$$

$$\Delta \leftarrow \max\big(\Delta, |v - v(s)|\big)$$

直到 $\Delta < \theta$（θ是一个较小的正值）

输出 确定策略 $\pi \approx \pi^*$：

$$\pi(s) = \underset{a}{\operatorname{argmax}} \sum_{s',r} p(s',r \mid s,a)\big[r + \gamma v(s')\big]$$

3.5.2　值迭代算法实现

本节主要实现值迭代算法value_iteration()函数。代码清单3.8中的函数calc_action_value()为一个辅助函数，是式（3.12）的实现。通过遍历当前状态下的所有动作，获得当前状态动作的期望。

【代码清单 3.8】　值迭代辅助函数

```
def calc_action_value(state, V, discount_factor=1.0):
    """
    对于给定的状态s计算其动作a的期望值
    """
    # 初始化动作期望向量 [0, 0, 0, 0]
    A = np.zeros(env.nA)

    # 遍历当前状态下的所有动作
    for a in range(env.nA):
        for prob, next_state, reward, done in env.P[state][a]:
            A[a] += prob * (reward + discount_factor * V[next_state])

    return A
```

在有了calc_action_value()函数后，就可以实现值迭代算法，如代码清单3.9所示。在正式进行值迭代之前，采用np.zeros()函数将状态值向量**V**都初始化为0。

在3.4节的策略迭代中表明了由于折扣因子为1，可能会导致状态值的更新无法根据阈值停止的情况，因此需要使用截断的方式来控制遍历次数。在HelloGrid游戏环境中，状态的次数较少，因此迭代次数无需太多。根据经验，迭代次数设置为状态值的3~4倍（如$16 \times 3 \approx 50$）就可以满足实际的迭代需求。

在算法值迭代过程中，需要将策略初始化为[env.nS×env.nA]大小的矩阵，然后遍历每一个状态，找到使得状态值最大的动作（即最优动作），最后在策略矩阵中把该动作的位置（best_action）设为1。

在代码清单3.9中，当经过50次值迭代或者满足条件delta<theta时，就认为值迭代算法已经找

到最优状态值$v^*(s)$，而最优策略就是选择使得状态价值最大的动作。因此，最后要做的就是根据最优状态值获得最优策略π^*。

【代码清单 3.9】 值迭代算法

```python
def value_iteration(env, theta=0.1, discount_factor=1.0):
    """
    Value Iteration Algorithm.
    值迭代算法
    """
    # 初始化状态值
    V = np.zeros(env.nS)

    # 迭代计算找到最优的状态值函数
    for _ in range(50):
        # 停止标志位
        delta = 0

        # 计算每个状态的状态值
        for s in range(env.nS):
            # 执行一次找到当前状态的动作期望
            A = calc_action_value(s, V)
            # 选择最好的动作期望作为新状态值
            best_action_value = np.max(A)

            # 计算停止标志位
            delta = max(delta, np.abs(best_action_value - V[s]))

            # 更新状态值函数
            V[s] = best_action_value

        if delta < theta:
            break

    # 输出最优策略：通过最优状态值函数找到确定性策略，并初始化策略
    policy = np.zeros([env.nS, env.nA])

    for s in range(env.nS):
        # 执行一次找到当前状态的最优状态值的动作期望A
        A = calc_action_value(s, V)

        # 选出最大的状态值作为最优动作
        best_action = np.argmax(A)
        policy[s, best_action] = 1.0
```

```
return policy, V
```

在完成值迭代算法后，接下来需要对该算法进行验证，如代码清单3.10所示。将第2章的GridWorld类作为智能体的环境，并作为值迭代的输入，对输出进行形式化展示。

【代码清单 3.10】   验证值迭代算法

```
>>> env = GridworldEnv()
>>> policy, v = value_iteration(env)

>>> print("Reshaped Grid Value Function:")
>>> print(v.reshape(env.shape))

>>> print("Reshaped Grid Policy (0=up, 1=right, 2=down, 3=left):")
>>> print(np.reshape(np.argmax(policy, axis=1), env.shape))
```

从代码清单3.11所示的输出结果Reshaped Grid Policy中可以看出，最优策略满足HelloGrid游戏，能够从Grid的左上角，经过"1（右）→1（右）→2（下）→2（下）→2（下）→1（右）"，避开所有的陷阱X，走到Grid的右下角G，效果如图3.5所示。

【代码清单 3.11】   验证值迭代算法的输出

```
Reshaped Grid Value Function:
[[ 38.  40.  42.  41.]
 [ 40. -50.  44. -50.]
 [ 42.  44.  46. -50.]
 [-50.  46.  48.  50.]]

Reshaped Grid Policy (0=up, 1=right, 2=down, 3=left):
[[1 1 2 3]
 [2 0 2 0]
 [1 1 2 0]
 [0 1 1 0]]
```

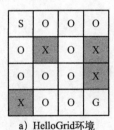

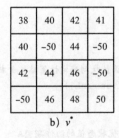

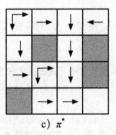

a) HelloGrid环境   b) v^* c) π^*

图3.5   值迭代HelloGrid环境结果：a)为HelloGrid环境，b)为最优状态值，c)为最优策略

3.6   异步动态规划

3.1节~3.5节所提到的动态规划方法都是同步动态规划方法，其主要缺点是需要多次对整个马

尔可夫决策过程中的所有状态集 $\mathcal{S}$ 进行扫描（遍历），每一次迭代都会完全更新所有的状态值，该方法称为同步备份（Synchronous Backup）。如果环境中的状态集非常庞大（即状态空间过大），那么即使是单次遍历状态空间，其时间代价也会非常高。例如，西洋双陆棋的状态超过10^{20}种，即使按照每秒执行1000万个状态的值更新，使用普通电脑也需要100年的时间才能完成一次遍历。

而异步动态规划(Asynchronous Dynamic Programming, ADP)，又称为异步备份(Asynchronous Backup)能够更高效地完成强化学习任务。其思想是通过某种方式，使得每一次扫描（遍历）不需要更新所有的状态值，可以以任意顺序更新状态值，甚至某些状态值可能会在其他状态值更新一次之前已经更新过多次。事实上，经过实践和理论证明，很多状态值是不需要被更新的。但如果想要算法正确收敛，那么异步动态规划法必须持续地更新完所有的状态值。不同的是，在选择更新状态时，异步动态规划具有很大的灵活性。下面将分别介绍异步动态规划中常见的3种方法。

3.6.1 In-Place 动态规划

在基于同步动态规划的值迭代算法中，存储了两个值函数的备份，分别是$v_{new}(s)$和$v_{old}(s')$。

$$v_{new}(s) = \max_a \left(r + \gamma \sum_{s' \in S} p(s'|s,a) v_{old}(s') \right) \qquad (3.13)$$

即在计算过程中，通过赋值的方式使旧的状态值作为下一次计算新的状态值。

$$v_{new} \leftarrow v_{old} \qquad (3.14)$$

而In-place动态规划（In-Place Dynamic Programming，IPDP）则是去掉旧的状态值v_{old}，只保留最新的状态值v_{new}，在更新的过程中可以减少存储空间的浪费。

$$v(s) = \max_a \left(r + \gamma \sum_{s' \in S} p(s'|s,a) v(s') \right) \qquad (3.15)$$

式（3.15）直接原地更新下一个状态值$v(s)$，而不像同步迭代那样需要额外存储新的状态值$v_{new}(s)$。在这种情况下，按何种次序更新状态值有时候会更具有意义。

3.6.2 加权扫描动态规划

加权扫描动态规划（Prioritized Sweeping Dynamic Programming，PSDP）法基于贝尔曼误差的大小来指导动作的选择。具体而言，加权扫描的思想是根据贝尔曼误差确定每一个状态是否重要，对于重要的状态，进行更多的更新；对于不重要的状态，则减少其更新次数。

状态值的更新顺序：使用优先队列来确定状态值函数的更新次序。按照权重优先原则，每次对优先权最高的状态值进行更新。

权重设计规则：使用贝尔曼误差确定状态的优先权，如式（3.16）所示。通过状态s'和状态s的误差作为当前状态的评估标准。如果某种状态上一次的状态值与当前的状态值相差不大，则可以认为该状态趋于稳定，从而减小更新权重，否则放大更新权重。

$$\left| \max_a \left(r + \gamma \sum_{s' \in S} p(s'|s,a) v(s') \right) - v(s) \right| \qquad (3.16)$$

3.6.3 实时动态规划

实时动态规划（Real-Time Dynamic Programming，RTDP）的思想是只更新与智能体当前时间点相关的状态，暂时不更新与智能体当前时间点无关的状态。如此，算法便能够根据智能体的经验来指导状态选择。

$$v(s) \leftarrow \max_a \left(r(a,s) + \gamma \sum_{s' \in S} p(s'|s,a) v(s') \right) \qquad (3.17)$$

例如，如果智能体在状态 s 执行动作 a，得到环境反馈 r，那么此时要做的是仅更新当前时间步的状态值函数，而不需要更新全部的状态值函数。

3.7 讨论

使用动态规划完成大规模的强化学习任务并不实际，但是对比其他更为传统的方法求解马尔可夫决策过程，动态规划法属于效率较高的算法之一。

以代码清单 3.12 中的数字三角形为例，目标是在数字三角矩阵中找到一条从上到下的路径，使得权值之和最小，如 11（2+3+5+1=11）。如果使用"暴力搜索"的算法，那么需求穷举出 n! 条路径（其中 n 为三角形高度）。而使用动态规划，时间复杂度从 $O(n!)$ 降为 $O(n^2)$。从计算量来说，动态规划算法能够大大降低计算规模，主要原因在于动态规划算法减少了无用和重复的运算。在搜索算法中，假设从 A 到 B 有两条路径（一条代价为 1，另一条代价为 100），从 B 到 C 有 10 条路径。当搜索算法选择了 A 到 B 代价为 1 的路径时，到达 B 点后还有 10 条路径可以选择到达 C 点。但是，选择从 A 到 B 代价为 100 的路径，到达 B 点后其余的 10 条路径无论如何选择，其总代价都不可能优于选择从 A 到 B 代价为 1 的路径。因此，传统的搜索算法造成了大量重复无用的计算和存储。而动态规划法在该例子当中把每两点作为一个子集合，首先从 A 到 B 选择路径最优的方案，随后从 B 到 C 依然是选择路径最优的方案。如此反复迭代，最终得到从起始点到终点的最优路径。

【代码清单 3.12】　数字三角形

```
    [2],
   [3,4],
  [6,5,7],
 [4,1,8,3]
```

就动态规划算法自身而言，之所以被认为不太适合求解大规模问题，主要是因为**维度爆炸**问题。在强化学习任务中，状态的数量会随着状态的改变而呈指数级增长，而大规模的状态集会使得算法求解非常困难。这个问题是大规模任务所固有的，并不是因为动态规划才产生。

在实践过程中，动态规划算法减少了无用和重复的运算，并且随着策略迭代和值迭代算法的成熟，已经可用于求解具有数百万状态的马尔可夫决策过程。如果初始化时能够给定合适的值函数或者策略，就会大大缩短值迭代和策略迭代的收敛时间，从而有效地提升强化学习任务的完成效率。

另外，对于已知模型的大规模状态空间，通常选择异步动态规划算法，因为同步规划算法通常需要多次重复计算和大量的内存空间。随着GPU并行架构的兴起，异步动态规划算法的优势会更加明显，因为其能够更好地利用GPU的并行优势，进而比同步动态规划更快、更准地找到最优策略。

3.8 小结

动态规划法完成强化学习任务，是在假设环境模型已知的前提下，并可以使用马尔可夫决策过程。其优点在于有完美的数学解释，缺点是需要建立在一个完全已知的环境模型下。实际上，环境模型完全已知这一条件在现实情况下难以发生。当环境的状态空间非常庞大时，算法需要多次遍历所有状态，其效率也难以满足实际的任务需求。虽然动态规划法目前存在着一些不足，但由于强化学习任务基于马尔可夫决策过程，深入了解动态规划法来求解强化学习问题意义重大。

- ❑ **策略评估**：对于给定的策略，迭代计算其状态值函数$v(s)$。在动态规划中，使用的是全备份方法。
- ❑ **策略改进**：对一个动作值函数$q(s,a)$，可以采用贪婪算法获得更优的策略（状态每次选择最好的行动），直到策略停止更新。
- ❑ **策略迭代**：迭代地进行策略评估和策略改进，直到找到最优策略。
- ❑ **值迭代**：不再使用多次策略评估以获得状态值函数$v(s)$，取而代之的是采用截断式的策略评估后计算贪婪策略选择。实践证明，值迭代算法收敛速度优于策略迭代算法。

## 第 4 章

蒙特卡洛法

本章内容：
☐ 蒙特卡洛法
☐ 蒙特卡洛预测
☐ 蒙特卡洛评估
☐ 蒙特卡洛控制

在随机事件大量重复出现时，往往呈现几乎必然的规律。

——大数定律

通过贝尔曼方程求解最优策略π^*有3种基本方法：动态规划法、蒙特卡洛法和时间差分法。

第3章详细介绍了如何利用动态规划法去求解环境知识完备（即马尔可夫决策过程已知）的强化学习任务。简而言之，首先通过策略评估计算给定策略π的优劣程度，然后采用策略迭代算法获得基于策略π的最优价值函数$v_\pi^*(s)$，并根据最优价值函数$v_\pi^*(s)$确定最优策略π^*；出于效率的考虑，也可以采用值迭代算法来获得最优价值函数$v^*(s)$和最优策略π^*。

在实际任务中，环境知识完备性这一先决条件较难满足，也就意味着大量的强化学习任务难以直接采用动态规划法进行求解。所幸的是，由于蒙特卡洛法基于采样的经验轨迹（即状态、动作和奖励的样本序列），不需要预先获得关于环境的马尔可夫决策过程（完备的环境知识），可直接从真实的环境或者仿真环境中进行采样学习，能够较好地被用来求解环境知识非完备的强化学习任务。需要注意的是，蒙特卡洛法同样需要一个模拟环境，但无需像动态规划法那样需要了解环境中所有可能的状态转换信息（即对应的状态转换概率）。

本章将会全面而深入地介绍蒙特卡洛法，并使用具体案例阐述蒙特卡洛法如何用于求解环境知识非完备的强化学习任务。具体而言，首先会详细介绍蒙特卡洛法的基础知识和原理。蒙特卡洛法的基本思想是，将从马尔可夫决策过程中抽象出的经验轨迹集的平均奖励作为价值函数的期望。然后将会结合代码案例，深入介绍蒙特卡洛评估和蒙特卡洛控制。

4.1 认识蒙特卡洛法

"蒙特卡洛"这一名字来源于摩纳哥的城市蒙特卡洛（Monte Carlo）。该方法由著名的美国计算机科学家冯·诺伊曼和S.M.乌拉姆在20世纪40年代第二次世界大战中研制原子弹（"曼哈顿计划"）时首先提出。

蒙特卡洛法是一种基于采样的算法名称，依靠重复随机抽样来获得数值结果的计算方法，其核心理念是使用随机性来解决原则上为确定性的问题。通俗而言，蒙特卡洛法采样越多，结果就越近似最优解，即通过多次采样逼近最优解。

举个简单的例子。去果园摘苹果，规则是每次只能摘一个苹果，并且手中只能留下一个苹果，最后走出果园的时候也只能带走一个苹果，目标是使得最后拿出果园的苹果最大。可以达成这样一个共识：进入果园后每次摘一个大苹果，看到比该苹果更大的则替换原来的苹果。基于上述共识，可以保证每次摘到的苹果都至少不比上一次摘到的苹果小。如果摘苹果的次数越多，挑出来的苹果就越大，但无法确保最后摘到的苹果一定是最大的，除非把整个果园的苹果都摘一遍。即尽量找较大的，但不保证是最大的。采样次数越多，结果就越近似最优解，这种方法就属于蒙特卡洛法。

接下来介绍蒙特卡洛法的经验轨迹及其数学原理。

4.1.1 经验轨迹

蒙特卡洛法能够处理免模型的任务，究其原因是无须依赖环境的完备知识（Environment backup），只需收集从环境中进行采样得到的经验轨迹（Experience episode），基于经验轨迹集数据的计算，可求解最优策略。

1. 什么是经验轨迹

经验轨迹是智能体通过与环境交互获得的状态、动作、奖励的样本序列（本书对经验轨迹的英文统一简称为Episode）。

如图4.1所示，在初始状态s_0，智能体遵循策略π执行动作a_0，获得+1的奖励后到达新的状态s_1；同理，在状态s_1，智能体继续遵循策略π执行动作a_1，然后获得+0的奖励后到达新的状态s_2；不断循环上述过程，直到在有限时间内达到终止状态s_7，并获得式（4.1）所示的总奖励7。上述过程称为一个经验轨迹的数据。

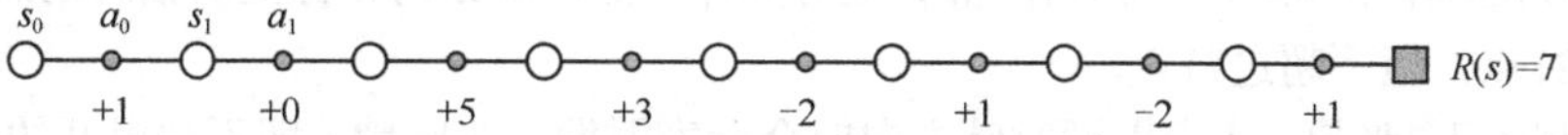

图4.1 一段经验轨迹，从初始状态出发达到终止状态，获得总奖励$R(s)=7$

$$R(s) = +1+0+5+3-2+1-2+1 = 7 \tag{4.1}$$

图4.2所示为基于采样的多条经验轨迹数据，最终组成经验轨迹的集合。值得注意的是，每一条经验轨迹都有一个终止状态来停止采样（见图4.2中的灰色方框所示）。后续提到的所有经验

轨迹都会默认带有终止状态，即无论选择什么样的动作并到达哪个状态，总会有一个最终状态停止在时间步 T 上。

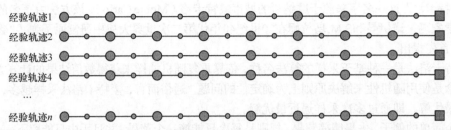

图4.2   蒙特卡洛法在经验轨迹的任务（Episode Task）上，无论采取哪种策略π，都要求经验轨迹在有限时
　　　　间内到达终止状态并获得回报，如完全信息博弈游戏（围棋、国际象棋）和非完全信息博弈游戏

　　蒙特卡洛法首先从起始状态时间步0到终止状态时间步 T 进行完整的数据采样，随后采用经验轨迹到经验轨迹（Episode-by-episode）的离线学习（Off-line）方式求解最优策略，这与动态规划或者后续章节将要介绍的时间差分法使用逐步（Step-by-step）的在线学习（On-line）方式不同。蒙特卡洛法通过大量的经验轨迹数据来模拟智能体在环境中得到的反馈，进而计算出最优状态值函数 $v^*(s)$ 和最优策略。

在线学习与离线学习

在线学习

在线学习表示智能体与环境边互动、边学习，从动态交互中优化学习目标。

离线学习

离线学习表示智能体先完整地采集相应的学习数据，之后以离线方式对学习目标进行优化。

2. 21点游戏

下面以21点游戏为例，概述21点游戏经验轨迹的收集过程。

21点游戏使用一副或多副标准的52张纸牌，每张牌都规定一个点值。2~10的牌其点值按面值计算。J、Q和K都算作10点，A可算作1点，也可算作11点。玩家的目标是所抽牌的总点数比庄家的牌更接近21点，但不超过21点。

首次发牌每人2张牌。庄家以顺时针方向向众玩家派发一张暗牌（即不被揭开的牌），随后向自己派发一张暗牌；接着庄家会以顺时针方向向众玩家派发一张明牌（即被揭开的牌），之后向自己也派发一张明牌。当众人手上各拥一张暗牌和一张明牌时，庄家就以顺时针方向逐位询问玩家是否再要牌（以明牌方式派发）。在要牌的过程中，如果玩家所有的牌加起来超过21点，玩家就输了（俗称爆煲（Bust）），游戏结束，该玩家的注码归庄家。

如果玩家无爆煲，庄家询问完所有玩家后，就必须揭开自己手上的暗牌。若庄家总点数少于

17点，就必须继续要牌；如果庄家爆煲，便向没有爆煲的玩家，赔出该玩家所投的同等注码。如果庄家无爆煲且大于等于17点，那么庄家与玩家比较点数决胜负，大的为赢。点数相同，则为平手。

在该21点游戏例子中，收集经验轨迹时，首先需要确认该游戏基于某策略π下，进行经验数据收集。为了便于理解，在代码清单4.1中使用了一个简单策略：当玩家手中牌的点数超过18点时，则返回0，表示不再要牌；当点数少于18点时，继续要牌，并返回1。

【代码清单4.1】　21点游戏使用的策略

```
def simple_strategy(state):
    """
    21点游戏使用的策略
    state: 输入的游戏状态
    """

    # 获取玩家、庄家在游戏中的状态
    player, dealer, ace = state
    return 0 if player >= 18 else 1
```

该游戏的状态是玩家的点数（Player），庄家的点数（Dealer）和是否有Blackjack（Ace）。具体到代码中，player为玩家点数，dealer为庄家点数，ace为True时表明牌A算作11点，ace为False时表明牌A算作1点。

对于21点游戏，简化版的玩家动作只有两种：一种是拿牌，另一种是停牌。

□ 拿牌（HIT）：如果玩家拿牌，表示玩家希望再拿一张或多张牌，使总点数更接近21点。如果拿牌后玩家的总点数超过21点，玩家就会爆煲。

□ 停牌（STAND）：如果玩家停牌，表示玩家选择不再抽牌并希望当前总点数能够打败庄家。

代码清单4.2给出了21点游戏经验轨迹收集的主程序，主要有两个函数。

□ 辅助函数show_state()，主要用于输出任务的当前状态，包括玩家点数、庄家点数以及是否有牌A。

□ 收集函数episode()，用于收集经验轨迹数据。

其中，函数episode()的输入为经验轨迹的收集条数num_episodes，并限制每条经验轨迹的最大采集时间步为10，即for t in range(10)中参数t迭代次数最多为10。设置最大采集时间步的主要原因是，在实际游戏中不可能出现发牌次数超过10次但仍然没有一方获胜的情况。另外，在episode()函数第二个嵌套的for循环中，当遇到玩家或者庄家某一方输了游戏之后，停止经验轨迹采样并重新开始。

【代码清单4.2】　21点游戏的经验轨迹收集

```
# 定义gym环境为Blackjack游戏
env = gym.make("Blackjack-v0")

def show_state(state):
```

```python
    """
    辅助函数——根据状态的情况, 输出player, dealer, 和是否有A

    state:输入状态
    """

    player, dealer, ace = state
    dealer = sum(env.dealer)
    print("Player:{}, ace:{}, Dealer:{}".format(player, ace, dealer))


def episode(num_episodes):
    """
    收集经验轨迹函数

    num_episodes:迭代的次数
    """

    # 经验轨迹收集列表
    episode = []

    # 迭代num_episodes条经验轨迹
    for i_episode in range(num_episodes):
        print("\n" + "="* 30)
        state = env.reset()

        # 每条经验轨迹有10个状态
        for t in range(10):

            show_state(state)
            # 基于某一策略选择动作
            action = simple_strategy(state)
            # 对于玩家Player只有STAND停牌, 和HIT拿牌两种动作
            action_ = ["STAND", "HIT"][action]
            print("Player Simple strategy take action:{}".format(action_))

            # 执行某一策略下的动作
            next_state, reward, done, _ = env.step(action)

            # 记录经验轨迹
            episode.append((state, action, reward))

            # 遇到游戏结束打印游戏结果
            if done:
                show_state(state)
                # [-1(loss), -(push), 1(win)]
```

```
        reward_ = ["loss", "push", "win"][int(reward+1)]
        print("Game {}.(Reward {})".format(reward_, int(reward)))
        print("PLAYER:{}\t DEALER:{}".format(colored(env.player, 'red'),\
                colored(env.dealer, 'green')))
        break

    state = next_state
```

```
>>> # 执行1000次经验轨迹采样
>>> episode(1000)
```

最后，经验轨迹采样的结果如代码清单4.3所示，分别显示玩家的牌数得分、是否有BlackJack、庄家的牌数得分；第二行显示本局游戏比赛结果，一局比赛可以采集一条经验轨迹；第三行是玩家的发牌情况和庄家的发牌情况。

【代码清单4.3】　21点游戏的经验轨迹示例结果

```
=======================================
Player:20, ace:False, Dealer:18
Player Simple strategy take action:STAND
Player:20, ace:False, Dealer:18
Game win.(Reward 1)
PLAYER:[10, 10]  DEALER:[8, 10]


=======================================
Player:21, ace:True, Dealer:14
Player Simple strategy take action:STAND
Player:21, ace:True, Dealer:24
Game win.(Reward 1)
PLAYER:[1, 10]  DEALER:[10, 4, 10]

......
```

代码清单4.4所示为经验轨迹的采样过程，其从1采样到1000，每一条经验轨迹分别记录每一个时间步的状态、动作和奖励。其中Episode n表示经验轨迹的序号。

【代码清单4.4】　21点游戏的经验轨迹采样过程

```
Episode1:    [((20, 18, false), 1, 1)]
Episode2:    [((16, 15, false), 1, 0), (20, 18, false), 0, 1]]
......
Episode1000: [((28, 17, true), 1, 0)]
```

4.1.2   蒙特卡洛法数学原理

蒙特卡洛法采用时间步有限的、完整的经验轨迹，其所产生的经验信息可推导出每个状态的平均奖励，以此来代替奖励的期望（即目标状态值）。换言之，在给定的策略π下，蒙特卡洛法从一系列完整的经验轨迹中学习该策略下的状态值函数$v_\pi(s)$。

当模型环境未知（Model-free）时，智能体根据策略π进行采样，从起始状态s_0出发，执行该策略T步后达到一个终止状态s_T，从而获得一条完整的经验轨迹。

$$s_0, a_0, r_1, s_1, a_1, r_2, \cdots, s_{T-1}, a_{T-1}, r_T, s_T \sim \pi \qquad (4.2)$$

对于t时刻的状态s_t，未来折扣累积奖励为：

$$G_t = r_t + \gamma r_{t+1} + \cdots + \gamma r_T \qquad (4.3)$$

蒙特卡洛法利用经验轨迹的平均未来折扣累积奖励G作为状态值的期望。

$$G = average(G_1 + G_2 + \cdots + G_T) \qquad (4.4)$$

而强化学习的目标是求解最优策略π^*，得到最优策略的一个常用方法是求解状态值函数$v_\pi(s)$的期望。如果采样的经验轨迹样本足够多，就可以准确估计出状态s下遵循策略π的期望，即状态值函数$v_\pi(s)$。

$$v_\pi(s) = \mathbb{E}_\pi[G \mid s \in \mathcal{S}] \qquad (4.5)$$

当根据策略π收集到的经验轨迹样本趋近于无穷多时，得到的状态值$v_\pi(s)$也就无限接近真实的状态值。

4.1.3   蒙特卡洛法的特点

基于4.1.1节和4.1.2节可知，基于蒙特卡洛法求解的强化学习有如下4个特点。
□ 蒙特卡洛法能够直接从环境中学习经验轨迹（采样过程）。
□ 蒙特卡洛法基于免模型的任务，无须提前了解马尔可夫决策过程中的状态转换概率。
□ 蒙特卡洛法使用完整的经验轨迹进行学习，属于离线学习法，并非如动态规划、时间差分所采用的逐步递进的在线学习方式。
□ 蒙特卡洛法基于状态值期望等于多次采样的平均奖励的简单假设，以更为简便的方式求解免模型的强化学习任务，即$v(s)=mean\ return$。

4.2   蒙特卡洛预测

蒙特卡洛预测基于一个给定的策略，采集多条经验轨迹数据，并平均经验轨迹数据的累积折扣奖励G，进而获得给定策略的状态值期望$v_\pi(s)$，最终基于状态值期望评估出该策略的好坏程度。当智能体所采样的经验轨迹数据越多，就越容易找到基于该策略的最优状态值$v_\pi^*(s)$。

4.2.1 蒙特卡洛预测算法

假设智能体收集了大量基于某一策略π下运行到状态s的经验轨迹，就可直接估计在该策略下的状态值$v(s)$。然而在状态转移过程中，可能发生一个状态经过一定的转移后又一次或多次返回该状态的情况，即状态发生多次重复，这会给实际的状态值估算带来噪声。

例如，羊群在A地吃草为状态s_A，在B地吃草为状态s_B，显然羊群会根据草地的肥沃程度在不同的地方迁徙吃草，但是会出现羊群重复回到同一个地方吃草的情况，例如重新回到A地吃草，即重复返回到状态s_A。

因此，在一个经验轨迹里，需要对同一经验轨迹中重复出现的状态进行处理，主要有如下两种方法。

❑ 首次访问（First visit）蒙特卡洛预测：

$$v(s) = \frac{G_1(s) + G_2(s) + \cdots + G_n(s)}{N(s)} \tag{4.6}$$

❑ 每次访问（Every visit）蒙特卡洛预测：

$$v(s) = \frac{G_{11}(s) + G_{12}(s) + \cdots + G_{21}(s) + G_{22}(s) + \cdots + G_{nm}(s)}{N(s)} \tag{4.7}$$

在式（4.6）和式（4.7）中，$N(s)$为访问状态的总次数，两者的区别为经验轨迹的平均未来折扣累积奖励G_{ij}和G_i，下标ij表示第j次访问第i条经验轨迹的状态s，i表示第i条经验轨迹。

首次访问蒙特卡洛预测和每次访问蒙特卡洛预测的主要处理流程如算法4.1所示。两者的区别在于，首次访问蒙特卡洛预测算法，对于每一条经验轨迹，当且仅当该状态第一次出现时，加入未来折扣累积奖励中进行计算；而每次访问蒙特卡洛预测算法，对于每一条经验轨迹，无论状态s出现多少次，都加入未来折扣累积奖励中进行计算。

算法4.1 蒙特卡洛预测算法流程

初始化：

待评估的策略，π

状态值函数，v

对任何$s \in \mathcal{S}$,初始化一个空列表$Returns(s)$

重复：

基于策略π生成经验轨迹（episode）

重复s in episode：

将状态s的返回赋值给G （可以基于首次访问预测，也可以基于每次访问预测）

将 G 添加到 $Returns(s)$

$$v(s) \leftarrow average\big(Returns(s)\big)$$

4.2.2　蒙特卡洛预测算法的实现

蒙特卡洛预测算法对每一个状态的估计都是独立的,不依赖于其他状态的估计,该特性是蒙特卡洛预测算法能够较好地评估状态值函数的基础。接下来,本节将对首次访问蒙特卡洛预测算法和每次访问蒙特卡洛算法预测分别进行代码实现,以便更好地理解这两种预测算法的效果和差异。

1. 首次访问蒙特卡洛预测

首次访问蒙特卡洛预测的具体实现方式如代码清单4.5所示,整体框架与代码清单4.2类似。每采集完一条经验轨迹后,利用算法4.1计算该经验轨迹的平均未来折扣累积奖励,并作为状态值的期望。其中,r_sum为该条经验轨迹的总回报,r_count为该条经验轨迹的统计次数,r_V为总体的状态值。

首次访问预测算法的重点是只考虑首次访问状态后的奖励返回值,计算其平均未来折扣累积奖励,而不计算状态重复出现的返回值。

【代码清单4.5】　首次访问蒙特卡洛预测算法

```python
def mc_firstvisit_prediction(policy, env, num_episodes,
                             episode_endtime=10, discount=1.0):
    """
    首次访问蒙特卡洛预测算法实现
    """

    # sum记录
    r_sum = defaultdict(float)
    # count记录
    r_count = defaultdict(float)
    # 状态值记录
    r_V = defaultdict(float)

    # 采集num_episodes条经验轨迹
    for i in range(num_episodes):
        # 输出经验轨迹的完成进度百分比
        episode_rate = int(40 * i / num_episodes)
        print("Episode {}/{}".format(i+1, num_episodes) + "=" * episode_rate,
        end="\r")
        sys.stdout.flush()

        # 初始化经验轨迹集合和环境状态
        episode = []
```

```
state = env.reset()

# 采集一条经验轨迹
for j in range(episode_endtime):
    # 根据给定的策略选择动作，即a = policy(s)
    action = policy(state)
    next_state, reward, done, _ = env.step(action)
    episode.append((state, action, reward))
    if done: break
    state = next_state

# 首次访问蒙特卡洛预测的核心算法
for k, data_k in enumerate(episode):
    # 获得首次遇到该状态的索引号k
    state_k = data_k[0]
    # 计算首次访问的状态的累积奖励
    G = sum([x[2] * np.power(discount, i) for i,x in enumerate(episode[k:])])
    r_sum[state_k] += G
    r_count[state_k] += 1.0
    # 计算状态值
    r_V[state_k] = r_sum[state_k] / r_count[state_k]

return r_V
```

```
>>> # 执行首次访问蒙特卡洛预测算法
>>> v = mc_firstvisit_prediction(simple_policy, env, 100000)
```

对于首次访问蒙特卡洛预测法，得到的状态值结果如代码清单4.6所示。其中，defaultdict字典对象作为状态值的存储体，键值为每一条经验轨迹的单个时间步内的信息（状态、动作和奖励），字典的值为该时间步状态下的状态价值。

【代码清单4.6】　首次访问蒙特卡洛预测结果

```
# 状态值函数，存储方式为 (player, dealer, Ace state): value
V = defaultdict(float,
            {(4, 1, False): -0.25862068965517243,
             (4, 2, False): -0.5853658536585366,
             (4, 3, False): -0.2549019607843137,
             ......
             (4, 5, False): -0.08108108108108109,
             (4, 6, False): -0.06976744186046512,
             (4, 7, False): 0.17647058823529413,
             (4, 8, False): -0.23076923076923078,
})
```

例如，字典中的某个存储数据为：(4, 1, False): -0.25862068965517243。其中4为Player得分，

1为Dealer得分，False为Ace的标识，值-0.25862068965517243表示得到的奖励值。

首次访问蒙特卡洛预测的可视化结果如代码清单4.7所示，函数输入为具体的状态值v。

【代码清单4.7】   首次访问蒙特卡洛预测结果显示

```
>>> plot_value_function(v, title=None)
```

图4.3为该策略下庄家和玩家对应的状态值分布情况。在图4.3中，颜色越深代表状态值越高，状态值越高代表该状态值越有价值。因为下一个时间步的动作一般选择使得下一个时间步中状态值最大的动作。

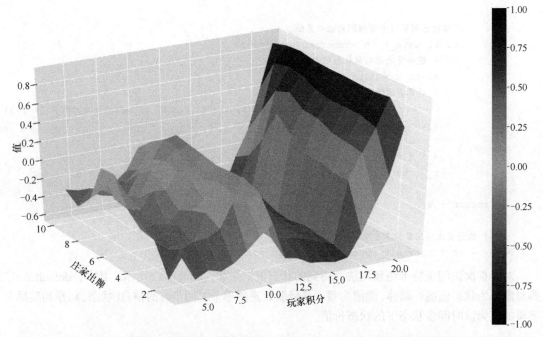

图4.3   首次访问蒙特卡洛预测算法在21点游戏中状态值的三维示例图

2. 每次访问蒙特卡洛预测

每次访问蒙特卡洛预测的具体实现如代码清单4.8所示，与首次访问蒙特卡洛预测（见代码清单4.5）的区别在于对未来折扣累积奖励的计算不同。

在每次访问蒙特卡洛预测算法中，每采集完一条经验轨迹后，同样按照算法4.1对该经验轨迹的平均未来折扣累积奖励进行计算，作为状态值的期望。其中，算法使用到的参数与代码清单4.5相同，r_sum表示该条经验轨迹的总回报，r_count表示该条经验轨迹的统计次数，r_V表示总体的状态值。

每次访问蒙特卡洛预测算法的核心在于：无论状态s出现多少次，每一次的奖励返回值都被纳入平均未来折扣累积奖励的计算。

【代码清单4.8】 每次访问蒙特卡洛预测算法

```python
def mc_everyvisit_prediction(policy, env, num_episodes, \
                             episode_endtime=10, discount=1.0):

    r_sum = defaultdict(float)
    r_count = defaultdict(float)
    r_V = defaultdict(float)

    # 采集num_episodes条经验轨迹
    for i in range(num_episodes):
        # 输出经验轨迹的完成进度百分比
        episode_rate = int(40 * i / num_episodes)
        print("Episode {}/{}".format(i+1, num_episodes) +
              "=" * episode_rate, end="\r")
        sys.stdout.flush()

        # 初始化经验轨迹集合和环境状态
        episode = []
        state = env.reset()

        # 采集一条经验轨迹
        for j in range(episode_endtime):
            # 根据给定的策略选择动作，即a = policy(s)
            action = policy(state)
            next_state, reward, done, _ = env.step(action)
            episode.append((state, action, reward))
            if done: break
            state = next_state

        # 每次访问蒙特卡洛预测的算法核心
        for k, data_k in enumerate(episode):
            # 计算每次访问的状态的累积奖励
            G = sum([x[2] * np.power(discount, i) for i, x in enumerate(episode)])
            r_sum[state_k] += G
            r_count[state_k] += 1.0
            r_V[state_k] = r_sum[state_k] / r_count[state_k]

    return r_V

>>> # 执行每次访问蒙特卡洛预测算法
>>> v_every = mc_everyvisit_prediction(simple_policy, env, 100000)
>>> plot_value_function(v_every, title=None)
```

图4.4展示了在21点游戏中庄家和玩家对应的状态值分布。当样例数非常多时，初次访问和

每次访问都能收敛到给定策略的值函数。将图4.3和图4.4对比发现，首次访问蒙特卡洛预测和每次访问蒙特卡洛预测在21点游戏中的状态值分布差异并不明显。但因首次访问蒙特卡洛预测的计算更为简便、快捷，其应用范围更为广泛。

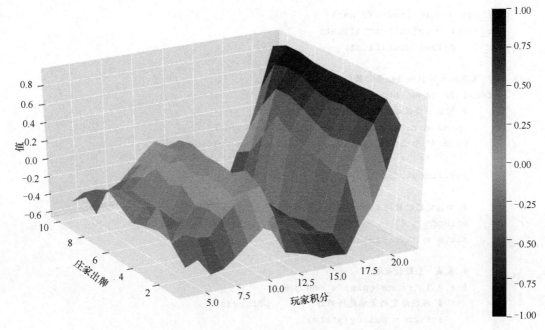

图4.4   每次访问蒙特卡洛预测算法在21点游戏中的状态值三维示例图

4.3 蒙特卡洛评估

在模型已知的情况下，根据状态值函数$v(s)$可以确定一个策略，即选择使得状态值最大的动作作为下一时间步的动作。但在模型未知的情况下，只有状态值函数无法确定一个策略，此时动作值$q(s,a)$（即<状态-动作>对的价值）比状态值$v(s)$更利于确定下一时间步的动作，因此蒙特卡洛法的一个重要目标是求解最优动作值函数$q^*(s,a)$。

对动作值的策略评估，实际上是对基于策略π下的<状态-动作>对的价值$q_\pi(s,a)$进行评估。蒙特卡洛法对动作值进行评估的思路与对状态值的预测相同，同样分为首次访问蒙特卡洛评估和每次访问蒙特卡洛评估，区别在于蒙特卡洛评估是对<状态-动作>对的价值进行评估而只只是对状态值进行评估。

然而，在实际任务的经验轨迹采样过程中有很多<状态-动作>对未被访问过，未被访问过的<状态-动作>对无法产生奖励以提供给平均累积奖励算法进行计算，进而导致智能体不能对该<状态-动作>对进行评估。

例如，在下棋时，按照策略π_A落子，可得到基于该策略π_A的动作值函数$q_{\pi_A}(s,a)$。但是在落子时，实际上有多种落子可供选择，而如果只按照策略π_A进行落子，总会存在一些<状态-动作>对无法被访问。即在状态s时，无法获得部分动作a所对应的价值，导致基于蒙特卡洛采样的评估方法不能较好地改进当前策略π_A。

为了较好地解决蒙特卡洛法中部分动作无法被访问所带来的评估不准确的问题，这里引入第2章"探索"与"利用"困境的解决办法，对二者进行折中：在"利用"阶段保持一定的"探索"精神，在"探索"阶段保持一定的"利用"精神，进而在探索和利用的权衡中找到最优策略。该方法即为4.4节将要介绍的蒙特卡洛控制（Monte Carlo Control）算法。

4.4　蒙特卡洛控制

在正式介绍蒙特卡洛控制之前，首先给出基于蒙特卡洛法强化学习任务的两种主要类型。

□ **环境模型已知**：马尔可夫决策过程已知，但因为环境中的状态空间过于庞大，需要借助采样的方法减少遍历的状态数目；

□ **环境模型未知**：马尔可夫决策过程未知，但可以通过对多次采样的历史经验进行学习以无限逼近于真实的马尔可夫决策过程。

蒙特卡洛控制可以较好地完成上述两种任务——通过采样模拟完整的马尔可夫决策过程，以对当前策略进行改进，进而找到最优策略。

在蒙特卡洛控制的采样过程中，较为重要的一点是如何通过选择不同的动作改进当前策略。目前主要有两种不同的动作选择方式，每种动作选择方式都有不同的蒙特卡洛控制过程的优化策略方法，即固定策略（On-policy）和离线策略（Off-policy）方法。

（1）**固定策略法**：固定策略的思想是智能体已经有一个策略，并且基于该策略进行采样，以得到的经验轨迹集合来更新值函数。随后，采用策略评估和策略改进对给定策略进行优化，以获得最优策略。由于需要优化的策略基于当前给定的策略，因此称之为固定性策略。

（2）**非固定策略法**：非固定策略的思想是虽然智能体已有一个策略，但是并不基于该策略进行采样，而是基于另一个策略进行采样。另一个策略可以是先前学习到的策略，也可以是人类专家制定的策略等一些较为成熟的策略方法。即在自身策略形成的价值函数基础上观察别的策略所产生的行为，以此达到学习的目的。由于优化的策略不完全基于当前策略，因此称之为非固定策略。

在后续的内容中，将会对固定策略和非固定策略进行详细介绍。

接下来，本节首先通过介绍动态规划策略迭代算法来引入蒙特卡洛控制算法的基本概念。随后，对基于固定策略的蒙特卡洛起始点算法进行介绍，主要分为起始点探索算法和非起始点探索算法。其中，起始点探索算法属于最基本的蒙特卡洛控制算法。由于蒙特卡洛起始点探索算法存在概率假设问题导致动作选择不均衡，因此引入固定策略的另一种蒙特卡洛控制方法，即非起始点探索算法。最后，将详细介绍基于非固定策略的蒙特卡洛控制算法。

4.4.1 蒙特卡洛控制概述

蒙特卡洛评估主要用于评估给定策略π下的动作值函数$q_\pi(s,a)$,而蒙特卡洛控制主要是在模型未知的条件下对动作值函数$q(s,a)$进行优化。

形式化而言,对于轨迹中的<状态-动作>对,算法记录其奖励之和G_{sa},并作为该<状态-动作>对的一次累积奖励采样值。通过多次采样得到多条经验轨迹后,将每个<状态-动作>对的累积奖励采样值进行平均,最终得到策略π下的动作值函数$q_\pi(s,a)$的估计值。

尽管蒙特卡洛法和动态规划法之间存在众多不同,但蒙特卡洛控制借鉴了动态规划法的众多设计思想。为了后续更好地阐述蒙特卡洛的最优策略求解过程,本节首先对动态规划的策略迭代算法进行回顾,随后具体介绍蒙特卡洛控制。

1. 动态规划策略迭代

动态规划中的策略迭代(Policy Iteration)算法主要由策略评估(Policy Evaluation)和策略改进(Policy Improvement)组合而成,在策略评估和策略改进的交替过程中对策略进行优化,如图4.5所示。

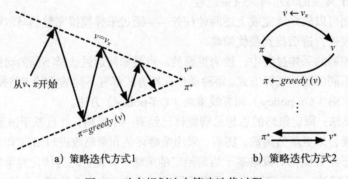

a)策略迭代方式1 b)策略迭代方式2

图4.5 动态规划法中策略迭代过程

智能体从一个给定的策略和状态值函数开始学习。在图4.5a中,箭头向上表示智能体根据当前策略π更新状态值函数v,箭头向下表示根据当前的状态值函数v选择更好的策略π。按照上述过程反复迭代,从策略评估中得到更好的状态值函数,从状态值函数中进行策略改进得到更好的策略,最终找到最优策略π^*和最优状态值v^*。使用的策略迭代的更新公式如下。

$$\pi(s) = \max_a \sum_{s',r} p(s',r|s,a)\left[r + \gamma v(s')\right] \tag{4.8}$$

2. 蒙特卡洛控制

动态规划中的策略迭代过程如式(4.8)所示,但是这种方法不能直接用于模型未知的蒙特卡洛控制,主要原因在于:

❑ 当模型未知时,智能体无法获取当前状态的后续状态值$v(s')$,故无法确定在当前状态下采取何种动作效果更佳;

□ 当模型未知时，智能体无法获得动作状态转换概率 $p(s',r|s,a)$ ，即无法求解式（4.8）。

动态规划的策略改进是在当前状态值函数的基础上，通过贪婪策略算法选择最优动作，进而更新状态值函数。而蒙特卡洛控制主要基于动作值函数，因此在模型未知时无须使用贪婪策略算法进行探索。对于任何的动作值函数$q(s,a)$，对应的贪婪算法就是确定性地选择最大的动作值。

$$\pi(s) = \max_a q(s,a) \tag{4.9}$$

其中，对于任意状态s，有$s \in \mathcal{S}$。对于蒙特卡洛控制，策略迭代的过程为：

$$\pi_0 \xrightarrow{PE} q_{\pi_0} \xrightarrow{PI} \pi_1 \xrightarrow{PE} q_{\pi_1} \xrightarrow{PI} \pi_2 \cdots \xrightarrow{PI} \pi_* \xrightarrow{PE} q_{\pi_*} \tag{4.10}$$

蒙特卡洛策略迭代的主要目的是使得策略改进时无须了解模型的完备知识，只在某个状态下采取某种动作使得其价值最大即可。

如图4.6所示，智能体从动作值函数Q和策略π开始，先根据策略更新每一个<状态-动作>对的Q值。然后基于更新后的动作值函数Q，利用贪婪算法对策略进行改进。图4.6a中每一个向上或者向下的箭头都对应着多个经验轨迹，通过不断迭代策略评估和策略改进算法完成策略迭代过程，最终得到最优动作值q^*和最优策略π^*。

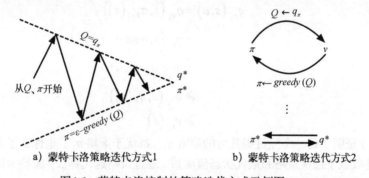

a）蒙特卡洛策略迭代方式1　　　　b）蒙特卡洛策略迭代方式2

图4.6 蒙特卡洛控制的策略迭代方式示例图

类似于动态规划法的策略迭代过程，在蒙特卡洛控制的策略迭代过程中首先使用蒙特卡洛评估策略的优劣程度，随后采用式（4.9）的贪婪算法对策略进行改进，具体流程如算法4.2所示。

首先，智能体从起始的<状态-动作>对(s_0, a_0)进行探索；随后，智能体在环境中进行模拟（仿真）并到达终止状态；接着在模拟的过程中，随机选择下一个动作；由于模拟需要从开始状态达到终止状态以收集经验轨迹，因此蒙特卡洛法需要大量的迭代计算，这样才能找到最优策略；最后，利用策略评估更新动作值$q(s,a)$。

在蒙特卡洛控制的策略改进中，选择策略评估后的动作值函数$q(s,a)$中最大的状态值作为改进后的策略$\pi(s)$。不断重复该过程，直至算法收敛，得到最优策略。

算法4.2　蒙特卡洛控制的策略迭代算法流程

1. 策略评估

探索：随机选择一个⟨状态-动作⟩对 (s, a)。

模拟：使用当前策略 π 进行一次模拟，从当前⟨状态-动作⟩对开始进行采样直至采样结束，产生一条经验轨迹。

采样：获得该经验轨迹的累积奖励 G，将 G 记录到集合 $Returns(s, a)$ 中。

估计：使用平均未来折扣累积奖励作为动作值的期望，即

$$q(s, a) = average\big(Returns(s, a)\big)$$

2. 策略改进

基于策略评估得到的动作值 $q(s, a)$，采用贪婪算法改进策略 π。

蒙特卡洛控制的策略迭代算法将每一次采样得到的经验轨迹所反馈的奖励用于策略评估，然后遍历该经验轨迹的所有状态用于策略改进。根据策略改进的原理，对于任何状态 s，存在：

$$
\begin{aligned}
q_{\pi_k}(s, a) &= q_{\pi_k}\big(s, \pi_{k+1}(s)\big) \\
&= q_{\pi_k}\Big(s, \max_a q_{\pi_k}(s, a)\Big) \\
&= \max_a q_{\pi_k}(s, a) \\
&\geqslant q_{\pi_k}\big(s, \pi_k(s)\big) \\
&\geqslant v_{\pi_k}(s)
\end{aligned}
\tag{4.11}
$$

式（4.11）证明了每一个经过提升后的策略 π_{k+1} 都优于策略 π_k，也保证了策略迭代能够让优化的目标最终收敛于最优策略和最优状态值函数。通过策略迭代算法，蒙特卡洛法可以在环境模型未知的情况下，仅通过经验轨迹的学习就得到最优策略 π^*。

4.4.2　起始点探索

需要特别说明的是，为了蒙特卡洛法更好地收敛，蒙特卡洛控制在策略迭代过程设置了两个前置条件：

- 智能体获得的经验轨迹基于起始点探索方式；
- 策略评估过程可以利用无限的经验轨迹数据。

起始点探索（Exploring Starts）指有一个探索起点的环境，例如围棋的当前状态就是一个探索起点。对于蒙特卡洛控制来说，经验轨迹的完备性至关重要，完备的训练样本才能估计出准确的价值函数。但在很多情况下，无法保证在多次采样后，可以获得一个较为完备的分布，导致一部分状态没有被访问到。因为在蒙特卡洛控制的策略迭代算法中，第一个假设为基于起始点探索

方式，因此可以设置一个随机概率分布，使得所有可能的状态都有一定不为0的概率作为起始状态，这样就能保证遍历尽可能多的状态。

采用起始点探索的蒙特卡洛控制法称为蒙特卡洛起始点探索（Monte Carlo Exploring Starts，MCES），亦称为基本的蒙特卡洛控制算法，其具体流程如算法4.3所示。

算法4.3　蒙特卡洛起始点探索算法流程

初始化，对任意 $s \in \mathcal{S}$，$a \in \mathcal{A}(s)$：

 $q(s,a) \leftarrow$ 任意价值

 $\pi(s) \leftarrow$ 任意策略

 $Returns(s,a) \leftarrow$ 空列表

重复：

采样：

  以大于0的概率选择<状态-动作>对，其中 $s_0 \in \mathcal{S}$，$a_0 \in \mathcal{A}(s_0)$

  基于给定的策略π，从 s_0、a_0 开始，生成一条经验轨迹

重复 经验轨迹中的 (s,a) 对：

  $G \leftarrow (s,a)$ 的返回奖励值

  将G添加到 $Returns(s,a)$

  $q(s,a) \leftarrow average(Returns(s,a))$

重复 经验轨迹中状态s：

  $\pi(s) \leftarrow \max_a q(s,a)$

蒙特卡洛起始点探索法会对所有<状态-动作>对的奖励进行加权求平均，而不管所观察到的策略是否最优。蒙特卡洛起始点探索法虽然计算简便，但很容易收敛不到全局最优或者局部最优。在最坏的情况下，动作值函数最终只能代表该策略的值函数，等同于只进行了策略评估过程，而没有对策略进行改进。

4.4.3　非起始点探索

起始点探索给状态空间中的每一个状态都被赋予了一定的概率值，尽可能保证每一种状态都有可能被访问到，进而保证了训练样本的完备性。

但这蕴含两个假设的第二点：策略评估过程可以利用无限的经验轨迹数据。其表明唯有采样的次数足够多（或者说无限次）才能保证每一状态都被访问到。但在实际任务中，这是难以满足的。为了较好地解决起始点探索的不足，可借助用以解决"探索"与"利用"困境的 ε-贪婪算法，在保证初始状态不变的同时确保每种状态都会被遍历，即需要保证状态 s 的所有动作都有可能被选中。

1. 算法原理

算法4.4为固定策略的非起始点探索（Without Exploring Starts）算法，其中策略选择算法使用 ε-贪婪算法。

$$\pi(a\,|\,s) \leftarrow \begin{cases} 1 - \varepsilon + \dfrac{\varepsilon}{|A(s)|} & , \qquad a = A^* \\[3mm] \dfrac{\varepsilon}{|A(s)|} & , \qquad a \neq A^* \end{cases} \tag{4.12}$$

式（4.12）表示智能体以概率 $1 - \varepsilon$ 选择当前最大动作值，以概率 ε 随机从所有动作中选择一种动作。因此，在 ε-贪婪算法中，当前最优动作被选中的概率为 $1 - \varepsilon + \dfrac{\varepsilon}{A(s)}$，每个非最优动作被选中的概率为 $\dfrac{\varepsilon}{A(s)}$。这保证了每个动作都有可能被选中，多次采样会产生不同的采样轨迹，增加了采样空间的完备性。

算法4.4　固定策略的非起始点探索蒙特卡洛控制算法流程

初始化，对任何 $s \in \mathcal{S}$，$a \in A(s)$：

　　$q(s,a) \leftarrow$ 任意价值

　　$\pi(s) \leftarrow$ 通过 ε 贪婪算法产生初始策略

　　$Returns(s,a) \leftarrow$ 空列表

重复：

　　使用策略 π 生成经验轨迹

　　重复 经验轨迹中的 (s,a) 对：

　　　　$G \leftarrow$ 返回 (s,a) 的第一次出现的价值

　　　　将 G 添加到 $Returns(s,a)$

　　　　$q(s,a) \leftarrow average\big(Returns(s,a)\big)$

重复 经验轨迹中的状态 s：

$$A^* \leftarrow \max_a q(s, a)$$

for a in $A(s)$：

$$\pi(a \mid s) \leftarrow \begin{cases} 1 - \varepsilon + \dfrac{\varepsilon}{|A(s)|}, & a = A^* \\[2ex] \dfrac{\varepsilon}{|A(s)|}, & a \neq A^* \end{cases}$$

2. 算法实现

本节给出算法4.4的具体实现，代码清单4.9所示为 ε-贪婪算法的实现。其中，epsilon_greedy_policy() 函数的输入为动作值 q、概率参数 epsiolon 和状态对应的动作数 nA，返回的为内部函数 __policy__()。需要注意的是，内部函数 __policy__() 输入为当前需要计算的状态 state，返回为当前状态所有可能动作的概率 A。

【代码清单4.9】 ε-贪婪策略算法

```
# 设置环境
env = gym.make("Blackjack-v0")


def epsilon_greddy_policy(q, epsilon, nA):
    """
    ε-greddy策略
    """
    def __policy__(state):
        # 初始化动作概率
        A_ = np.ones(nA, dtype=float)

        # 以epsilon设定动作概率
        A = A_ * epsilon / nA

        # 选取动作值函数中的最大值作为最优值
        best = np.argmax(q[state])

        # 以1-epsilon设定最大动作动作概率
        A[best] += 1 - epsilon
        return A

    return __policy__
```

代码清单4.10中的mc_firstvisit_control_epsilon_greedy()函数为固定策略的非起始点探索的蒙特卡洛控制法，默认迭代次数num_episodes为100，贪婪算法的参数epsilon为0.1，单次经验轨迹的采样次数episode_endtime最大为10个时间步，未来折扣系数discount为1.0。

函数中最外层的for循环次数为经验轨迹的采样次数，如num_episodes为100，则采样100条经验轨迹。每采样完一条经验轨迹，则进行一次蒙特卡洛法计算。第二层循环中的第一个for循环是对单条经验轨迹进行采样，第二个for循环则是计算该经验轨迹的平均累积奖励。

【代码清单4.10】 固定策略的非起始点探索的蒙特卡洛控制

```
def mc_firstvisit_control_epsilon_greddy(env, num_episodes=100, epsilon=0.1,
                                         episode_endtime=10, discount=1.0):
    """
    固定策略的非起始点探索的蒙特卡洛控制
    """
    # 初始化设定使用到的变量

    # 环境中的状态对应动作空间数量
    nA = env.action_space.n
    # 动作值函数
    Q = defaultdict(lambda: np.zeros(nA))
    # 动作-状态对的累积奖励
    r_sum = defaultdict(float)
    # 动作-状态对的计数器
    r_cou = defaultdict(float)

    # 初始化贪婪策略
    policy = epsilon_greddy_policy(Q, epsilon, nA)

    for i in range(num_episodes):
        # 输出当前迭代的经验轨迹次数
        episode_rate = int(40 * i / num_episodes)
        print("Episode {}/{}".format(i + 1, num_episodes), end="\r")
        sys.stdout.flush()

        # 初始化状态和当前经验轨迹
        episode = []
        state = env.reset()

        # (a) 基于策略产生一条经验轨迹，其中每一个时间步为tuple(state, aciton, reward)
        for j in range(episode_endtime):

            # 通过ε-greedy算法对动作-状态对进行探索和利用
            action_prob = policy(state)
            # 根据ε-greedy算法的结果随机选取一个动作
```

```
        action = np.random.choice(
            np.arange(action_prob.shape[0]), p=action_prob)

        # 运行一个时间步并采集经验轨迹
        next_state, reward, done, _ = env.step(action)
        episode.append((state, action, reward))
        if done:
            break
        state = next_state

    # (b) 计算经验轨迹中每一个<状态-动作>对
    for k, (state, actions, reward) in enumerate(episode):

        # 提取动作-状态对为 sa_pair
        sa_pair = (state, action)
        first_visit_idx = k

        # 计算未来累积奖励
        G = sum([x[2] * np.power(discount, i) for i, x in enumerate(
            episode[first_visit_idx:])])

        # 更新未来累积奖励
        r_sum[sa_pair] += G
        # 更新动作-状态对的计数器
        r_cou[sa_pair] += 1.0

        # 计算平均累积奖励
        Q[state][actions] = r_sum[sa_pair] / r_cou[sa_pair]

    return Q
```

完成非起始点探索的蒙特卡洛控制法后，可计算出动作值函数Q。代码清单4.11对动作值函数Q进行迭代，求出动作值函数中每一个状态的最大值，以此作为状态值函数中该状态的价值期望。

【代码清单4.11】 非起始点探索结果

```
>>> # 非起始点探索获得动作值函数
>>> Q = mc_firstvisit_control_epsilon_greddy(env, num_episodes=500000)

>>> # 初始化状态值函数
>>> V = defaultdict(float)

>>> # (c) 根据求得的动作值函数选择最大的动作作为最优状态值
>>> for state, actions in Q.items():
```

```
>>>        V[state] = np.max(actions)
```

```
>>> plot_value_function(V, title=None)
```

最终输出21点游戏的状态值，如图4.7所示。从图4.7中可以看出，当玩家手中得牌分数越高时，其赢得比赛的可能性越大。相较于图4.3和图4.4中使用蒙特卡洛预测，使用蒙特卡洛控制能够进行更加完备的探索和利用，使得最终动作价值更加平滑，可以收敛得到最优策略。

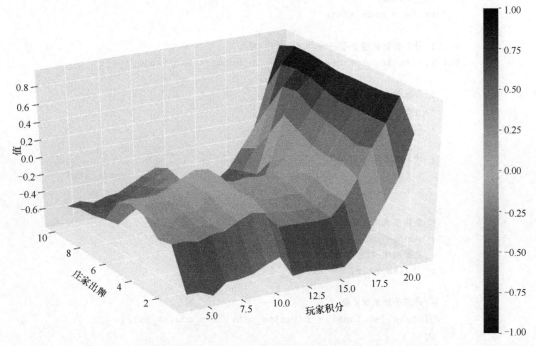

图4.7   固定策略的非起始点探索的蒙特卡洛控制21点游戏的对应价值

4.4.4   非固定策略

由基于固定策略的起始点探索（4.4.2节）和非起始点探索（4.4.3节）蒙特卡洛控制算法可知，固定策略学习的核心在于当前遵循的策略就是智能体学习改进的策略。而非固定策略学习则是在遵循一个策略的同时评估另一个策略，即计算另一个策略的状态价值函数或状态行为价值函数。

相较于固定策略，非固定策略可以较容易地从人类经验或其他智能体的经验中学习，也可以从一些旧的策略中学习。在遵循一个探索式策略的基础上优化现有的策略，理论上可以使得智能体更好地找到最优策略和最优动作值函数。

根据是否经历完整的经验轨迹，可以将非固定策略学习分为基于蒙特卡洛法和基于时间差分法（基于时间差分法的非固定策略将在后续章节进行介绍）。值得注意的是，基于蒙特卡洛法的非固定策略学习仅有理论上的研究价值，在实际任务中的效果并不明显，难以获得最优策略或者最优动作值函数。

一般而言，非固定策略的蒙特卡罗控制主要使用以下两个策略。

☐ 行为策略（Behavior Policy）：用于模拟产生数据的策略。

☐ 目标策略（Target Policy）：需要优化的策略。

设计两个策略的优势在于目标策略不参与动作的产生过程，直接使用贪婪算法来"利用"已有知识来做决定。无须考虑"探索"，将"探索"的任务直接交给行为策略，从而巧妙地将"探索"和"利用"分离，并采用不同的策略分别进行学习，能显著地提高强化学习的求解效率。

1. 算法原理

将目标策略设定为 π，行为策略为 μ，评估目标为 v_π 或者 q_π。假设所有经验轨迹的产生都服从行为策略 μ，并且 $\mu \neq \pi$。

为了利用行为策略 μ 产生的经验轨迹来评估目标策略 π 的价值，需要目标策略 π 下的所有行为在行为策略 μ 下被执行过，即要求对所有满足 $\pi(a|s) > 0$ 的<状态-动作>对 (s,a) 均有 $\mu(a|s) > 0$。

大部分非固定策略学习使用重要性采样（Importance sampling）方法。重要性采样是在给定服从一种分布的样本情况下，估计另一种分布下期望值的一般方法。就非固定策略学习而言，根据经验轨迹在行为策略 μ 下发生的相关概率对奖励回报赋予重要性权重 W。

$$W \leftarrow W \frac{1}{\mu(a_t|s_t)} \tag{4.13}$$

假设奖励回报序列为 $G_1, G_2, \cdots, G_{n-1}$，均以相同的状态开始，每个奖励回报都带有重要性权重 W_k，则目标评估的状态值为：

$$v_n \leftarrow \frac{\sum_{k=1}^{n-1} W_k G_k}{\sum_{k=1}^{n-1} W_k} \tag{4.14}$$

当有了状态值 v_n 的估计之后，可获得当前状态的奖励回报 G_n。随后需要利用状态值 v_n 与奖励回报 G_n 来估计下一个状态值 v_{n+1}。其中，C_n 为前 n 个奖励回报的重要性权重之和。则非固定策略的状态值更新方程为：

$$v_{n+1} = v_n + \frac{W_n}{C_n}(G_n + v_n) \tag{4.15}$$

$$C_{n+1} = C_n + W_{n+1} \tag{4.16}$$

其中，$C_0 = 0$。基于更新方程（4.15）与（4.16），可得增量式的非固定策略的蒙特卡洛法算法流程，如算法4.5所示。为了保证策略 π 最终可以收敛，每个<状态-动作>对 (s,a) 都需要获得多次返回。非固定策略的蒙特卡洛控制基于重要性采样，能更加准确地预测最优策略和最优动作值函数Q。目标策略$\pi \approx \pi^*$是关于动作值函数Q的贪婪策略，是对目标策略对应的动作值q_π的评估。行为策略采用目前被广泛采纳的ε-贪婪算法。

算法4.5　非固定策略蒙特卡洛法流程

初始化，其中$s \in \mathcal{S}$，$a \in A(s)$：

$\quad q(s, a) \leftarrow$ 任意价值

$\quad C(s, a) \leftarrow 0$

$\quad \pi(s) \leftarrow$ 随机行为策略

$\quad \pi(a \mid s) \leftarrow$ 随机目标策略

重复：

$\quad$基于策略μ生成经验轨迹：

$\quad\quad s_0, a_0, r_1, \cdots, s_{T-1}, a_{T-1}, r_T, s_T$

$\quad G \leftarrow 0$

$\quad W \leftarrow 1$

$\quad$**重复** $t=T$ to 0：

$\quad\quad G \leftarrow \gamma G + r_{t-1}$

$\quad\quad C(s_t, a_t) \leftarrow C(s_t, a_t) + W$

$\quad\quad q(s_t, a_t) \leftarrow q(s_t, a_t) + \dfrac{W}{C(s_t, a_t)}\left[G - q(s_t, a_t)\right]$

$\quad\quad \pi(s) \leftarrow \arg\max q(s, a)$

$\quad\quad$if $A_t \neq \pi(s_t)$：

$\quad\quad\quad$ *break*

$\quad\quad W \leftarrow W \dfrac{1}{\mu(a_t \mid s_t)}$

2．算法实现

在实现非固定策略学习算法4.5之前，需要设定两个不同的策略方法：一个作为行为策略，另一个作为目标策略。如代码清单4.12所示，其中，create_random_policy() 函数是一个随机策略，输入动作空间数量，输出一个与动作空间大小相同的全1数组。读者可能会问，为什么称返回全1

的数组为随机策略？这是因为在后续随机选择策略时，会随机选择全1数组中的某一个。

【代码清单4.12】 辅助函数

```python
def create_random_policy(nA):
    """
    创建一个随机策略
    """
    A = np.ones(nA, dtype=float) / nA

    # 策略函数
    def policy_fn(observation):
        return A

    return policy_fn


def create_greedy_policy(Q):
    """
    创建一个贪婪策略
    """
    # 策略函数
    def policy_fn(state):
        A = np.zeros_like(Q[state], dtype=float)
        best_action = np.argmax(Q[state])
        A[best_action] = 1.0
        return A

    return policy_fn
```

对于非固定策略的蒙特卡洛法函数mc_control_importance_sampling()，输入分别为环境env、经验轨迹采样次数num_episodes、行为策略behavior_policy和折扣因子discount_factor。

初始化主要有Q、C和目标策略target_policy。其中，Q为动作值函数，C为累积权重。初始化参数使用了Lambda表达式，类似 lambda: np.zeros(nA)，表示创建一个具有nA个动作空间且内部元素为全零的数组。defaultdict为Python的Collections字典类型，事先声明好字典的内部属性，并只允许插入或者修改规定的内容。

代码清单4.13中使用了3个循环，其中最外层的循环为经验轨迹迭代次数。内层的第一个循环为对本次经验轨迹进行采样（这里采用while循环代替for循环）。内层第二个循环中的停止条件是：如果行为策略采样的动作不是目标策略采取的动作，则概率为0，退出本次经验轨迹时间步的迭代。

【代码清单4.13】　非固定策略学习算法

```python
def mc_control_importance_sampling(env, num_episodes,
                                    behavior_policy, discount_factor=1.0):
    """
    非固定策略学习法
    """

    # 初始化参数
    Q = defaultdict(lambda: np.zeros(env.action_space.n))
    C = defaultdict(lambda: np.zeros(env.action_space.n))

    # 初始化目标策略
    target_policy = create_greedy_policy(Q)

    # Repect
    for i_episode in range(1, num_episodes + 1):

        if i_episode % 1000 == 0:
            print("\rEpisode {}/{}.".format(i_episode, num_episodes), end="")
            sys.stdout.flush()

        # 单条经验轨迹采样，其中每个时间步内容为 tuple(state, action, reward)
        episode = []
        state = env.reset()

        While(True):
            # 从行为策略中进行采样得到当前状态的动作概率
            probs = behavior_policy(state)

            # 随机在当前状态的动作概率中选择一个动作
            action = np.random.choice(np.arange(len(probs)), p=probs)

            # 智能体执行该动作并记录当前状态、动作和奖励
            next_state, reward, done, _ = env.step(action)

            episode.append((state, action, reward))
            if done:
                break
            state = next_state

        G = 0.0    # 未来折扣累积奖励
```

```
W = 1.0    # 重要性权重参数

# 在该经验轨迹中从最后的一个时间步开始遍历
for t in range(len(episode))[::-1]:

    # 获得当前经验轨迹的当前时间步
    state, action, reward = episode[t]
    # 更新累积奖励
    G = discount_factor * G + reward
    # 根据式 (4.15) 更新累积权重
    C[state][action] += W
    # 根据式(4.14) 更新动作值函数，同样地，这是改进目标中用到的动作值函数
    Q[state][action] += (W / C[state][action]) * (G - Q[state][action])
    # If the action taken by the behavior policy is not the action
    # taken by the target policy the probability will be 0 and we can break
    if action != np.argmax(target_policy(state)):
        break
    # 根据行为策略更新重要性权重参数
    W = W * 1. / behavior_policy(state)[action]

return Q, target_policy
```

代码清单4.14给出了智能体行为策略的实现细节，主要采用随机策略，并且使用50万条经验轨迹进行学习。

【代码清单4.14】 获得非固定策略的动作值函数

```
>>> # 初始化行为策略
>>> random_policy = create_random_policy(env.action_space.n)
>>> Q, policy = mc_control_importance_sampling(env, num_episodes=500000,
                                    behavior_policy=random_policy)
```

最后利用非固定策略函数mc_control_importance_sampling()中计算得到的动作值函数Q中的动作价值action_values，求解对应状态state下的最大值，以此作为当前状态的策略，如代码清单4.15所示。

【代码清单4.15】 非固定策略学习结果

```
>>> # 初始化动作值函数
>>> V = defaultdict(float)

>>> # 根据求得的动作值函数选择最大的动作作为最优状态值

>>> for state, action_values in Q.items():
>>>     action_value = np.max(action_values)
```

```
>>>     V[state] = action_value
```

```
>>> plot_value_function(V, title="Optimal Value Function")
```

为了更加直观地展示非固定策略在实际任务中的表现，图4.8展示了21点游戏的非固定策略学习的结果。对比图4.7和图4.8可知，使用固定策略的非起始点算法比使用非固定策略算法得到的价值更加稳定、平滑。从理论上讲，基于非固定策略方法的蒙特卡洛控制法表现应该更加优异、应该具有更高的稳定性和适用性。但在实际任务中的表现与理论上的并不一致，主要原因在于基于非固定策略的蒙特卡洛控制法存在数据方差大、收敛慢等缺点。

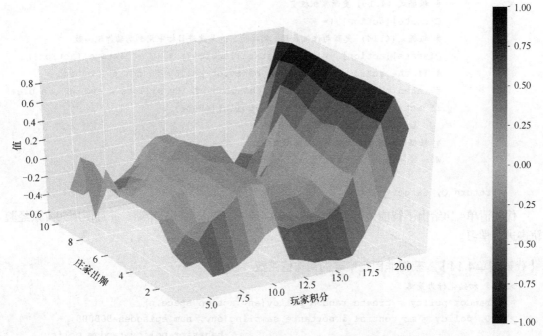

图4.8　非固定策略的非起始点探索的蒙特卡洛控制21点游戏对应的状态值

4.5　小结

在实际任务中，智能体往往无法得知环境的完备知识，如环境的完整状态空间、每个动作的优劣程度等。动态规划法难以求解具有不完备环境的任务，而蒙特卡洛法通过智能体与环境的交互过程，收集经验轨迹信息，以求解具有不完备环境的强化学习任务。虽然蒙特卡洛法可以解决免模型的强化学习任务，但也存在一些不足，如蒙特卡洛法的探索和收集经验轨迹的过程需要大量的计算资源和存储资源。

❑ **经验轨迹**：经验轨迹是蒙特卡洛法的基础，其由状态、动作、奖励和下一个状态组成。蒙特卡洛法首先通过模拟环境收集经验轨迹数据，随后基于每一次收集的经验轨迹对值函数进行更新，最终获得更好的任务策略。

- **蒙特卡洛策略评估**：蒙特卡洛策略评估是指给定一个策略，需要对该策略的状态值函数 $v(s)$ 进行评估，以判断当前策略的优劣程度，而状态值函数 $v(s)$ 主要基于对所有经验轨迹奖励进行计算。由于是免模型任务，为了更好地表达动作选择过程，在算法中往往采用动作值函数 $q(s,a)$。

- **蒙特卡洛控制**：蒙特卡洛控制主要通过结合蒙特卡洛的策略评估和策略改进迭代式地进行策略优化，即蒙特卡洛策略迭代法。其利用策略评估判断当前策略的优劣程度，并通过策略改进优化当前策略。

- **固定性策略**：固定性策略主要指进行采样和需要优化的为同一个策略。智能体基于已有策略进行采样并得到经验轨迹，并基于经验轨迹的奖励数据更新值函数。随后通过对已有策略进行策略评估和策略改进以获得最优策略。

- **非固定策略**：非固定性策略主要指进行采样（行为策略）和需要优化（目标策略）的为不同策略，行为策略用于模拟产生数据，目标策略为需要优化的策略。

第 5 章

时间差分法

本章内容：
- ❑ 时间差分概述
- ❑ 时间差分预测
- ❑ 时间差分控制Sarsa算法
- ❑ 时间差分控制Q-learning算法
- ❑ 扩展时间差分控制法

科学家不是依赖于个人的思想，而是综合了几千人的智慧。所有的人想一个问题，并且每人做它的部分工作，添加到正建立起来的伟大知识大厦之中。

——卢瑟福

第3章和第4章分别介绍了基于贝尔曼方程求解最优策略π^*的前两种方法：动态规划法和蒙特卡洛法。动态规划法主要用于求解基于模型的强化学习任务，而蒙特卡洛法用于求解免模型的强化学习任务。虽然基于采样的蒙特卡洛法能够初步求解免模型强化学习任务，但因其自身所存在的一些不足，如数据方差大、收敛速度慢等，导致其在实际环境中的运行效果并不理想。

基于此，本章将会介绍能够更好地求解免模型强化学习任务的另一种方法——时间差分（Temporal-difference，TD）法。时间差分法利用智能体在环境中时间步之间的时序差，学习由时间间隔产生的差分数据求解强化学习任务。另外，时间差分法结合了动态规划法和蒙特卡洛法的优点，能够更准确、高效地求解强化学习任务，是目前强化学习求解的主要方法。

本章将从理论和代码实现两个方面阐述时间差分法。首先从基本概念开始，介绍时间差分和具体的差分所指代的数据类型。随后，介绍时间差分预测算法，其作用是为学习时间差分控制算法做铺垫。时间差分控制主要有两种算法：固定策略的Sarsa算法和非固定策略的Q-learning算法。此外，本章就时间差分法的扩展算法进行讨论，为读者提供更多的强化学习任务求解的思路。为了深入地了解时间差分控制算法的设计思想，本章将会结合代码案例，给出时间差分算法的具体实现过程。

5.1 时间差分概述

虽然动态规划法能够较好地求解基于模型的强化学习任务（具体内容见第3章），但在现实环境中，大多数强化学习任务都属于免模型类型，即不能够提供完备的环境知识。而通过基于采样的蒙特卡洛法，能够在一定程度上解决免模型强化学习任务求解方法的问题。通过第4章的蒙特卡洛法介绍可知，蒙特卡洛法的求解需要等待每次实验结束才能进行，这导致蒙特卡洛法在现实环境中的学习效率难以满足实际任务需求。

为了更高效地求解免模型的强化学习任务，我们结合基于自举（Bootstrapping）方式的动态规划法和基于采样思想的蒙特卡洛法两者的优势，提出时间差分法。时间差分法与蒙特卡洛法类似，都是基于采样数据估计当前价值函数。与蒙特卡洛法不同的是，时间差分法采用动态规划法中自举方式计算当前价值函数，而蒙特卡洛是在每次实验结束之后才能计算相应的价值函数。

顾名思义，时间差分法主要基于时间序列的差分数据进行学习，其分为固定策略（On-policy）和非固定策略（Off-policy）两种。固定策略时间差分法的代表算法为Sarsa算法，非固定策略时间差分法的代表算法为Q-learning算法。后续章节会对这两个代表性算法进行详细介绍。

自举（Bootstrapping）

"自举"表示在当前值函数的计算过程中，会利用到后续的状态值函数或动作值函数，即利用到后续的状态或者<状态-动作>对。

5.2 时间差分预测

在正式介绍Sarsa算法和Q-learning算法之前，首先介绍这两个算法的基础知识，即时间差分预测。与蒙特卡洛预测类似，时间差分预测同样是智能体在策略π下从经验轨迹中学习价值函数$v_\pi(s)$。两者的区别在于学习的过程，蒙特卡洛是在经验轨迹结束之后才能进行学习，而时间差分可以在经验轨迹生成的过程中进行学习。接下来对时间差分预测算法进行具体介绍。

5.2.1 时间差分预测原理

蒙特卡洛法对多次采样后经验轨迹的奖励进行平均，并将平均后的奖励作为累积奖励G_t的近似期望。需要特别注意的是，累积奖励的平均计算是在一个经验轨迹收集完成之后开展。式（5.1）为蒙特卡洛法中状态值的具体更新过程。

$$v(s_t) \leftarrow v(s_t) + \alpha \left[\underbrace{G_t}_{\text{Target}} - v(s_t) \right] \tag{5.1}$$

式（5.1）利用实际的奖励（Actual Return）G_t作为目标（Target）来更新状态值，并且状态值的更新过程能够增量式地进行。其中，α 为学习率，G_t 为执行了t个时间步后的实际奖励，是基于某一策略状态值的无偏估计。

在时间差分学习中，算法在估计某一状态值时，使用关于该状态的即时奖励 r_{t+1} 和下一时间步的状态值 $v(s_{t+1})$ 乘以衰减系数 γ 进行更新，最简单的时间差分法称为TD(0)，其具体更新过程如式（5.2）所示。

$$v(s_t) \leftarrow v(s_t) + \alpha \left[\underbrace{r_{t+1} + \gamma v(s_{t+1})}_{\text{Target}} - v(s_t) \right] \tag{5.2}$$

其中，$r_{t+1} + \gamma v(s_{t+1})$ 为时间差分目标（TD Target），表示预测的实际奖励；$\delta_t = r_{t+1} + \gamma v(s_{t+1}) - v(s_t)$ 为时间差分误差（TD Error），用于状态值函数的估计。

另外，关于时间差分目标，主要分为以下两种。

☐ **普通时间差分目标**：即 $r_{t+1} + \gamma v(s_{t+1})$，基于下一状态的预测值计算当前奖励预测值，是当前状态实际价值的有偏估计。

☐ **真实时间差分目标**：即 $r_{t+1} + \gamma v_\pi(s_{t+1})$，基于下一时间步状态的实际价值计算当前奖励预测值，是当前状态实际价值的无偏估计。

无偏估计（Unbiased Estimate）

无偏估计指在多次重复实验下，计算的平均数接近估计参数的真实值。

实际上，无偏估计是用样本统计量来估计总体参数的一种无偏推断，估计量的数学期望等于被估计参数的真实值。此估计量被称为被估计参数的无偏估计，即具有无偏性，是一种用于评价估计量优良性的准则。

有偏估计（Biased Estimate）

有偏估计与无偏估计相反，是指由样本值求的估计值与待估计参数的真实值之间有系统误差，其期望值不是待估参数的真值。

时间差分法类似于蒙特卡洛法，需要模拟多次采样的经验轨迹来获得期望的状态值函数估计。当采样足够多时，状态值函数的估计便能够收敛于真实的状态值。

总而言之，时间差分预测在给定策略π下，利用式（5.2）对状态值$v(s_t)$进行估计并更新。时间差分预测的具体算法流程如算法5.1所示。

时间差分预测的输入为一个给定的策略π，即待评估的策略。在采集某一条经验轨迹时，智能体执行该策略π在状态s下选择的动作a，利用得到的奖励r和下一个状态值$v(s')$，基于式（5.2）更新状态值$v(s)$。在后续每次经验轨迹迭代时，智能体都根据式（5.2）计算新的状态值函数，直到遍历完设定的经验轨迹集。

算法5.1　时间差分预测TD(0)算法流程

输入 待评估策略π

　　初始化 $v(s) \leftarrow$ 任意值，对于任意状态$s \in \mathcal{S}$

重复 经验轨迹（episode）：

　　初始化状态s

　　重复 经验轨迹中时间步（step）：

　　　　根据策略π在状态s选择动作a

　　　　执行动作a获得奖励r和下一状态s'

　　　　$v(s) \leftarrow v(s) + \alpha\left[r + \lambda v(s') - v(s)\right]$，更新状态值函数

　　　　$s \leftarrow s'$，记录状态值

　　直到 经验轨迹的结束状态s_T

输出 某策略π下的状态值$v_\pi(s)$

5.2.2　TD(λ)算法

本章介绍的时间差分预测算法、Sarsa算法和Q-learning算法都属于TD(0)算法，括号内的数字0表示在当前状态下向前行动1步。如果向前行动多步后再更新状态价值，则称之为n-步预测（n-Step Prediction）。

具体如图5.1所示，图中空心圆圈表示状态，实心圆圈表示动作，灰色方框表示终止状态。TD(0)算法基于1-步预测，从左到右，n逐渐增大，直到遇到终止状态称为∞-步预测。实际上，∞-步预测是从起始状态到终止状态，此时等同于蒙特卡洛法。

n-步奖励，即为在当前状态向前行动n步，并计算n步的回报。其时间差分目标$G_t^{(n)}$由2部分组成：已走的步数使用确定的即时奖励，未走的步数使用估计的状态价值替代。

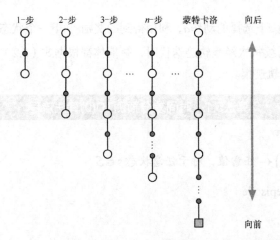

图5.1 n-步预测采样方法（其中向前、向后表示使用到的状态值来源，会在下文中具体解释）[Sutton et al. 1998]

$$n = 1 \qquad\qquad G_t^{(1)} = r_{t+1} + \gamma v(s_{t+1})$$

$$n = 2 \qquad\qquad G_t^{(2)} = r_{t+1} + \gamma r_{t+2} + \gamma^2 v(s_{t+2})$$

$$\cdots \qquad\qquad\qquad \cdots \qquad\qquad\qquad\qquad (5.3)$$

$$n = i \qquad\qquad G_t^{(n)} = r_{t+1} + \gamma r_{t+2} + \cdots + \gamma^{n-1} r_{t+n} + \gamma^n v(s_{t+n})$$

$$\cdots \qquad\qquad\qquad \cdots$$

$$n = \infty \ \mathrm{MC} \qquad G_t^{(\infty)} = r_{t+1} + \gamma r_{t+2} + \cdots + \gamma^{n-1} r_T$$

根据式（5.3），第n步的时间差分的状态值函数更新公式为：

$$v(s_t) \leftarrow v(s_t) + \alpha \left[\underbrace{G_t^{(n)}}_{\text{TD Target}} - v(s_t) \right] \qquad (5.4)$$

下面引入新的参数：λ。引入λ参数后，可以在不增加计算复杂度的情况下综合考虑所有步数的预测，即综合考虑从时间步1到时间步∞的所有奖励。其中，对任意一个时间步n的奖励增加一定的权重$(1-\lambda)\lambda^{n-1}$。通过增加权重的方式，得到λ-奖励。

$$G_t^\lambda = (1-\lambda) \sum_{n-1}^{\infty} \lambda^{n-1} G_t^{(n)} \qquad (5.5)$$

基于λ-奖励所对应的λ-预测算法称为TD(λ)算法。

$$v(s_t) \leftarrow v(s_t) + \alpha \left[\underbrace{G_t^\lambda}_{\text{TD Target}} - v(s_t) \right] \qquad (5.6)$$

图5.2所示为各时间步λ-奖励的权重分配，图中最后一列λ的指数为 $T-t-1$。其中，T为终止

状态的时间步数，t为当前状态的时间步数。需要注意的是，所有的权重之和为1。

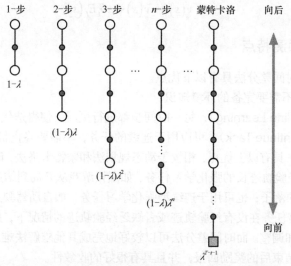

图5.2 λ-奖励权重分配示例图[Sutton et al, 1998]

TD(λ)算法的设计使得经验轨迹中后一个状态值与之前所有状态值都相关，但同时保证了每个状态值对于后续状态值的影响权重都不相同。

图5.1中提到，TD(λ)算法分为前向、后向两种，接下来对其中的算法细节进行具体介绍。

1. 前向TD(λ)算法

基于当前状态s_t向前看，即考虑前方未来的状态$s_{t+1},\cdots,s_T$的状态值。从式（5.6）、式（5.5）和式（5.3）的$n=i$中可知，在估计当前状态值函数$v(s_t)$时需要用到未来的状态值函数，导致前向TD(λ)算法在实际应用中并不多见。

2. 后向TD(λ)算法

基于当前状态s_t向后看，即考虑已经经历过的状态$s_{t-1},\cdots,s_0$，获得当前奖励r_{t+1}并利用下一时间步的状态值函数$v(s_{t+1})$得到时间差分偏差δ_t，用于更新当前状态值函数$v(s_t)$。此时，历史的状态值函数更新的大小与距离当前状态的步数相关。

假设当前状态为s_t，时间差分偏差为δ_t，则在上一时间步状态s_{t-1}处的值函数更新乘以衰减因子$\gamma\lambda$，状态s_{t-2}处的值函数更新乘以衰减因子$(\gamma\lambda)^2$，依次类推，得到后向TD(λ)算法的更新过程为：

$$\delta_t \leftarrow r_{t+1} + \gamma v(s_{t+1}) - v(s_t) \tag{5.7}$$

当前状态s_t的时间差分偏差为：

$$E_t(s) \leftarrow \begin{cases} \gamma\lambda E_{t-1} & ,s \neq s_t \\ \gamma\lambda E_{t-1} + 1, & s = s_t \end{cases} \tag{5.8}$$

最后，状态值的更新如下式所示。

$$v(s) \leftarrow v(s) + \alpha \delta_t E_t(s) \tag{5.9}$$

5.2.3　时间差分预测特点

由5.2.1节可知，时间差分法具有以下优点。

- □ **免模型任务**：不需要完备的环境知识。
- □ **在线学习（Online Learning）**：每一时间步都进行更新，使得迭代收敛速度更快。
- □ **连续任务（Continue Task）**：可应用于连续的任务，不需要终止状态。

正因为时间差分法具有以上优点，相较于动态规划法和蒙特卡洛法，时间差分法的应用范围更加广泛。既可用于经验轨迹长的强化学习任务，如围棋游戏从开局到结束可能会经过几百个时间步、上亿万种可能的落子；也可用于连续型强化学习任务，如自动驾驶系统、具有连续动作的机械臂等，这些连续型任务在没有经验轨迹或者缺乏经验轨迹的情况下，只能基于实时状态给出的反馈信号进行学习和调整。而时间差分法可以较好地完成其他求解法难以完成的任务，因为时间差分法不需要任务结束后的奖励回报，并且具有很好的收敛性。

5.2.4　CartPole 游戏

由于在后续Sarsa算法和Q-learning算法的内容中都将使用gym库的CartPole游戏作为示例，因此本节先将使用随机策略的CartPole游戏作为评估策略好坏的基准，同时也让对读者对CartPole游戏有初步的了解。

在OpenAI的gym模拟器里是一个相对简单的CartPole游戏。游戏开始时，屏幕中央出现一辆小车，上面竖着一根杆子，小车需要左右移动来保持杆子竖直。如果杆子倾斜的角度大于15°，那么游戏结束。同时，小车左右移动时，不能移动出一个范围（即游戏屏幕边缘）。在gym的CartPole环境里面，左移或者右移小车后，环境都会返回一个+1的奖励。到达200个奖励后，结束游戏。智能体的游戏水准主要通过获得的奖励大小以及运行的时间步数来体现，获得的奖励或运行的时间步数越多，智能体的游戏水准越高。

CartPole游戏的动作为控制小车的左移和右移，状态为小车的位置（Position）、杆子的角度（Angle）、车的速度（Velocity）和角度变化率（Rate of angle）。

代码清单5.1为CartPole游戏的实现代码。首先声明环境env为CartPole游戏，随后通过for循环迭代200次该游戏。每一次迭代都持续进行游戏，直到图5.3所示的杆子倾斜角度大于15°时，停止游戏。每一次迭代都通过sumlist列表对象记录当前游戏的经验轨迹次数。

【代码清单 5.1】　CartPole游戏例子

```
env = gym.make("CartPole-v0")

sumlist = []
for t in range(200):
```

```
state = env.reset()
i = 0

# 进行游戏
while(True):
    i += 1
    # 环境重置
    env.render()
    # 随机选择动作
    action = env.action_space.sample()
    # 获得动作数量
    nA = env.action_space.n
    # 智能体执行动作
    state, reward, done, _ = env.step(action)
    # print(state, action, reward)

    # 游戏结束，输出本次游戏的时间步
    if done:
        print("Episode finished after {} timesteps".format(i+1))
        break

# 记录迭代次数
sumlist.append(i)
print("Game over...")


# 关闭游戏监听器
env.monitor.close()
```

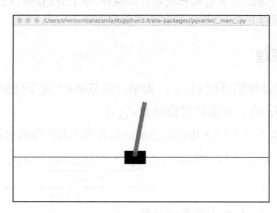

图5.3 CartPole游戏示例

从代码清单5.2中游戏结束时的时间步数可知，随机策略并不会使智能体走得很远，即难以使得游戏运行较长的时间步。

【代码清单 5.2】   基于随机策略，游戏结束时的时间步数

```
Episode finished after 17 timesteps
Game over...
Episode finished after 15 timesteps
Game over...
Episode finished after 42 timesteps
Game over...
Episode finished after 19 timesteps
```

代码清单5.3计算游戏结束时的平均时间步数。使用env.close()关闭游戏，并且通过iter_time来统计200次CartPole游戏平均运行的时间步。输出的平均时间步为22.745，该结果表明在没有采取任何优化策略的情况下，游戏自身能够进行的时间步比较有限。而接下来要介绍的时间差分法（即Sarsa算法和Q-learning算法）的目标就是要找到一个更优的策略，使得CartPole游戏的运行时间更长。

【代码清单 5.3】   游戏结束的平均时间步

```
env.close()

iter_time = sum(sumlist)/len(sumlist)
print("CartPole game iter average time is: {}".format(iter_time))

CartPole game iter average time is: 22.745
```

5.3   时间差分控制 Sarsa 算法

时间差分控制主要分为固定策略和非固定策略两种,本节介绍的时间差分控制Sarsa算法属于固定策略，下一节介绍的Q-learning算法则属于非固定策略。

5.3.1   Sarsa 算法原理

Sarsa算法估计的是动作值函数 $q(s,a)$ ，即估计在策略π下对于任意状态s上所有可能执行动作a的动作值函数 $q_\pi(s,a)$ ，而非状态值函数 $v_\pi(s)$ 。

因此，将时间差分基本式（5.2）中的状态值函数替换为动作值函数 $q(s,a)$ ，得到：

$$q(s_t,a_t) \leftarrow q(s_t,a_t)+\alpha[\underbrace{\underbrace{r_{t+1}+\gamma q(s_{t+1},a_{t+1})}_{\text{TD Target}}-q(s_t,s_t)]}_{\text{TD Error}} \tag{5.10}$$

其中， $r_{t+1}+\gamma q(s_{t+1},a_{t+1})$ 为时间差分目标， $\delta_t=r_{t+1}+\gamma q(s_{t+1},a_{t+1})-q(s_t,s_t)$ 为时间差分误差。

式（5.10）中的动作值函数 $q(s,a)$ 的每一次更新都需要用到5个变量：当前状态s、当前动作

a、获得的奖励r、下一时间步状态s'和下一时间步动作a'。上述5个变量组合成$\langle s,a,r,s',a' \rangle$，这也是时间差分控制Sarsa算法的名称由来。

时间差分控制Sarsa算法与时间差分预测算法类似，区别在于状态值函数的更新方式：Sarsa算法的更新对象不是状态值函数$v(s)$，而是动作值函数$q(s,a)$。

Sarsa算法将选择动作的策略转换为一种控制方法，通过在线更新策略估计当前动作值。对每个非终止状态s_t来说，达到下一时间步状态s_{t+1}的单步采样都可以利用式（5.7）进行更新。最终得到所有关于<状态-动作>对的动作值函数q，并根据动作值函数q输出最优策略π^*。具体流程如算法5.2所示。

算法5.2　时间差分控制Sarsa算法流程

初始化 对于任意$s \in \mathcal{S}$，$a \in A(s)$

　　$q(s,a) \leftarrow$ 任意值

重复 经验轨迹：

　　初始化状态s

　　根据动作值q，在状态s下选择动作a

　　重复 经验轨迹中时间步：

　　　　根据动作值q，在状态s'下选择动作a'

　　　　$q(s,a) \leftarrow q(s,a)+\alpha\left[r+\gamma q(s',a')-q(s,a)\right]$，更新动作值函数

　　　　$s \leftarrow s', a \leftarrow a'$，记录状态和动作

　　直到 终止状态s

输出 $q(s,a)$

Sarsa算法首先随机初始化动作值函数q（一般都设为0）。随后迭代地进行经验轨迹的采集。在采集某一条经验轨迹时，智能体首先根据贪婪策略状态s选择动作a并执行。接下来在环境中进行学习，对应算法5.2中的第二个重复。最后，根据式（5.10）持续更新动作值函数$q(s,a)$，直到游戏结束。

值得注意的是，Sarsa算法中的动作值函数$q(s,a)$基于表格的方式存储，这并不适用于求解规模较大的强化学习任务。另外，对于每一条经验轨迹，在状态s时基于当前策略选择动作a，同时该动作也是实际经验轨迹中发生的动作。但在更新<状态-动作>对的价值时，个体并不实际执行状态s'下的动作a'，而是将动作a'留到下一个循环中执行。

5.3.2　Sarsa 算法实现

本节给出Sarsa算法的具体实现。事实上，Sarsa算法流程并不复杂，但由于Sarsa算法采用免模型的CartPole游戏作为示例，需要对大规模状态空间和动作空间进行拟合近似。因此，Sarsa算法的代码实现将会比前面几章的例子复杂，并使用类封装Sarsa算法以提高代码的可读性。

代码清单5.4给出了Sarsa类的具体实现。Sarsa类的输入为环境（env）、游戏迭代次数（num_peisodes）、衰减系数（discount）、时间差分误差系数（alpha）、贪婪策略系数（epsilon）和动作转换系数（n_bins）。

需要着重关注代码清单5.4中的pd.cut(x,bins,retbins=False)函数，该函数表示把区域x划分为bins个大小的桶。例如，pd.cut([-2.4,2.4],bins=n_bins,retbins=True)，表示将连续的数据区间[-2.4,2.4]划分为10个大小相同的区间。

$$[(-2.405, -1.92] < (-1.92, -1.44] < \cdots < (1.44, 1.92] < (1.92, 2.4]] \qquad (5.11)$$

然后取出 pd.cut() 函数返回结果的第二个元素用于后续数据分桶，即numpy向量array([-2.4048,-1.92,-1.44,-0.96,-0.48,0.,0.48,0.96,1.44,1.92,2.4]))。其中，cart_position_bins（位置）、pole_angle_bins（杆子的角度）、cart_velocity_bins（车的速度）、angle_rate_bins（杆子角度变化率）分别表示状态空间的4个元素。状态空间输出的是一个浮点数，如果不对当前状态值进行简化划分，会产生非常巨大的状态值空间，难以进行检索和存储。为了让状态空间更容易被索引和降低存储空间的浪费，上述4个元素被均划分为10个bins。

【代码清单 5.4】　Sarsa算法类的构造函数

```python
class SARSA():
    def __init__(self, env, num_episodes, discount=1.0,
                 alpha=0.5, epsilon=0.1, n_bins=10):
        # 初始化算法使用到的基本变量
        # 动作空间数
        self.nA = env.action_space.n
        # 状态空间数
        self.nS = env.observation_space.shape[0]
        # 环境
        self.env = env
        # 迭代次数
        self.num_episodes = num_episodes
        # 衰减系数
        self.discount = discount
        # 时间差分误差系数
        self.alpha = alpha
        # 贪婪策略系数
        self.epsilon = epsilon
        # 动作值函数
        self.Q = defaultdict(lambda: np.zeros(self.nA))

        # 记录重要的迭代信息
        record = namedtuple("Record", ["episode_lengths","episode_rewards"])
        self.rec = record(episode_lengths=np.zeros(num_episodes),
                          episode_rewards=np.zeros(num_episodes))
```

```
# 状态空间的桶
self.cart_position_bins = pd.cut([-2.4, 2.4], bins=n_bins, retbins=True)[1]
self.pole_angle_bins = pd.cut([-2, 2], bins=n_bins, retbins=True)[1]
self.cart_velocity_bins = pd.cut([-1, 1], bins=n_bins, retbins=True)[1]
self.angle_rate_bins = pd.cut([-3.5, 3.5], bins=n_bins, retbins=True)[1]
```

代码清单5.5为状态空间简化后的返回函数。其输入为当前状态，如当前状态为(1.0223,-0.5554,0.3214,3.2214)，对应状态空间桶表示索引号的第5、2、6、9个位置（即分别对应10个状态空间桶的bins索引位置），则输出"5269"。因为bins区域划分为10个，索引从0~9，因此状态空间4个元素的组合固定为4位数。np.digitize(data,bins)等同于两层for循环：第一层for循环表示顺序地遍历data列表，取出当前的一个数a；第二层for循环表示顺序地遍历bins列表，返回bins列表中某个数的索引。

【代码清单 5.5】　返回简化后的状态空间

```
def get_bins_states(self, state):

    # 获取当前状态的4个状态元素值
    s1_, s2_, s3_, s4_ = state

    # 分别找到4个状态元素值在bins中的的索引位置
    cart_position_idx = np.digitize(s1_, self.cart_position_bins)
    pole_angle_idx = np.digitize(s2_, self.pole_angle_bins)
    cart_velocity_idx = np.digitize(s3_, self.cart_velocity_bins)
    angle_rate_idx = np.digitize(s4_, self.angle_rate_bins)

    # 重新组合简化过的状态值
    state_ = [cart_position_idx, pole_angle_idx,
            cart_velocity_idx, angle_rate_idx]

    # 通过map函数对状态索引号进行组合，并把每一个元素强制转换为int类型
    state = map(lambda s: int(s), state_)

    return tuple(state)
```

与前面的章节类似，Sarsa算法同样使用ε-贪婪算法作为动作选择的策略。代码清单5.6给出了贪婪策略函数 __epislon_greedy_policy()和根据动作空间概率随机选择下一个动作的函数 __next_action()。

【代码清单 5.6】　贪婪策略

```
def __epislon_greedy_policy(self, epsilon, nA):

    def policy(state):
        A = np.ones(nA, dtype=float) * epsilon / nA
        best_action = np.argmax(self.Q[state])
        A[best_action] += (1.0 - epsilon)
        return A

    return policy
```

```
def __next_action(self, prob):
    return np.random.choice(np.arange(len(prob)), p=prob)
```

Sarsa算法的核心代码使用sarsa()函数实现，具体如代码清单5.7所示。首先在函数的开始，声明所使用的策略为ε-贪婪策略。sumlist用来记录每一次迭代所获取到的奖励数。

代码中的第一个for循环为学习次数，后面赋值的200表示智能体会在环境中学习200次。在进入for循环后，首先输出相关的迭代信息，方便后续代码调试。

需要注意的是，这里并没有直接从环境中获得的状态上选择策略，而是首先通过self.__get_bins_states()函数对从环境中获得的状态进行转换，获得一个状态简化索引号，然后给策略函数产生动作状态转换概率。最后，根据函数self.__next_action()选择下一个状态。通过上述步骤，完成进入时间差分更新之前的初始化步骤。

第二个循环主要用于迭代本次经验轨迹。首先智能体在环境中执行初始化时选择的动作，获得下一个时间步的状态next_state__。同样通过self.__get_bins_states()函数对状态进行索引转换，随后获得下一个时间步的动作next_action。到目前为止，智能体获得了Sarsa算法更新所需的$\langle s,a,r,s',a' \rangle$所有元素。

接下来对动作状态值进行更新，采用式（5.7）进行计算。首先通过动作值函数self.Q和奖励reward获得时间差分目标，然后计算时间差分误差，最后统一更新动作值函数self.Q。

【代码清单 5.7】   Sarsa算法核心流程代码

```
def sarsa(self):
    """
    Sarsa算法
    """
    policy = self.__epislon_greedy_policy(self.epsilon, self.nA)
    sumlist = []

    # 迭代经验轨迹
    for i_episode in range(self.num_episodes):
        # 输出迭代的信息
        if 0 == (i_episode+1) % 10:
            print("\r Episode {} in {}".format(i_episode+1, self.num_episodes))

        # 每一次迭代的初始化状态s、动作状态转换概率p、下一个动作a
        step = 0
        # 初始化状态
        state__ = self.env.reset()
        # 状态重新赋值
        state = self.__get_bins_states(state__)
        # 根据状态获得动作状态转换概率
        prob_actions = policy(state)
        # 选择一个动作
        action = self.__next_action(prob_actions)
```

```
# 迭代本次经验轨迹
while(True):
    next_state__, reward, done, info = env.step(action)
    next_state = self.__get_bins_states(next_state__)

    prob_next_actions = policy(next_state)
    next_action = self.__next_action(prob_next_actions)

    # 更新需要记录的信息（迭代时间步长和奖励）
    self.rec.episode_lengths[i_episode] += reward
    self.rec.episode_rewards[i_episode] = step

    # 时间差分更新
    td_target = reward + self.discount * self.Q[next_state][next_action]
    td_delta = td_target - self.Q[state][action]
    self.Q[state][action] += self.alpha * td_delta

    if done:
        # 游戏结束，输出信息
        reward = -200
        print("Episode finished after {} timesteps".format(step))
        sumlist.append(step)
        break
    else:
        # 状态和动作重新赋值
        step += 1
        state = next_state
        action = next_action

# 结束本次经验轨迹之前进行平均奖励得分统计，并输出结果
iter_time = sum(sumlist)/len(sumlist)
print("CartPole game iter average time is: {}".format(iter_time))
return self.Q
```

实现Sarsa算法后，设置游戏的学习迭代次数为1000，并输出每一次进行CartPole游戏的时间步。由代码清单5.8可知，前10次迭代的时间步平均为8.5，比随机策略的效果（22.745）还要差。当迭代到1000次时，第990到1000条经验轨迹的平均时间步为97.1。最终，经过Sarsa算法学习后，所有经验轨迹平均时间步为67.286，该平均时间步明显大于随机策略（见代码清单5.2）的运行结果（22.745），从而有力地证明了Sarsa算法学习到一个较优的策略，使得智能体能够长时间地运行游戏。

【代码清单5.8】　Sarsa算法运行结果

```
>>> cls_sarsa = SARSA(env, num_episodes=1000)
>>> Q = cls_sarsa.sarsa()

===== Episode 0 in 1000 ==========
```

```
Episode finished after 8 timesteps
Episode finished after 10 timesteps
Episode finished after 8 timesteps
Episode finished after 8 timesteps
Episode finished after 9 timesteps
Episode finished after 9 timesteps
Episode finished after 8 timesteps
Episode finished after 7 timesteps
Episode finished after 8 timesteps
===== Episode 10 in 1000 =========
......
......
......
Episode finished after 123 timesteps
Episode finished after 56 timesteps
Episode finished after 85 timesteps
Episode finished after 192 timesteps
Episode finished after 45 timesteps
Episode finished after 24 timesteps
Episode finished after 117 timesteps
Episode finished after 103 timesteps
Episode finished after 85 timesteps
Episode finished after 141 timesteps
===== Episode 1000 in 1000 =======

CartPole game iter average time is: 67.286
```

为了更为直观地了解Sarsa算法的实际表现，代码清单5.9利用辅助函数plot_episode_stats()，展示经验轨迹随着迭代次数轨迹长度和奖励变化的趋势图。由于显示的代码不在本章的重点介绍范围内，因此不对该显示辅助函数做过多的解释和说明。

【代码清单 5.9】   显示时间步和奖励结果

```
from matplotlib import pyplot as plt

def plot_episode_stats(stats, smoothing_window=10):
    fig1 = plt.figure(figsize=(10,5))
    plt.plot(stats.episode_lengths[:200])
    plt.xlabel("Episode")
    plt.ylabel("Episode Length")
    plt.title("Episode Length over Time")
    plt.show(fig1)

    fig2 = plt.figure(figsize=(10,5))
    rewards_smoothed = pd.Series(stats.episode_rewards[:200]).rolling(
                      smoothing_window, min_periods=smoothing_window).mean()
    plt.plot(rewards_smoothed)
    plt.xlabel("Episode")
```

```
plt.ylabel("Episode Reward")
plt.title("Episode Reward over Time".format(smoothing_window))
plt.show(fig2)

return fig1, fig2
```

```
# 显示记录结果
>>> plot_episode_stats(cls_sarsa.rec)
```

经验轨迹的长度随着迭代次数的变化如图5.4a所示。其中，横坐标为迭代次数，纵坐标为每一次迭代的时间步大小。由图5.4a可知，经过Sarsa算法的学习，随着迭代次数的增多，智能体的表现越来越好（因为每一次迭代的时间步越来越长）。由图5.4b可知，随着Sarsa算法迭代次数的增多，智能体得到的奖励也越来越多，从开始的10左右增加到后期的60左右。图5.4a和5.4b都表明了Sarsa算法的有效性。

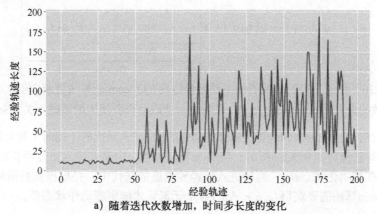

a）随着迭代次数增加，时间步长度的变化

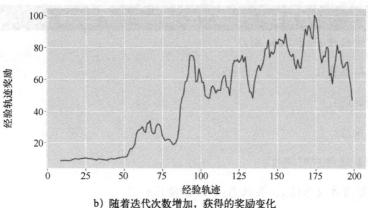

b）随着迭代次数增加，获得的奖励变化

图5.4　Sarsa算法结果

5.4 时间差分控制 Q-learning 算法

Sarsa算法属于固定性策略，而Q-learning则属于非固定策略。即Sarsa算法选择动作时所遵循的策略和更新动作值函数时所遵循的策略是相同的；Q-learning算法在动作值函数$q(s,a)$的更新中，采用的是不同于选择动作时所遵循的策略。（固定策略和非固定策略的具体定义，读者请参考第4章相关内容。）

5.4.1 Q-learning 算法原理

Q-learning的动作值函数$q(s,a)$更新式如下所示。

$$q(s_t,a_t) \leftarrow q(s_t,a_t) + \alpha \left[\underbrace{\underbrace{r_{t+1} + \lambda \max_a q(s_{t+1},a_t)}_{\text{TD Target}} - q(s_t,s_t)}_{\text{TD Error}} \right] \qquad (5.12)$$

对比式（5.10）和式（5.12），两者的主要差异体现在Q-learning算法更新Q值时，时间差分目标使用动作值函数的最大值$\max_a q(s_{t+1},a_t)$，并与当前选取动作所使用的策略无关。Sarsa算法只能对给定的策略进行估计，而Q-learning算法选择的动作值Q往往是最优的（偏向于最大值的动作）。

Q-learning算法流程如算法5.3所示。与Sarsa算法类似，但是在进入重复经验轨迹的循环后，Q-learning算法在初始化状态s后，直接进入该经验轨迹的迭代中，并根据贪婪策略在状态s'下选择动作a'，而Sarsa算法需要获得$\langle s,a,r,s',a' \rangle$各个元素后才能更新动作状态值。

算法5.3   时间差分控制Q-learning算法流程

初始化 对于任意$s \in \mathcal{S}, \; a \in A(s)$

   $q(s,a) \leftarrow$ 任意值

重复 经验轨迹：

   初始化状态s

   重复 经验轨迹中时间步：

      根据动作状态值q，在状态s下选择动作a

      执行动作a，获得奖励r和下一时间步状态s'

      $q(s,a) \leftarrow q(s,a) + \alpha \left[r + \gamma \max_a q(s',a) - q(s,a) \right]$，更新动作值函数

$s \leftarrow s'$，记录状态

直到 终止时间步 s_T

输出 动作值函数 $q(s, a)$

5.4.2 Q-learning 算法实现

接下来给出Q-learning算法的具体实现。与Sarsa算法实现类似，使用QLearning()类对Q-learning算法进行封装，如代码清单5.10所示。其中，Q-learning类的输入为环境（env）、游戏迭代次数（num_peisodes）、衰减系数（discount）、时间差分误差系数（alpha）、贪婪策略系数（epsilon）以及动作转换系数（n_bins）。

动作值函数的初始化使用了collections库中defaultdict字典数据类型结构，并且声明每一个字典的key为np.zeros(self.nA)。假设nA为4，则字典中的每一个key为[0.0, 0.0, 0.0, 0.0]。

Q-learning类中的cart_position_bins、pole_angle_bins、cart_velocity_bins、angle_rate_bins与5.3.2节中的介绍一致，表示CartPole游戏中状态空间的4个元素。同样，为了让状态空间更加容易被索引并减少存储空间的浪费，把上述4个元素均划分为10个bins。后续遇到新的状态值时，根据划分的bins分配到对应的索引位置，并把组合得到的索引位置当作简化后的状态值。

【代码清单 5.10】 Q-learning算法类构造函数

```python
class QLearning():
    def __init__(self, env, num_episodes, discount=1.0,
                 alpha=0.5, epsilon=0.1, n_bins=10):
        # 动作空间数
        self.nA = env.action_space.n
        # 状态空间数
        self.nS = env.observation_space.shape[0]
        # 环境
        self.env = env
        # 迭代次数
        self.num_episodes = num_episodes
        # 衰减系数
        self.discount = discount
        # 时间差分误差系数
        self.alpha = alpha
        # 贪婪策略系数
        self.epsilon = epsilon

        # 初始化动作值函数
        # Initialize Q(s; a)
        self.Q = defaultdict(lambda: np.zeros(self.nA))

        # 定义存储记录有用的信息（每一条经验轨迹的时间步与奖励）
```

```
# Keeps track of useful statistics
record = namedtuple("Record", ["episode_lengths","episode_rewards"])
self.rec = record(episode_lengths=np.zeros(num_episodes),
                  episode_rewards=np.zeros(num_episodes))

self.cart_position_bins = pd.cut([-2.4, 2.4], bins=n_bins, retbins=True)[1]
self.pole_angle_bins = pd.cut([-2, 2], bins=n_bins, retbins=True)[1]
self.cart_velocity_bins = pd.cut([-1, 1], bins=n_bins, retbins=True)[1]
self.angle_rate_bins = pd.cut([-3.5, 3.5], bins=n_bins, retbins=True)[1]
```

代码清单5.11给出了简化状态空间的返回函数，实现逻辑与Sarsa算法类似，不再赘述。

【代码清单 5.11】　返回简化后的状态空间

```
def __get_bins_states(self, state):
    """
    Case number of the sate is huge so in order to simplify the situation
    cut the state sapece in to bins.

    if the state_idx is [1,3,6,4] than the return will be 1364
    """
    s1_, s2_, s3_, s4_ = state
    cart_position_idx = np.digitize(s1_, self.cart_position_bins)
    pole_angle_idx = np.digitize(s2_, self.pole_angle_bins)
    cart_velocity_idx = np.digitize(s3_, self.cart_velocity_bins)
    angle_rate_idx = np.digitize(s4_, self.angle_rate_bins)

    state_ = [cart_position_idx, pole_angle_idx,
              cart_velocity_idx, angle_rate_idx]

    state = map(lambda s: int(s), state_)
    return tuple(state)
```

Q-learning算法使用ε-贪婪算法作为动作选择的策略，__epislon_greedy_policy()函数返回状态state下的动作概率，而下一个动作的选择则根据动作概率使用__next_action()函数并采取随机策略。

【代码清单 5.12】　贪婪策略与下一个动作的选择

```
def __epislon_greedy_policy(self, epsilon, nA):

    def policy(state):
        A = np.ones(nA, dtype=float) * epsilon / nA
        best_action = np.argmax(self.Q[state])
        A[best_action] += (1.0 - epsilon)
        return A

    return policy


def __next_action(self, prob):
```

```
return np.random.choice(np.arange(len(prob)), p=prob)
```

代码清单5.13为Q-learning算法的核心流程,首先需要定义选择动作的策略policy,这里使用代码清单5.12中的贪婪策略。

第一个for循环迭代经验轨迹,进入循环后首先获得一个初始状态值state__,并对初始状态值使用self.__get_bins_states()函数进行简化。随后进入第二个for循环,根据策略policy在状态s下选择动作a。然后,智能体执行动作a,并获得环境的反馈reward以及到达新的状态next_state。最后,根据式(5.9)更新动作值函数,从下一个状态s'的动作值函数中选出最大的动作值作为最优动作best_next_aciton,用于计算时间差分目标td_target和时间差分误差td_delta,接下来直接更新动作状态值。

【代码清单 5.13】　Q-learning算法核心流程代码

```
def qlearning(self):
    """
    Q-learning 算法
    """
    # 定义策略
    policy = self.__epislon_greedy_policy(self.epsilon, self.nA)
    sumlist = []

    # 开始迭代经验轨迹
    for i_episode in range(self.num_episodes):
        if 0 == (i_episode + 1) % 10:
            print("\r Episode {} in {}".format(i_episode+1, self.num_episodes))

        # 初始化环境状态并对状态值进行索引简化
        step = 0
        state__ = self.env.reset()
        state = self.__get_bins_states(state__)

        # 迭代本次经验轨迹
        while(True):
            # 根据策略,在状态s下选择动作a
            prob_actions = policy(state)
            action = self.__next_action(prob_actions)

            # 智能体执行动作
            next_state__, reward, done, info = env.step(action)
            next_state = self.__get_bins_states(next_state__)

            # 更新每一条经验轨迹的时间步与奖励
            self.rec.episode_lengths[i_episode] += reward
            self.rec.episode_rewards[i_episode] = step
```

```
# 更新动作值函数
# Q(S; A)<-Q(S; A) + aplha*[R + discount * max Q(S'; a) - Q(S; A)]
best_next_action = np.argmax(self.Q[next_state])
td_target = reward + self.discount *
                self.Q[next_state][best_next_ action]
td_delta = td_target - self.Q[state][action]
self.Q[state][action] += self.alpha * td_delta

if done:
    # 游戏停止, 输出输出结果
    print("Episode finished after {} timesteps".format(step))
    sumlist.append(step)
    break
else:
    # 游戏继续, 状态赋值
    step += 1
    # S<-S'
    state = next_state

# 经验轨迹迭代结束, 并输出平均时间步长
iter_time = sum(sumlist)/len(sumlist)
print("CartPole game iter average time is: {}".format(iter_time))
return self.Q
```

完成Q-learning算法后,将经验轨迹的迭代次数num_episodes置为200,并执行类中的qlearning()函数。由代码清单5.14的运行结果可知,迭代的前10次平均时间步长为17.1,最后10次的平均时间步长为91.6,200次迭代的综合平均时间步长为38.06。由此可知,经过Q-learning算法学习之后,智能体能够在CartPole游戏中学习到一个比随机策略更好的策略去选择动作,并获得更高的奖励。

【代码清单 5.14】   运行Q-learning算法

```
>>> cls_qlearning = QLearning(env, num_episodes=200)
>>> Q = cls_qlearning.qlearning()

======= Episode 0 in 200 ==========
Episode finished after 10 timesteps
Episode finished after 9 timesteps
Episode finished after 19 timesteps
Episode finished after 12 timesteps
Episode finished after 15 timesteps
Episode finished after 8 timesteps
Episode finished after 26 timesteps
Episode finished after 48 timesteps
Episode finished after 24 timesteps
======= Episode 10 in 200 ==========
......
```

```
......
......
Episode finished after 149 timesteps
Episode finished after 156 timesteps
Episode finished after 83 timesteps
Episode finished after 70 timesteps
Episode finished after 99 timesteps
Episode finished after 44 timesteps
Episode finished after 77 timesteps
Episode finished after 41 timesteps
Episode finished after 147 timesteps
Episode finished after 50 timesteps
======= Episode 200 in 200 ========

CartPole game iter average time is: 38.06
```

代码清单5.15输出记录数据，具体结果如图5.5所示。

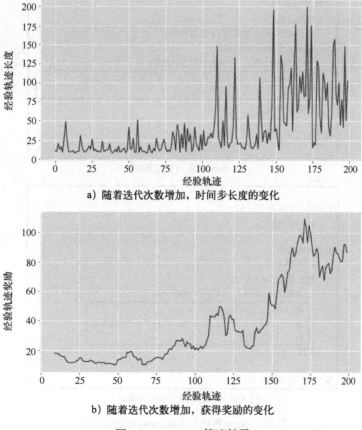

a）随着迭代次数增加，时间步长度的变化

b）随着迭代次数增加，获得奖励的变化

图5.5　Q-learning算法结果

【代码清单 5.15】

```
>>> plot_episode_stats(cls_qlearning.rec)
```

由图5.5a可知，随着Q-learning算法的不断学习，智能体能够运行的时间步越来越长，图5.5b也证明了Q-learning算法的有效性。随着Q-learning算法迭代次数的增多，智能体得到的奖励也在不断增加。

对比Sarsa算法的结果（见图5.4），可以发现两者的差异并不大。Sarsa算法和Q-learning算法的差异主要体现在算法内部，如图5.6所示。在更新Q值时，Q-learning算法直接使用最大动作值，并与当前执行的策略无关；而Sarsa算法中动作a的选取则遵循ε-贪婪策略，Q值的计算也是基于ε-贪婪策略得到的动作而来。

初始化 对于任意$s \in S$，$a \in A(s)$

    $q(s,a) \leftarrow$ 任意值

重复 经验轨迹：

    初始化状态s

    根据动作值q，在状态s下选择动作a

    重复 经验轨迹中时间步：

        根据动作值q，在状态s'下选择动作a'

        $q(s,a) \leftarrow q(s,a) + \alpha[r + \gamma q(s', a') - q(s,a)]$ #更新动作值函数

        $s \leftarrow s'$, $a \leftarrow a'$ #记录状态和动作

    直到 终止状态s

输出 $q(s,a)$

a）Sarsa算法（固定策略）

初始化 对于任意$s \in S$，$a \in A(s)$

    $q(s,a) \leftarrow$ 任意值

重复 经验轨迹：

    初始化状态s

    重复 经验轨迹中时间步：

        根据动作状态值q，在状态s下选择动作a

        执行动作a，获得奖励r和下一时间步状态s'

        $q(s,a) \leftarrow q(s,a) + \alpha[r + \gamma \max_a q(s', a) - q(s,a)]$ #更新动作值函数

        $s \leftarrow s'$ #记录状态

    直到 终止时间步s_T

输出 动作值函数$q(s,a)$

b）Q-learning算法（非固定策略）

图5.6　Sarsa算法与Q-learning算法的对比

5.5 扩展时间差分控制法

5.1节~5.4节所提到的时间差分法都为普通时间差分法，其自身存在一些不足，如策略学习导致采样不均衡、状态值估计过程中引入的最大化偏置问题。下面分别介绍的期望Sarsa算法和Double Q-learning算法，能够在一定程度上解决普通时间差分法的不足。

5.5.1 期望 Sarsa 算法

在Sarsa算法和Q-learning算法的更新公式中，Q-learning算法在下一个<状态-动作>对中最大化动作值函数作为期望价值，而Sarsa算法则使用贪婪策略得到<状态-动作>对的动作值函数作为下一时间步的期望价值。上述两种方式都面临采样不均而引起的数据偏差，特别是基于贪婪策略的Sarsa算法。

回顾Sarsa算法状态值函数更新公式，如下所示。

$$q(s_t,a_t) \leftarrow q(s_t,a_t) + \alpha \left[r_{t+1} + \gamma q(s_{t+1},a_{t+1}) - q(s_t,s_t) \right] \qquad (5.13)$$

期望Sarsa算法同样属于免模型任务的时间差分法，其期望价值选择方式如下所示。

$$q(s_t,a_t) \leftarrow q(s_t,a_t) + \alpha \left[\underbrace{r_{t+1} + \mathbb{E}[q(s_{t+1},a_{t+1}) \mid s_{t+1}]}_{\text{TD Target}} - q(s_t,a_t) \right] \qquad (5.14)$$

其中，$\mathbb{E}[q(s_{t+1},a_{t+1}) \mid s_{t+1}]$ 为动作值函数的估计（即期望价值），表示在下一时间步的状态 s_{t+1} 下其动作值函数的期望。对比Sarsa算法直接使用下一时间步的动作值 $q(s_{t+1},a_{t+1})$，其使用动作值函数的期望作为代替，因此称为期望Sarsa算法。其中在固定策略 π 下给定一个状态 s_{t+1}，期望Sarsa算法收敛的前进方向与Sarsa算法的期望收敛方向一致。

动作值函数期望的具体计算方式如下。

$$\mathbb{E}\left[q(s_{t+1},a_{t+1}) \mid s_{t+1} \right] = \gamma \sum_a \pi(a \mid s_{t+1}) q(s_{t+1},a) \qquad (5.15)$$

式（5.15）表示下一时间步的动作值函数的期望等于下一时间步某动作值的概率 $\pi(a \mid s_{t+1})$ 乘以下一时间步所对应动作的动作值 $q(s_{t+1},a)$ 的求和。通过对下一时间步的动作 a_{t+1} 进行采样，有效地消除了因采样不均而引起的数据偏差。也正基于该特性，相较于Sarsa算法，期望Sarsa算法能够更好地对强化学习任务并进行求解。

5.5.2 Double Q-learning 算法

Sarsa算法和Q-learning算法的介绍中都涵盖了目标策略最大化的内容。例如，在Sarsa算法中，下一时间步的动作值 $q(s_{t+1},a_{t+1})$ 常常采用ε-贪婪策略获得最大的动作状态值；在Q-learning算法中，目标策略基于当前动作值最大化的贪婪策略，即对应式（5.10）中 $\max\limits_a q(s_{t+1},a_t)$。

上述算法将估计值中的最大值作为预测值，带来了一个显著的正向偏置（Positive Bias）问题。例如在给定的状态 s 下，关于动作 a 的真实动作值 $q(s,a)$ 均为零，但是对这些动作 a 的估计值 $Q(s,a)$ 存在大于或小于零的情况，此时使用最大的估计值作为预测值，会使得最终结果为正而不是为零（即具有正向偏置）。上述过程引起的正向偏置问题亦称为最大化偏置（Maximization Bias）问题。

为了避免最大化偏置问题，常采用的策略为 Double Learning 算法。Q-learning 算法中的动作状态值 Q 因最大化偏置问题导致其状态值被过度估计（Overestimation），而 Double Learning 算法可以有效解决这一问题。

Double Learning 算法的核心思想在于同时学习两个独立的估计。假设这两个独立的估计值分别为 $q_1(a)$ 和 $q_2(a)$，估计值 $q_1(a)$ 利用 $a^* = \max_a q_1(a)$ 来确定状态值最大的动作，估计值 $q_2(a)$ 利用 $q_2(a^*) = q_2(\max_a q_1(a))$ 进行估计。由 $\mathbb{E}[q_2(a_*)] = q(a^*)$ 可知这是一个无偏估计，可通过反转两个估计值来获得第二个无偏估计 $q_1(\max_a q_2(a))$ 进行交替更新，进而有效地解决状态值估计过程中的最大化偏置问题。

基于上述推理可以发现，即使学习的是两个估计值，每次也只需更新其中一个估计值。该算法需要两倍内存用于动作值函数的记录，但每个时间步中的计算量实际上并没有增加。

Double Learning 算法可以推广到全马尔可夫决策过程的问题中。例如将 Double Learning 算法的思想与 Q-learning 算法相结合，产生了 Double Q-learning 算法，该算法的动作值函数更新公式如下。

$$q_1(s_t,a_t) \leftarrow q(s_t,a_t) + \alpha\left[r_{t+1} + \gamma q_2\left(s_{t+1}, \max_a(s_{t+1},a)\right) - q_1(s_t,a_t)\right]$$

$$q_2(s_t,a_t) \leftarrow q_2(s_t,a_t) + \alpha\left[r_{t+1} + \gamma q_1\left(s_{t+1}, \max_a(s_{t+1},a)\right) - q_2(s_t,a_t)\right]$$

(5.16)

Double Q-learning 算法的具体流程如算法 5.4 所示。

算法5.4　Double Q-learning算法流程

初始化 针对所有 $s \in \mathcal{S}$，$a \in A(s)$，初始化 $q_1(s,a)$ 和 $q_2(s,a)$：

$q_1(terminal-state,\cdot) = q_2(terminal-state,\cdot) = 0$

重复 经验轨迹：

初始化状态 s

重复 经验轨迹中时间步：

基于贪婪策略，在当前状态 s 下从 q_1 和 q_2 选择动作 a

执行动作 a，获得 r 和 s'

以概率 ε 选择（ε 一般取值为0.5）：

$$q_1(s,a) \leftarrow q_1(s,a) + \alpha \left(r + \gamma q_2 \left(s', \underset{a}{\mathrm{argmax}}\, q_1(s',a) \right) - q_1(s,a) \right)$$

否则：

$$q_2(s,a) \leftarrow q_2(s,a) + \alpha \left(r + \gamma q_1 \left(s', \underset{a}{\mathrm{argmax}}\, q_2(s',a) \right) - q_2(s,a) \right)$$

$s \leftarrow s'$，记录状态

直到 终止状态s

5.6 比较强化学习求解法

到目前为止，强化学习的3种主要求解方法（动态规划法、蒙特卡洛法、时间差分法）已经介绍完毕。为了让读者对这3种方法有一个较为全面的认识，本节从模型任务、自举方式、值函数计算、学习方式和采样5个方面进行综合比较。

1. 模型任务

动态规划法主要针对基于模型的强化学习任务，蒙特卡洛法和时间差分法主要针对求解免模型强化学习任务。

2. 自举方式

蒙特卡洛法没有引导数据（后续时间步的状态值），只使用实际收获作为价值函数的期望；而动态规划法和时间差分法都需要引导数据，即在当前价值函数的计算过程中，利用到后续时间步的价值函数。

3. 值函数计算

蒙特卡洛法、时间差分法和动态规划法都需要计算值函数。区别在于前两者在免模型的情况下常用，蒙特卡洛法需要一个完整的经验轨迹来更新值函数，而时间差分法则不需要完整的经验轨迹；动态规划法则是基于模型计算状态值的方法，通过计算状态s所有可能的转移状态s'、动作状态转换概率P_{sa}和对应的即时奖励r来计算该状态s的价值。

- **动态规划法**：计算值函数时用到当前状态s的所有后续状态s'的值函数，后续的状态值基于模型公式$p(s'|s,a)$计算得到。值函数计算公式如下。

$$v(s_t) \leftarrow \sum \pi(a|s) \sum p(s'|s,a) \left[r(s'|s,a) + \gamma v(s') \right] \qquad (5.17)$$

- **蒙特卡洛法**：利用经验轨迹的平均值估计状态值函数，经验轨迹平均值指一次经验轨迹中状态s_t处的折扣累积回报值G_t。值函数计算公式如下。

$$v(s_t) \leftarrow v(s_t) + \alpha \left[G_t - v(s_t) \right] \qquad (5.18)$$

- **时间差分法**：蒙特卡洛法需要等到每次经验轨迹结束后进行计算，存在学习速度慢、效

率低等问题。时间差分法则通过结合蒙特卡洛法的采样思想和动态规划法的自举方式，有效提高了求解效率。值函数计算公式如下。

$$v(s_t) \leftarrow v(s_t) + \alpha \left[r_{t+1} + \gamma v(s_{t+1}) - v(s_t) \right] \quad (5.19)$$

其中，时间差分目标 $r_{t+1} + \gamma v(s_{t+1})$ 与蒙特卡洛法的 G_t 相对应，不同之处在于时间差分目标使用自举的方式估计当前值函数。

4. 学习方式

时间差分法可以在没有到达终止状态时就可进行学习，且可以在持续进行的环境中学习；而蒙特卡洛法必须在到达终止状态后，获得经验轨迹的结果才能进行学习。因为经验轨迹的学习方式不同，蒙特卡洛法无偏差，但存在较高的方差，且对初始值不敏感；时间差分低方差，但有一定程度的偏差，对初始值较敏感，通常比蒙特卡洛法更高效。

偏差（Bias）

采样数据的偏差指距离期望的距离，估计平均值与实际平均值的偏离程度。

方差（Variance）

方差为统计学上的方差概念，指评估单次采样结果相对于平均值变动的范围大小。

5. 采样

蒙特卡洛法和时间差分法都是通过经验样本来估计实际的价值函数；而动态规划则是利用模型直接计算得到实际价值函数，无须采样。图5.7所示从采样的深度（Height of Backup）和采样的广度（Width of Backup）两个维度解释了动态规划法、蒙特卡罗法、时间差分法和穷举法采样的区别。由图5.7可知，时间差分法只使用单个采样样本，并没有遍历完整的经验轨迹；蒙特卡洛法使用单个采样样本，遍历完整的经验轨迹；动态规划法考虑了全部样本的可能性，但对每一个样本并不遍历完整的经验轨迹；穷举法既考虑所有经验轨迹，又从经验轨迹的开始状态遍历到所有的终止状态。需要注意的是，动态规划法基于整个马尔可夫决策过程，只需通过状态转移概率，而不需要利用样本信息。

为了更加清晰地认识动态规划法、蒙特卡洛法和时间差分法三者之间的具体实现差异，图5.8给出了这3种算法实现的形式化展示。在图5.8中，大圆圈表示状态，小圆圈表示动作，正方形表示经验轨迹的终止状态。

利用马尔可夫决策过程对环境进行表示，可得图5.8a所示的原始状态-动作树，树的根部为起始状态，小圆圈节点代表执行的动作，从原始状态-动作树的根部到状态-动作树的叶子节点所经过的路径表示一条经验轨迹。在免模型任务中，原始状态-动作树中可以有无数条经验轨迹。图5.8b表示在模型已知的理想情况下，动态规划法通过遍历所有的<状态-动作>对来更新状态值函数，在图中使用较粗的灰色虚线来表示遍历方式。在图5.8c中，蒙特卡洛法从当前状态到最终停止状态后的采样，得到一条完整的经验轨迹数据后才能更新状态值函数。图5.8d中的时间差分法则只对当前状态到下一时间步的状态之间进行采样。显而易见，时间差分法对历史数据的学习并没有蒙特卡洛法准确。但经过试验证明，在反复多次迭代之后，时间差分法可以更高效地收敛于真实值。

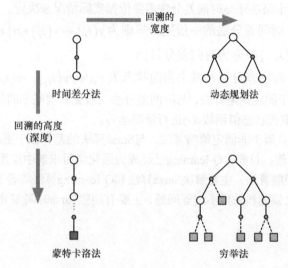

图5.7 强化学习求解方法的差异

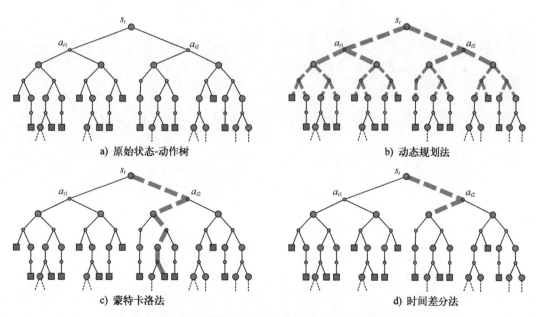

图5.8 使用树状结构模拟马尔可夫决策过程，综合对比动态规划法、
蒙特卡洛法、时间差分法的差异[Sutton el al. 1998]

5.7 小结

时间差分法结合了动态规划法和蒙特卡洛法的优点，能够更加高效地求解免模型的强化学习任务，并可用于求解持续性的任务，是目前应用最为广泛的强化学习求解方法。在具体的强化学习任务中，是选择蒙特卡洛法还是时间差分法需要依据实际情况来决定。

- ❏ **时间差分目标**：时间差分法的一般更新规则为 $v(s_t) \leftarrow v(s_t) + \alpha \left[r_{t+1} + \gamma v(s_{t+1}) - v(s_t) \right]$。其中，$r_{t+1} + \gamma v(s_{t+1})$ 被称为时间差分目标。

- ❏ **时间差分误差**：时间差分目标减去当前状态值 $r_{t+1} + \gamma v(s_{t+1}) - v(s_t)$ 即为时间差分误差。

- ❏ **Sarsa算法**：属于固定策略算法，与时间差分法一般更新规则不同的是，Sarsa算法使用动作值函数 $q(s,a)$ 取代状态值函数 $v(s)$ 进行策略学习。

- ❏ **Q-learning算法**：属于非固定策略算法，与Sarsa算法的差异在于更新动作值 Q 时使用动作值函数 Q 的最大值。目前，Q-learning已经成为强化学习求解中应用最为广泛的算法。

- ❏ **扩展时间差分控制算法**：主要解决Sarsa算法和Q-learning算法等普通时间差分控制算法中所面临的最大化偏置和采样不均等问题，主要有期望Sarsa时间差分法和Double learning时间差分法。

第三篇　求解强化学习进阶

精巧的论证常常不是一蹴而就的，而是人们长期积累的成果。

——阿贝尔

第二篇讲解了强化学习的理论知识和基本求解方式，这些知识虽然基础，但对于理解强化学习来说举足轻重，是进阶强化学习的必要基础。

第三篇将延续第二篇的内容——求解强化学习。第二篇所介绍的求解方法，无论是动态规划法、蒙特卡洛法，还是时间差分法都属于表格求解方法（Tabular Solution Method）。表格求解方法表示所有的<状态-动作>对都可以存储在有限的表格上，并且可以通过特殊的方法进行枚举。如第 4 章和第 5 章的免模型强化学习任务，其求解法的代码示例就使用了 Python 的字典类型存储值函数或动作值函数，并通过索引的方式进行价值查询。

但在实际环境中，基于表格的求解方法会衍生出众多问题：即使迭代次数较多也无法保证值函数 $v(s)$ 或者状态值函数 $q(s,a)$ 在计算过程中能够正确地收敛，但是当<状态-动作>对趋于无限大时，无法存储大量的状态值以及进行有效的索引枚举。另外，较多的<状态-动作>对的价值对于计算资源也是一个巨大的挑战。

为了解决基于表格求解方法的不足，于是有了第三篇将要介绍的近似求解方法（Approximate Solution Methods）。近似求解法通过寻找优化目标的近似函数而非原函数的方式，在保证求解结果有效性的前提下大大降低了计算的规模和复杂度，能够更好地求解现实环境中的强化学习任务。虽然近似求解法不能解决表格求解法中的所有问题，但却为强化学习的发展指明了新的方向，并为深度强化学习的崛起夯实了基础。

第三篇会详细介绍近似求解法的如下 3 个方向。

（1）基于价值的强化学习任务求解方法——值函数近似，即对价值函数进行近似。

（2）基于策略的强化学习任务求解方法——策略梯度，即对策略函数进行近似并求解其梯度。

（3）基于模型的强化学习任务求解方法——学习与规划，使用函数通过采样方法模拟环境模型。

接下来，分别介绍这3种近似求解法在强化学习任务中的具体求解过程。

## 第 6 章

值函数近似法

本章内容：

☐ 大规模强化学习

☐ 值函数近似法

☐ 值函数近似预测

☐ 值函数近似控制

一切推理，都必须从观察与实验得来。

——伽利略

在实际应用中，对于状态空间或动作空间都较大的情形，精确获得状态值$v(s)$或动作值$q(s,a)$非常困难。此时，可通过寻找状态值函数或动作值函数的近似函数替代对应的原函数，以降低计算的复杂度，具体可以使用线性组合、神经网络等方法来寻找近似函数。例如本章将要介绍的值函数近似法，即$v(s) \approx v(s,w)$，使用权重参数w拟合真实的价值函数。

值函数近似法，是使用梯度下降算法找到目标函数的极小值，并以此设计目标函数来求解近似值函数的权重参数w。值函数近似法主要分为两类：

（1）递增式值函数近似法，即针对每一时间步，近似函数得到环境的反馈信号，并根据环境的反馈信号优化近似函数，主要用于在线学习；

（2）批处理式值函数近似法，针对一批历史数据集进行近似学习，具体可通过机器学习等方法将该历史数据样本作为训练数据，建立价值函数近似模型并使用梯度下降算法求解网络中的参数。

上述两类方法并没有明显界限，彼此相互借鉴。值得注意的是，近年来，批处理式求解近似函数方法取得了突破性进展，大大提升了强化学习任务的求解效率（该方法将在第四篇中进行着重介绍，其在深度强化学习领域有着广泛的应用）。

为了更好地理解近似求解法的背景，本章将首先介绍大规模强化学习及其给实际任务求解带来的挑战。随后，将详细介绍值函数近似的数学概念和值函数近似法的作用。需要特别说明的是，本章涉及大量的数学公式，没有机器学习基础的读者理解本章内容可能会有一定的难度。但花费一定的时间理解本章的数学公式和理论，将有助于读者更好地理解强化学习的求解过程。

6.1　大规模强化学习

第二篇所介绍的动态规划法、蒙特卡洛法和时间差分法都是基于表格的求解方法。一方面，对于值函数或者状态值函数的存储，系统需要开辟内存空间进行表格记录。与此同时，对状态值 V 或者动作值 Q 的检索往往需要进行查表操作，当状态值或者动作值数量较多时，会导致表格查询效率极其低下。另一方面，对于状态空间 $s \in \mathcal{S}$ 或者动作空间 $a \in \mathcal{A}$ 较大的任务，难以基于表格进行求解计算。然而在现实环境中，此类任务十分常见。

基于表格方法难以求解的强化学习任务，即动作空间或者状态空间巨大的强化学习任务，被称为大规模强化学习（Large-Scale Reinforcement Learning）任务。

例如围棋有 10^{170} 个状态（如图 6.1a 所示），而目前可观察到的宇宙粒子只有 10^{80} 个。围棋的状态空间过大以至于无法使用穷举法来枚举所有状态。相对而言，围棋的每一个状态空间却只有 3 个动作（空子、落黑子、落白子），这属于状态空间无限但动作空间有限的类型。又如特斯拉汽车的 AutoPlot 系统（如图 6.1b 所示），其自动驾驶任务的动作空间持续输出，因此动作具有连续性；与此同时，在实际的道路环境中，智能体无法准确预测下一时刻的状态（即状态空间无法预知），因为实际的道路环境不可预测性太大。自动驾驶则属于状态空间无限且动作空间连续的任务类型。

a) 拥有无限状态的围棋　　　　　　　　b) 拥有无限<状态-动作>对的自动驾驶

图6.1　拥有无限状态和无限<状态-动作>对的示例

围棋的状态空间

围棋的棋盘共有 361 个点，每个点有 3 种状态：黑、白、空，即每个点可以落黑子、落白子或者不落子。因此，围棋的状态空间复杂度为 $3^{361} \approx 10^{172}$。

根据围棋规则，没有"气"的子不能存活于棋盘，因此 10^{172} 中包括不合法状态。通过蒙特卡洛方法，计算出合法状态的比率约为 0.012，因此围棋的合法状态空间复杂度为 0.012×10^{170}。

由围棋和自动驾驶例子可知，基于表格的求解方法难以存储规模如此巨大的状态空间。另外，当状态空间足够大时，基于表格查询效率也难以满足实际的运算需求。由此，近似求解算法应运而生。近似求解方法寻找优化目标的近似函数而非原函数，在保证求解精度的同时提高了任务的求解效率，能够很好地用于求解大规模强化学习任务。

接下来从算法原理和代码实现两个方面详细介绍基于价值的强化学习任务求解方法（值函数近似法）。

6.2 值函数近似法概述

在大规模的强化学习任务求解中，精确获得状态值V或动作值Q较为困难。而值函数近似法通过寻找状态值V或动作值Q的近似替代函数$\hat{v}(s,w)$或$\hat{q}(s,a,w)$的方式来求解大规模强化学习任务，既避免了表格求解法所需大规模存储空间的问题，又提升了求解效率，是实际求解任务中被广泛采纳的一种算法。

本节将从值函数近似法的概念、类型、求解方式3个方面进行简要概述，让读者对值函数近似法有较为全面的认识。

6.2.1 函数近似

在后续的内容介绍中会涉及一些常用的函数近似概念，函数近似也是值函数近似方法理论基础的一部分，因此在正式给出值函数近似概念之前，先给出函数近似的一些常用概念。

在函数近似中，用多项式来逼近函数是各类函数中最为简单也是非常重要的一类近似方法，主要有多项式插值、多项式逼近和多项式拟合。

- ❑ **多项式插值**：使用多项式来近似代替数据列表函数，并要求多项式通过列表函数中给定的数据点。其中，列表函数表示给定$n+1$不同的数据点$(x_0,y_0),(x_1,y_1),\cdots,(x_n,y_n)$，由这组数据表示的函数称为列表函数。
- ❑ **多项式逼近**：为复杂函数寻找近似替代多项式函数，其误差在某种度量意义下最小。多项式逼近只要求曲线接近型值点，且符合型值点趋势即可。
- ❑ **多项式拟合**：在插值问题中考虑给定数据点的误差，要求在用多项式近似代替列表函数时，其误差在某种度量意义下最小。

拟合指已知某函数的若干离散函数值$(f_1,f_2,\cdots,f_n)$，通过调整待定函数中的系数$(\lambda_1,\lambda_2,\cdots,\lambda_n)$，使得待定函数与已知点集的差别最小。如果待定函数是线性函数，则称之为线性拟合或线性回归，否则称之为非线性拟合或者非线性回归；如果待定函数为分段函数，则称之为样条拟合。

插值指已知某函数在若干离散点上的函数值或者导数信息，通过求解该函数中待定形式的插值函数以及待定系数，使得该函数在给定离散点上满足给定的约束。插值函数又称为基函数，如果该基函数定义在整个定义域上，叫作全域基，否则叫作分域基。如果约束条件中只有函数值的约束，则称之为拉格朗日插值（Lagrange Interpolation），其他情形称之为艾米插值（Hermite

Interpolation）。

从几何意义上讲，拟合给定若干离散点，找到一个已知形式但参数未知的连续曲面来最大限度地逼近这些离散点；而插值是找到一个（或几个分片光滑的）连续曲面经过给定的离散点。

需要注意的是，多项式插值和多项式拟合都是函数逼近或者数值逼近的重要组成部分。两者都通过已知离散点集 M 上的约束，求取定义在连续集合 $S(M \subseteq S)$ 上的未知连续函数，从而达到获取整体规律的逼近函数。

逼近函数

按某一标准求一函数，使得函数 $y = f(x)$ 能最好地反映这一组数据（即逼近列表函数），该函数 $y = f(x)$ 称为逼近函数。

插值函数

根据不同的标准可以给出不同的函数，假如要求函数 $y = f(x)$ 在 $n+1$ 个数据点计算出的函数值与相应数据点的纵坐标相等，即 $y_i = f(x_i)(i = 1, 2, \cdots, n)$。该函数逼近问题称为插值问题，称函数 $y = f(x)$ 为插值函数，称 x_i 为插值点。

为了更为直观地理解函数近似，图6.2给出函数近似的具体示例。图6.2a表示原始值，每一个蓝色的点代表一个具体的数据值。从图6.2a中可知，采样的数据点极其稀疏。但通过对图6.2a中的数据进行多项式拟合后，得到图6.2b中的函数 $f(x)$。通过函数 $f(x)$，给定一个任意的 x 值，可以计算出相应的 y 值。上述步骤即为一个完整的函数近似过程。

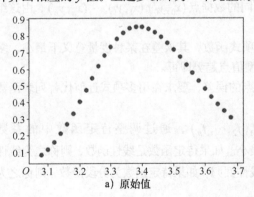
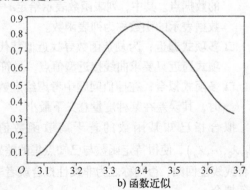

a）原始值　　　　　　　　　　　b）函数近似

图6.2　函数近似示例

6.2.2　值函数近似的概念

6.2.1节给出了函数近似的一些常用概念，接下来正式介绍值函数近似的相关概念。

强化学习任务使用贝尔曼方程求解值函数，但前面章节提到的求解方法事实上并非通过函数去计算价值，而是通过查表的方式获取相应的值。即每一个状态或者<状态-动作>对都对应一个具体的值：t时刻状态s_t对应一个状态值函数$v(s_t)$；t时刻<状态-动作>对(s_t,a_t)对应一个动作值函数$q(s_t,a_t)$。其中，值函数$v(s)$或者动作值函数$q(s,a)$可以为一个具体的数值，也可以为一个向量值。

在实际应用中，对于状态空间或动作空间都非常庞大的情况，精确获得每一个状态值V或动作值Q几乎是不可能完成的任务。而获得的稀疏状态值数据又难以满足大规模马尔可夫决策过程（Large MDPs）任务的求解需求。虽然获得大规模的实际状态值或实际动作值较为困难，但可以转变任务的求解思路，即通过寻找值函数的近似函数去解决大规模马尔可夫决策过程任务，有：

$$\hat{v}(s,w)\approx v_\pi(s)\qquad\text{或}\qquad \hat{q}(s,a,w)\approx q_\pi(s,a) \qquad (6.1)$$

其中，$v_\pi(s)$为真实的状态值函数，$\hat{v}(s,w)$为近似的状态值函数，称为近似状态值函数；类似地，$q_\pi(s,a)$为真实的动作值函数，$\hat{q}(s,a,w)$为近似的动作值函数，称为近似动作值函数。参数w为引入的权重参数，常为矩阵或向量的形式。

有了对状态值函数或者动作值函数的近似函数之后，便可以根据已知的价值去推测未知的价值，而不需要记录环境中所有的状态值V或者动作值Q。

综上，面对大规模强化学习任务，可通过以下方式进行求解。

☐ 通过函数近似法估计实际值函数。

☐ 从已知状态学习得到的函数，推广至还未遇到或者未知的状态。

☐ 使用蒙特卡洛法或者时间差分法来更新近似值函数的权重参数w。

6.2.3　值函数近似的类型

在实际求解强化学习任务中，根据输入和输出的不同，值函数近似主要有3种不同的类型。

☐ **类型1**：输入状态s，输出该状态的近似值函数$\hat{v}(s,w)$。即根据状态本身输出该状态的近似状态值，如图6.3a所示，通常类型1的近似状态值函数用作强化学习的预测算法。

☐ **类型2**：输入<状态-动作>对(s,a)，输出对应的近似动作值函数$\hat{q}(s,a,w)$。即根据<状态-动作>对输出该<状态-动作>对的近似价值，如图6.3b所示，通常类型2的近似动作值函数用作强化学习的控制算法。

☐ **类型3**：输入状态s，输出该状态下采取动作的概率向量$\hat{q}(s,a_1,w),\cdots,\hat{q}(s,a_m,w)$。即根据状态本身输出动作值函数向量，如图6.3c所示，得到某一状态下所有可能的<状态-动作>对的价值，常用于估计<状态-动作>对的概率密度。

上述3种类型的值函数近似，均使用了权重参数w拟合实际的状态值V或者动作值Q。

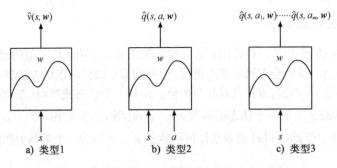

图6.3   值函数近似的3种类型[Sutton et al. 1998]

6.2.4   值函数近似的求解思路

关于值函数近似的求解，目前主要分为两种思路。

❑ **递增式**：近似函数针对智能体在环境中执行一个时间步获得环境的反馈信息后，根据反馈信息进行近似值函数的优化计算，主要用于在线学习。

❑ **批处理式**：针对一批历史采集的经验轨迹数据进行集中处理，并通过计算获得近似函数。

本章中所介绍的值函数近似的求解方法基于递增式思路，批处理式近似方法将会在第四篇中进行重点介绍。

递增式值函数近似算法更适合于在线学习，可以采用时间差分法的Sarsa算法、Q-learning算法作为基础，值函数的更新方式较为快捷。而批处理式方法的更新需要从经验轨迹集中抽取数据，类似于离线学习，计算量更大。近年来，批处理式求解近似函数方法取得了突破性进展，极大地提升了强化学习任务的求解效率。但上述两类方法并没有明显的界限，彼此之间相互借鉴。在实际的强化学习任务中，该选择何种思路进行求解，依具体需求而定。

值得注意的是，所有与机器学习相关的算法都可作为强化学习的近似函数，如线性组合、决策树、最邻近法、深度神经网络（DNN）、卷积神经网络（CNN）和循环神经网络（RNN）等方法都可以用来近似或者模拟值函数。

无论采用什么方法进行值函数拟合，必须确保该近似函数为可微函数以及强化学习任务中的数据具有非静态（Non Stationary）和非独立同分布（Non I.I.D.）特性。主要原因在于强化学习任务基于马尔可夫决策过程，即状态是持续的且下一状态与当前状态存在高度的关联性，因此需要一个适合非静态、非独立同分布数据的学习方法以获得近似价值函数。

数据独立同分布（Independent and Identically Distributed, I.I.D.）

在概率统计理论中，如果变量序列或者其他随机变量有着相同的概率分布，并且彼此之间互相独立，则这些随机变量是独立同分布的。

可微函数

可微函数指在定义域$[a,b]$中所有点上都存在导数的函数，即可微函数的图像在定义域内的每一点上必存在非垂直切线。一般而言，若X_0是函数f定义域上的某一点，且$f'(X_0)$有定义，则称函数f在X_0处可微。

6.3 值函数近似法原理

本节将对值函数近似法的原理和求解过程进行详细介绍。由于值函数近似法的求解主要用到梯度下降算法，因此首先在6.3.1节给出梯度下降算法的具体细节，便于更好地理解值函数近似的求解过程。随后，在6.3.2节介绍梯度下降算法与值函数算法的具体结合方式。最后，给出值函数近似预测法的细节。

6.3.1 梯度下降算法

在微积分中，对多元函数参数的偏导数进行求解，以向量的形式表达求得的偏导数，该向量即为梯度。如图6.4所示，w_0到w_1的距离为w_0在损失函数$J(w)$上的梯度，记作$\partial J / \partial w_0$。

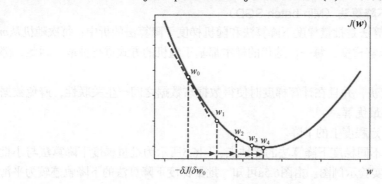

图6.4 梯度下降算法

数学上，梯度向量$\partial J / \partial w$值越大，表明函数的变化越快。在点w_0处，梯度向量$\partial J / \partial w$的方向即为函数$J(w)$变化最快的方向。换言之，沿着梯度向量的方向易于找到函数的极值。

为了获得损失函数$J(w)$的最小值，需要沿着与梯度向量相反的方向$-\partial J / \partial w$更新变量w。基于此，可使得梯度减少最快，直至损失函数收敛至最小值。该算法被称为梯度下降算法，基本公式为：

$$w \leftarrow w - \eta \frac{\partial J}{\partial w} \tag{6.2}$$

其中，$\eta \in \Re$为学习率，用于控制梯度下降的幅度（快慢）。对于参数w，其可以为一个具体的未知变量，也可以是一个向量或者矩阵。通常情况下，参数w为多个未知参数w_i组成的向量，

即 $w = \{w_1, w_2, \cdots, w_n\}$。

回到图6.4，梯度下降算法每次计算参数 w_i 在当前位置的梯度，然后让参数 w_i 顺着梯度的反方向前进一段距离，不断重复该过程。直到梯度接近于零时，就认为算法找到了损失函数 $J(w)$ 的最小值并停止迭代计算。此时的参数能够使得损失函数到达最小值，即为梯度下降算法求解的最优参数 w^*。

梯度下降算法的变种较多，下面对常用的梯度下降算法进行介绍。

1. 批量梯度下降算法（Batch Gradient Descent，BGD）

批量梯度下降算法是梯度下降算法中最常见的形式之一，所有样本都参与参数 w 的更新。假设有 m 个样本，则 m 个样本都参与计算并调整参数 w，因此得到的是标准梯度。

□ 优点：易于得到全局最优解，只需较少的迭代次数。

□ 缺点：当样本数目较大时，会存在训练时间过长、算法收敛速度慢等问题。

2. 随机梯度下降算法（Stochastic Gradient Descent，SGD）

随机梯度下降算法原理与批量梯度下降算法类似，区别在于随机梯度是从 m 个样本中随机抽取单个样本求解其梯度。

□ 优点：训练速度快，每次迭代计算量少。

□ 缺点：准确度下降，难以获得全局最优解，总体迭代次数较多。

3. 小批量随机梯度下降算法（Min-batch SGD）

小批量随机梯度下降算法是批量梯度下降算法和随机梯度下降算法的折中：每次随机从 m 个样本中抽取 k 个进行迭代求解梯度，每一次迭代的样本都基于随机的方式进行抽取。因此，部分样本会有重复。

□ 优点：训练速度较快，并且在计算梯度时使得数据与数据之间产生关联性，避免数据最终只能收敛到局部最优解。

□ 缺点：准确度有一定程度上的下降。

为了更为直观地了解不同梯度下降算法的优缺点，图6.5所示为批量梯度下降算法与小批量随机梯度下降算法的对比实验示例图。由图6.5a可知，批量梯度下降算法的下降轨迹较为平滑，经过多次迭代后能够获得全局最优解。而小批量随机梯度下降算法在下降过程虽有持续的小幅波

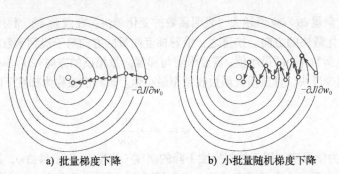

a) 批量梯度下降   b) 小批量随机梯度下降

图 6.5   批量梯度下降和小批量随机梯度下降的对比示例图

动（见图6.5b），但每次迭代的数据量少，能够更快地找到全局最优解。小批量随机梯度策略能够基于更少的数据量而更快地获得全局最优解，使得小批量随机梯度下降算法在实际任务中的使用频率高于其他梯度下降算法。

6.3.2 梯度下降与值函数近似

值函数近似的目标是找到权重参数w，使得近似状态值函数$\hat{v}(s, w)$与真实状态值函数$v_\pi(s)$之间的误差$J(w)$（损失函数的值）最小。假设$J(w)$是基于权重参数w的一个可微函数，那么其关于权重参数w的梯度为：

$$\nabla_w J(w) = \left(\frac{\partial J(w)}{\partial w_1}, \frac{\partial J(w)}{\partial w_2}, \cdots, \frac{\partial J(w)}{\partial w_n} \right)^{\mathrm{T}} \quad (6.3)$$

为了简便，本节采用最小均方误差（Minimun Squared Error, MSE）来定义损失函数$J(w)$（关于损失函数的更多介绍请见附录B）。

$$J(w) = \mathbb{E}_\pi \left[\left(v_\pi(s) - \hat{v}(s, w) \right)^2 \right] \quad (6.4)$$

梯度下降算法通过调整权重参数w，使得其沿着负梯度的方向寻找损失函数$J(w)$的局部最小值。据此可得权重参数w的梯度：

$$\Delta w = -\frac{1}{2} \alpha \nabla_w J(w) \quad (6.5)$$

其中，参数α为步长，常被称为学习率。另外，式（6.5）加入系数$-\frac{1}{2}$是为了对损失函数$J(w)$求导时新产生的系数进行约减。

获得关于参数w梯度后，接下来使用随机梯度下降算法更新梯度，每一时间步权重参数w的更新都使得预测值朝着实际的状态值函数$v_\pi(s)$进行一定程度的逼近。由式（6.4）和式（6.5），通过梯度下降算法寻找局部最优解可得：

$$\Delta w = \alpha \mathbb{E}_\pi \left[\left(v_\pi(s) - \hat{v}(s, w) \right) \nabla_w \hat{v}(s, w) \right] \quad (6.6)$$

使用随机梯度下降算法对梯度进行采样计算，得到：

$$\Delta w = \alpha \left(v_\pi(s) - \hat{v}(s, w) \right) \nabla_w \hat{v}(s, w) \quad (6.7)$$

从式（6.6）和式（6.7）可知，通过随机梯度下降算法，对损失函数的期望更新等于所有梯度的更新。因此，梯度更新规则为：

$$\underbrace{\Delta w}_{\text{参数更新量}} = \underbrace{\alpha}_{\text{学习率}} \times \underbrace{\left(v_\pi(s) - \hat{v}(s, w) \right)}_{\text{预测误差}} \times \underbrace{\nabla_w \hat{v}(s, w)}_{\text{特征值}} \quad (6.8)$$

式（6.8）即为基于随机梯度下降算法的权重参数 w 的更新规则：权重参数更新量=学习率×预测误差×特征值。

6.3.3   线性值函数近似法

对于值函数近似主要有两种方法：线性值函数近似和非线性值函数近似。本节主要集中于状态值函数的线性近似法实现。

线性关系与非线性关系

线性关系指自变量 x 与因变量 y 之间可以表示成 $y=ax+b$（a、b 为常数），即 x 与 y 之间成线性关系。如果不能表示成 $y=ax+b$（a、b 为常数）形式，则 x 与 y 之间成非线性关系。

值函数近似中最重要的情况之一就是其近似价值函数 $\hat{v}(s, w)$ 是关于权重参数 w 的线性函数。具体而言，对于每个时间步的状态 s，使用一个特征向量 $x(s)$ 来表示。

$$x(s) = \left(x_1(s), x_2(s), \cdots, x_n(s)\right)^{\mathrm{T}} \tag{6.9}$$

每一个权重参数 w_i 表示相应特征 $x_i(s)$ 的重要程度，通过对特征向量 $x(s)$ 和状态权重参数 w 的线性求和来近似状态值函数 $\hat{v}(s, w)$，如下所示。

$$\hat{v}(s, w) = x(s)^{\mathrm{T}} w = \sum_{i=1}^{n} w_i x_i(s) \tag{6.10}$$

根据式（6.4）和式（6.10），损失函数 $J(w)$ 在线性情况下可以基于状态权重参数 w 进行拟合：

$$J(w) = \mathbb{E}_{\pi}\left[\left(v_{\pi}(s) - \hat{v}(s, w)\right)^2\right] = \mathbb{E}_{\pi}\left[\left(v_{\pi}(s) - x(s)^{\mathrm{T}} w\right)^2\right] \tag{6.11}$$

因为是线性函数的近似，根据式（6.7），得到权重参数 w 的更新规则为：

$$\nabla_w \hat{v}(s, w) = x(s)$$
$$\Delta w = \alpha\left(v_{\pi}(s) - \hat{v}(s, w)\right) x(s) \tag{6.12}$$

其中，参数 α 为步长，$v_{\pi}(s) - \hat{v}(s, w)$ 为预测误差。

实际上，基于表格的求解方法可以看成一个特殊的线性值函数近似法，每一个状态看成一个特征。

$$x_{table}(s) = \begin{pmatrix} 1(S = s_0) \\ 1(S = s_1) \\ \vdots \\ 1(S = s_n) \end{pmatrix} \tag{6.13}$$

状态权重参数 w 的数目等于状态数，即每一个状态特征 s_i 对应一个参数 w_i，通过状态特征乘以权重参数的线性求和来近似价值函数，相当于基于表格的求解方法。智能体处于某一时间步时，该时间步的对应状态为1，其余为0。

$$\hat{v}(s,\boldsymbol{w}) = \begin{pmatrix} 1(S=s_0) \\ 1(S=s_1) \\ \vdots \\ 1(S=s_n) \end{pmatrix} \cdot \begin{pmatrix} w_0 \\ w_1 \\ \vdots \\ w_n \end{pmatrix} \quad (6.14)$$

线性函数近似在强化学习的值函数近似中有着重要的作用，不仅因为线性方法能够保证算法的收敛性，也因为在实践中对数据和计算都非常有效。但线性值函数近似也存在一定的不足，主要体现在线性值函数近似不能考虑特征之间的相互作用关系。例如，特征i可能对特征j产生影响，但线性近似法无法抽取特征i与特征j之间的关联性。

6.4 值函数近似预测法

上述小节介绍了线性值函数近似的基本原理，但式（6.8）和式（6.12）都无法直接应用在强化学习任务中。因为式（6.8）和式（6.12）的真实状态值函数$v_\pi(s)$（即监督数据）来源于假定的监督者（Supervisor），然而强化学习中并不存在监督者给出监督数据用以学习和训练，智能体只能通过环境得到即时奖励。换言之，参数$\Delta\boldsymbol{w}$的更新依赖于真实的状态值函数$v_\pi(s)$，而在强化学习的值函数近似中，智能体并不知道真实的状态值函数$v_\pi(s)$。

相比于有监督的机器学习方法，强化学习只有即时奖励，没有监督数据或者监督信号。为了利用值函数近似求解强化学习任务，需要找到能够代替实际状态值函数$v_\pi(s)$的目标值（Target），使其可以通过监督学习算法求解近似函数的权重参数$\boldsymbol{w}$。

本节分别求解MC、TD(0)和TD(λ)方法的近似值函数$\hat{v}(s,\boldsymbol{w})$，得到表6.1所示的递增式值函数近似预测比较表。

表 6.1 递增式值函数近似预测比较表

	目标值	梯度 $\Delta\boldsymbol{w}$	训练数据集
MC	G_t	$\Delta\boldsymbol{w} = \alpha\left(G_t - \hat{v}(s_t,\boldsymbol{w})\right)\nabla_{\boldsymbol{w}}\hat{v}(s_t,\boldsymbol{w})$	$\langle s_1,G_1\rangle,\cdots,\langle s_T,G_T\rangle$
TD(0)	$r_{t+1}+\gamma\hat{v}(s_{t+1},\boldsymbol{w})$	$\Delta\boldsymbol{w} = \alpha\left(r+\gamma\hat{v}(s',\boldsymbol{w})-\hat{v}(s,\boldsymbol{w})\right)\nabla_{\boldsymbol{w}}\hat{v}(s,\boldsymbol{w})$	$\langle s_1,r_2+\lambda\hat{v}(s_2,\boldsymbol{w})\rangle,\cdots$
TD(λ)	G_t^λ	$\Delta\boldsymbol{w} = \alpha\left(G_t^\lambda - \hat{v}(s_t,\boldsymbol{w})\right)\nabla_{\boldsymbol{w}}\hat{v}(s_t,\boldsymbol{w})$	$\langle s_1,G_1^\lambda\rangle,\cdots,\langle s_T,G_T^\lambda\rangle$

接下来，给出各种方法的具体实现细节。

6.4.1 蒙特卡洛值函数近似预测法

蒙特卡洛法使用平均累积奖励G_t代替真实状态值函数，该平均累积奖励通过经验轨迹采样得到。将采样得到的平均累积奖励G_t当作监督学习中的标签数据（预测值），并使用监督学习算法进行学习。其中，训练数据集为采样经验轨迹的状态和其对应的平均累积奖励。

$$\langle s_0, G_0 \rangle, \langle s_1, G_1 \rangle, \cdots, \langle s_T, G_T \rangle \tag{6.15}$$

在策略迭代中，每次更新权重参数w的梯度式如式（6.16）所示。

$$\Delta w = \alpha \left(\underline{G_t} - \hat{v}(s_t, w) \right) \nabla_w \hat{v}(s_t, w) = \alpha \left(\underline{G_t} - \hat{v}(s_t, w) \right) x(s_t) \tag{6.16}$$

最后，给出具体的蒙特卡洛值函数近似算法流程，如算法6.1所示。

算法6.1　蒙特卡洛值函数近似算法流程（$\boxed{\hat{v} \approx v_\pi}$）

输入：

　　待验证的策略π

　　可微函数$\hat{v}$，其中$\boldsymbol{S} \times \mathfrak{R}^d \to \mathfrak{R}$

初始化：

　　值函数权重参数w

重复 经验轨迹（episodes）：

　　采用策略π生成经验轨迹$\left(s_0, a_0, r_1, s_1, a_1, \cdots, r_T, s_T \right)$

　　重复 经验轨迹时间步t（steps）：

　　　　$w \leftarrow w + \alpha \left(\underline{G_t} - \hat{v}(s_t, w) \right) \nabla_w \hat{v}(s_t, w)$，更新近似值函数的权重参数

返回 近似值函数$\hat{v}$

6.4.2　时间差分 TD(0)值函数近似预测法

对于时间差分TD(0)算法，目标值为时间差分目标$r_{t+1} + \gamma \hat{v}(s_{t+1}, w)$。在TD(0)值函数近似预测法中，将时间差分的采样数据作为监督学习的预测数据，训练数据集为奖励和其对应的时间差分目标。

$$\langle s_1, r_2 + \lambda \hat{v}(s_2, w) \rangle, \langle s_2, r_3 + \lambda \hat{v}(s_3, w) \rangle, \cdots, \langle s_{T-1}, r_T \rangle \tag{6.17}$$

策略迭代中每次更新权重参数w的梯度式如式（6.18）所示。

$$\Delta w = \alpha \left(r + \gamma \hat{v}(s', w) - \hat{v}(s, w) \right) \nabla_w \hat{v}(s, w) = \alpha \left(r + \gamma \hat{v}(s', w) - \hat{v}(s, w) \right) x(s) \tag{6.18}$$

具体的TD(0)值函数近似预测流程如算法6.2所示。

算法6.2　时间差分TD(0)值函数近似预测算法流程（$\hat{v} \approx v_\pi$）

输入：

待验证的策略π

可微函数$\hat{v}$，其中$S \times \Re^d \rightarrow \Re$

初始化：

值函数权重参数w

重复 经验轨迹（episodes）：

初始化状态s

重复 经验轨迹时间步t（steps）：

选择$a \sim \pi(s)$

执行动作a，获得奖励r和下一时间步的状态s'

$w \leftarrow w + \alpha\left(\underline{r + \gamma\hat{v}(s', w)}\right)\nabla_w\hat{v}(s, w)$，更新近似值函数的权重参数

$s \leftarrow s'$，记录状态

直到 遇到终止时间步状态s'

返回 近似值函数$\hat{v}$

6.4.3　TD(λ)值函数近似预测法

对于时间差分TD(λ)算法，目标值为奖励G_t^λ。时间差分TD(λ)算法与时间差分TD(0)算法的采样方式类似，区别在于TD(λ)向前看λ个时间步。基于TD(λ)的采样过程，获得的训练数据为：

$$\langle s_1, G_1^\lambda \rangle, \langle s_2, G_2^\lambda \rangle, \cdots, \langle s_T, G_T^\lambda \rangle \tag{6.19}$$

前向TD(λ)学习的权重参数向量w的梯度更新公式为：

$$\Delta w = \alpha\left(\underline{G_t^\lambda} - \hat{v}(s_t, w)\right)\nabla_w\hat{v}(s_t, w) = \alpha\left(\underline{G_t^\lambda} - \hat{v}(s_t, w)\right)x(s_t) \tag{6.20}$$

后向TD(λ)学习的更新公式为：

$$\delta_t = \underline{r_t + \gamma\hat{v}(s_{t+1}, w)} - \hat{v}(s_t, w)$$

$$E_t = \gamma\lambda E_{t-1} + x(s_t)$$
$$\Delta w = \alpha\delta_t E_t$$

(6.21)

需要注意的是，对于一个完整的经验轨迹，TD(λ)的前向学习和后向学习对于近似权重参数w的改变是等效的（关于TD(λ)算法的知识可回顾5.2.2节）。

算法6.3   时间差分TD(λ)后向学习的值函数近似预测算法流程

输入：

待验证的策略π

可微函数$\hat{v}$，其中$S\times\mathfrak{R}^d\to\mathfrak{R}$

初始化：

值函数权重参数w

重复 经验轨迹（episodes）：

初始化状态s

重复 经验轨迹时间步t（steps）：

选择动作$a\sim\pi(s)$

执行动作a，获得奖励值r和下一时间步状态s'

$\delta = \underline{r+\gamma\hat{v}(s',w)}-\hat{v}(s,w)$，时间差分偏差

$E_t = \gamma\lambda E_{t-1} + x(s_t)$

$w\leftarrow w+\alpha\delta E$，更新权重参数

$s\leftarrow s'$，记录状态

直到 遇到终止状态s'

返回 近似值函数$\hat{v}$

6.5   值函数近似控制法

通过使用随机梯度下降算法，可以在值函数近似预测算法中获得状态值函数的近似$\hat{v}(s,w)$。而对于强化学习的控制任务，如何利用函数近似求解动作值函数的近似$\hat{q}(s,a,w)$，是本节的介绍重点。

本节最后将以爬山车（Mountain Car）游戏为例，直观呈现值函数近似控制算法的实现细节，并给出值函数近似控制算法在实际任务中的具体表现。

6.5.1　值函数近似控制原理

值函数近似控制法的目标是找到动作值函数的近似函数，即 $\hat{q}(s,a,w) \approx q_\pi(s,a)$。其中，$w$ 为函数近似的权重参数向量。在递增式的值函数近似预测中，将训练样本中的状态进行转换：$s_t \to u_t$。在值函数控制法中，则是将训练样本中的<状态-动作>对进行转换：$s_t, a_t \to u_t$。其中，u_t 为更新目标。

更新目标 u_t 的主要作用是对动作值函数 $q_\pi(s,a)$ 进行近似，包括常用的蒙特卡洛法中的平均累积奖励 G_t 和时间差分法中的奖励。基于更新目标 u_t，动作值控制的梯度下降对权重参数的更新为：

$$w_{t+1} = w_t + \alpha \left[u_t - \hat{q}(s_t, a_t, w_t) \right] \nabla \hat{q}(s_t, a_t, w_t) \tag{6.22}$$

对于蒙特卡洛法而言，动作值控制的梯度下降对权重参数的更新为：

$$w_{t+1} = w_t + \alpha \left[G_t - \hat{q}(s_t, a_t, w_t) \right] \nabla \hat{q}(s_t, a_t, w_t) \tag{6.23}$$

对于时间差分TD(0)算法而言，动作值预测的梯度下降对权重参数的更新为：

$$w_{t+1} = w_t + \alpha \left[r_t + \gamma \hat{q}(s_{t+1}, a_{t+1}, w_t) - \hat{q}(s_t, a_t, w_t) \right] \nabla \hat{q}(s_t, a_t, w_t) \tag{6.24}$$

递增式值函数近似控制算法的策略迭代过程如图6.6所示。智能体首先从权重参数 w 开始进行策略改进，通过动作值近似函数 $\hat{q}(s,a,w)$ 得到策略动作 a 并执行，获得即时奖励 r_t，并使用该奖励计算目标值 u_t；然后为策略验证阶段，基于 ε-贪婪策略算法，对动作值近似函数 $\hat{q}(s,a,w)$ 的权重参数 w 进行更新。如此反复进行策略评估-策略改进过程，使得动作值近似函数不断地逼近得到最优动作值 Q^*。

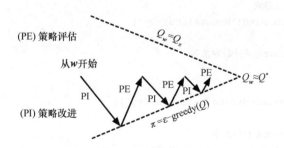

图6.6　递增式值函数近似控制法[Sutton et al. 1998]

6.5.2　爬山车游戏

爬山车游戏是一个经典的强化学习示例。环境如图6.7所示，小车被困于山谷，单靠小车自身的动力不足以在谷底由静止状态一次性冲上右侧目标位置（旗帜位置）。游戏的目标策略是：当小车加速上升到一定位置时，让小车回落，同时反向加速，使其加速冲向谷底，借助势能向动能的转化以冲上目标位置。对应于本章的问题：基于智能体（小车）在环境中所对应的位置和速度下，如何使用值函数近似的强化学习求解方法，找到小车冲上目标位置的最优策略。

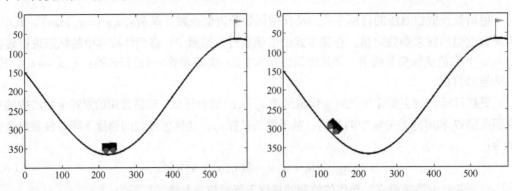

图6.7　爬山车游戏示例图

爬山车游戏的智能体为小车；状态空间S为小车的位置（Position）和速度（Velocity），表示小车位于某个位置时具有某个速度的状态价值；动作空间A是离散的，只能选择正向的最大油门、反向的最大油门和不踩油门3个离散值；动作为选择施加给小车的速度和方向，动作值为速度值，方向使用正负表达；游戏的目标为智能体通过找到最优的策略，使得小车能够以最快的控制方式到达图6.7中右上角的旗帜处。

后续本章的代码案例将会以gym库中的爬山车游戏作为示例，如代码清单6.1所示。

【代码清单 6.1】　MountainCar游戏

```
# 初始化MountainCar游戏
>>> env = gym.envs.make("MountainCar-v0")


# 首次执行MountainCar游戏并打印显示
>>> env.reset()
>>> plt.figure()
>>> plt.imshow(env.render(mode='rgb_array'))


# 执行MountainCar游戏并打印显示
>>> [env.step(0) for x in range(10000)]
>>> plt.figure()
>>> plt.imshow(env.render(mode='rgb_array'))


# 关闭游戏
>>> env.render(close=True)
```

6.5.3 Q-learning 值函数近似

本节实现基于Q-learning算法的递增式值函数近似控制，具体流程如算法6.4所示。算法的输入为可微函数$\hat{q}$（即动作值近似函数）。首先，对权重参数w进行初始化。随后，进入经验轨迹迭代循环中，在初始化<状态-动作>对后开始本次经验轨迹的采样。根据初始化的<状态-动作>对，智能体执行初始化动作，并收集反馈的奖励信号r和下一时间步的状态s'。接下来根据近似的动作值函数得到下一时间步的动作，并根据下式更新权重参数。

$$w \leftarrow w + \alpha \left[r + \max_a \hat{q}(s,a,w) - \hat{q}(s,a,w) \right] \nabla \hat{q}(s,a,w) \qquad (6.25)$$

由于是基于Q-learning算法，因此将式（6.22）中更新目标u_t替换为$r + \max_a \hat{q}(s,a,w)$。接着不断循环迭代采集经验轨迹过程，经过一定的更新次数后返回近似的动作值函数。

算法6.4 Q-learning值函数近似控制算法流程

输入：

　　可微函数$\hat{q}$，其中$S \times A \times \mathfrak{R}^n \rightarrow \mathfrak{R}$

初始化：

　　初始化权重参数w，其中$w \in \mathfrak{R}^n$

重复 经验轨迹（episodes）：

　　$s,a \leftarrow$ 在单次经验轨迹中初始化<状态-动作>对

　　重复 经验轨迹时间步t（steps）：

　　　　执行动作a，记录环境反馈信号r和s'

　　　　根据动作值近似函数$\hat{q}(s',a,w)$选择动作a'（策略改进）

　　　　$w \leftarrow w + \alpha \left[r + \max_a \hat{q}(s,a,w) - \hat{q}(s,a,w) \right] \nabla \hat{q}(s,a,w)$，更新权重参数$w$（策略验证）

　　　　$s \leftarrow s'$，记录状态

　　　　$a \leftarrow a'$，记录动作

返回 动作值近似函数$\hat{q}$

如代码清单6.2所示，首先导入后续将要使用到的Python库。由于本代码案例需要使用较多的系统库和第三方库，因此在这里做一个简单的介绍。gym库为OpenAI的游戏库，itertools库用于迭代统计，numpy和pandas库用于数据存储，collections库用于存储一些有用的信息方便后续对代

码进行调试和运行结果展示，sklearn库为Python常用机器学习库。代码最后声明了matplotlib的显示方式为内联显示，即图标显示在当前环境终端中，并且使用ggplot的表格风格。

【代码清单6.2】   导入需要使用到的库

```
import gym
import sys
import itertools
import matplotlib
import numpy as np
import pandas as pd
from collections import defaultdict, namedtuple
from sklearn.pipeline import FeatureUnion
from sklearn.preprocessing import StandardScaler as Scaler
from sklearn.linear_model import SGDRegressor as SGD
from sklearn.kernel_approximation import RBFSampler as RBF


# 图片显示的库
from matplotlib import pyplot as plt
from mpl_toolkits.mplot3d import Axes3D


# 设置显示方式
%matplotlib inline
matplotlib.style.use('ggplot')
```

接下来，声明环境env为游戏MountainCar，如代码清单6.3所示。

【代码清单 6.3】   声明环境游戏

```
env = gym.envs.make("MountainCar-v0")
```

代码清单6.4、代码清单6.5、代码清单6.6为值函数近似器（Estimator类）的实现。值函数近似器主要含有4个函数：初始化构造函数__init__()、状态特征抽取函数__featurize_state()、预测函数predict()、更新函数update()。其中，代码清单6.4用以实现__init__()函数，代码清单6.5用以实现__featurize_state()函数，代码清单6.6实现predict()函数和update()函数。

接下来首先介绍代码清单6.4构造函数__init__()中使用到的3个较为重要的类成员：self.scaler、self.featurizer、self.action_models。

self.scaler：用于对状态数据进行标准化处理。首先，智能体在环境中进行10 000次采样；然后，记录下10 000次采样的状态值state_examples；最后，使用sklearn的Scaler()函数对采样的状态值进行标准化（零均值和单位方差）学习。后续的状态值同样使用self.scaler进行归一化处理，便于对状态数据进行特征提取和后续计算。

self.featurizer：用于对状态值进行特征抽取学习。首先，FeatureUnion对输入的特征数据进行合并，重点是其内部的输入特征数据为径向基核函数（RBF kernels），这里使用具有不同方差的径向基核来覆盖状态空间的不同部分；然后，通过self.featurizer.fit()函数学习经过归一化操作后的状态值。

self.action_models：动作模型。其中，对应6.4.2节动作空间nA只有3个值（0，1，2）。即对于每个状态，都会把经过特征处理的状态值分配对各自对应的动作模型中。而动作模型的学习方式主要使用随机梯度下降算法SGD()学习经过特征处理后的状态特征。

【代码清单6.4】 值函数近似类

```python
class Estimator():
    """
    值函数近似器
    """
    def __init__(self):
        # 对环境进行采样，便于后续对状态state抽取特征
        state_examples = np.array([env.observation_space.sample()
                                    for x in range(10000)])

        # 特征处理1: 归一化状态数据为零均值和单位方差
        self.scaler = Scaler()
        self.scaler.fit(state_examples)

        # 特征处理2: 状态state的特征抽取表示
        self.featurizer = FeatureUnion([
                ("rbf1", RBF(gamma=5.0, n_components=100)),
                ("rbf2", RBF(gamma=1.0, n_components=100)),
                ])
        self.featurizer.fit(self.scaler.transform(state_examples))

        # 动作空间模型
        # 声明动作模型
        self.action_models = []
        # 动作空间数量
        self.nA = env.action_space.n

        for na in range(self.nA):
            # 动作模型使用随机梯度下降算法
            model = SGD(learning_rate="constant")
            model.partial_fit([self.__featurize_state(env.reset())], [0])
            self.action_models.append(model)
```

数据标准化

数据标准化（Normalization）指将数据按比例缩放，使之落入一个特定区间。在某些比较和评价的指标处理中会经常用到数据标准化，以去除数据的单位限制，将其转化为无量纲的纯数值，便于不同单位或量级的指标能够进行比较和加权。最典型的是数据的归一化处理，

即将数据统一映射到[0,1]区间。

径向基函数（Radial Basis Function，RBF）

径向基函数表示某种沿径向对称的标量函数。通常定义为空间中任一点x到某一中心c之间欧氏距离的单调函数，可记作$k\left(\|x-c\|\right)$。其作用往往是局部的，即当x远离c时函数取值变小。常用的径向基函数是高斯核函数，形式为$k\left(\|x-c\|\right)=\mathrm{e}^{-\|x-c\|^2/(2\times\sigma)^2}$。其中，$c$为核函数中心。$\sigma$为函数的宽度参数，控制函数的径向作用范围。若$x$和$c$相差较小，核函数值约等于1；若$x$和$c$相差较大，核函数值约等于0。由于该函数类似于高斯分布，因此称为高斯核函数，能够把原始特征映射到无穷维。

状态值特征提取函数由代码清单6.5中的Estimator类的私有函数__featurize_state()实现。该函数的输入为状态信号，输出为状态信号的特征化表示形式。函数内部使用了代码清单6.4中self.scaler和self.featurizer两个类成员，前者用于状态信号的归一化处理，后者用于归一化后状态信号的特征提取。

【代码清单 6.5】　状态值特征化函数

```
def __featurize_state(self, state):
    """
    返回状态信号的特征化表示形式
    """
    # 对输入的状态信号归一化
    scaled = self.scaler.transform([state])
    # 对归一化的状态提取特征
    featurized = self.featurizer.transform(scaled)[0]
    # 返回状态信号的特征化表示形式
    return featurized

# 声明类中的函数
>>> Estimator.__featurize_state()
```

代码清单6.6给出了predict()和update()两个最为重要的函数的具体实现：predict()函数对状态值函数进行预测，基于给定的状态值返回该状态信号对应的动作概率向量；update()函数基于给定的状态、动作和动作目标值，更新值函数近似器。

【代码清单 6.6】　值函数拟合的预测和更新函数

```
def predict(self, s):
    """
    对状态值函数进行预测
    """
```

```python
        # 对输入的状态信号提取特征
        features = self.__featurize_state(s)

        # 预测该状态信号对应所有动作的概率
        predicter = np.array([model.predict([features])[0] for model in
                              self.action_models])

        # 返回动作预测向量
        return predicter


    def update(self, s, a, y):
        """
        更新值函数近似器
        """
        # 对当前的状态信号提取特征
        cur_features = self.__featurize_state(s)

        # 根据目标y和当前的状态信号特征更新对应的近似模型
        self.action_models[a].partial_fit([cur_features], [y])
```

```
>>> # 声明类中的函数
>>> Estimator.predict()
>>> Estimator.update()
```

代码清单6.7给出了时间差分近似控制算法Q-learning的具体实现（VF_Qlearning类），与第5章时间差分控制Q-learning算法不同的是：VF_Qlearning的值函数不再使用defaultdict的表格存储方式，而是使用值函数近似（Estimator类）方法。

在VF_Qlearning类的构造函数__init__()中，首先初始化后续算法需要使用到的参数和经验轨迹的记录参数self.record。

【代码清单6.7】　Q-learning算法类

```python
class VF_QLearning():
    """
    基于值函数近似表示的时间差分控制的Q-learning算法
    """
    def __init__(self, env, estimator, num_episodes,
                 epsilon=0.1, discount_factor=1.0, epsilon_decay=1.0):

        # 初始化类中的参数
        # 动作空间数量
        self.nA = env.action_space.n
        # 状态空间数量
        self.nS = env.observation_space.shape[0]
```

```
# 环境
self.env = env
# 经验轨迹迭代次数
self.num_episodes = num_episodes
# ε-贪婪算法参数
self.epsilon = epsilon
# 未来折扣系数
self.discount_factor = discount_factor
# 贪婪算法策略衰减系数
self.epsilon_decay = epsilon_decay
# 函数近似器
self.estimator = estimator

# 记录器，用于保存迭代长度 (episode length) 和迭代奖励 (episode rewards)
record_head = namedtuple("Stats",["episode_lengths", "episode_rewards"])

# 记录器初始化
self.record = record_head(
    episode_lengths=np.zeros(num_episodes),
    episode_rewards=np.zeros(num_episodes))
```

代码清单6.8实现了贪婪算法和随机动作选择函数，与第5章Q-learning算法中策略选择方式相同，因此不再赘述。

【代码清单6.8】 贪婪算法和随机动作

```
def __epislon_greedy_policy(self, nA, epislon=0.5):
    """
    epislon贪婪算法
    """
    def policy(state):
        A = np.ones(nA, dtype=float) * epislon / nA
        Q = self.estimator.predict(state)
        best_action = np.argmax(Q)
        A[best_action] += (1.0 - epislon)

        return A

    return policy

def __random_aciton(self, action_prob):
    """
    选取随机动作
    """
    # 从给定的动作概率action_prob中随机选出一个动作
    return np.random.choice(np.arange(len(action_prob)), p=action_prob)
```

```
# 声明类成员
VF_QLearning.__epislon_greedy_policy()
VF_QLearning.__random_action()
```

Q-learning值函数近似法的最核心实现部分如代码清单6.9所示，主要实现了算法6.4中的Q-learning值函数近似算法。算法的目标为在策略改进的过程中，根据 ε-贪婪算法找到能使得小车更快到达终点的最优策略，接着使用Estimator类的值函数近似预测 Q 函数，最后从 Q 函数中选择出最优动作。

具体而言，进入Q_learning()算法后直接进行经验轨迹的迭代。在进行经验轨迹迭代时，需要基于当前使用的策略初始化<状态-动作>对，而当前使用的策略主要采用self.__epislon_greedy_policy函数来获得。智能体随后通过env.reset()获得初始状态信号以及选择动作，并声明下一个动作信号next_action的初始值为None。

在第二个循环单次经验轨迹的迭代中，采用itertools.count()生成迭代器进行循环统计，能够减少冗余代码。在循环内部，首先需要根据策略在当前状态policy(state)下获得动作空间概率action_probs，然后根据当前状态的动作空间概率随机选择动作self.__random_action()作为本次策略探索需要执行的动作。而对于奖励和下一时间步状态（next_state）的获得，需要智能体向前执行一步动作env.step(action)。

当获得环境信号量 $\langle s,a,r,s',a' \rangle$ 之后，智能体按照算法6.2的步骤和式（6.25）对近似动作值函数进行更新。其中， $\hat{q}(s,a,w)$ 通过estimator.predict()近似函数的预测获得，对应代码q_value_next。时间差分目标为 $r+\max\limits_{a}\hat{q}(s,a,w)-\hat{q}(s,a,w)$ 。最后，根据时间差分目标更新动作值近似函数 $\hat{q}(s,a,w)$ 中的权重参数 w 。

【代码清单 6.9】   时间差分控制的Q-learning算法

```
def q_learning(self):
    """
    """
    for i_episode in range(self.num_episodes):
        # 打印经验轨迹的迭代次数信息
        # 迭代百分比
        num_present = (i_episode+1)/self.num_episodes
        print("Episode {}/{}".format(i_episode + 1, self.num_episodes), end="")
        # 信息输出
        print("="*round(num_present*60))

        # 策略选择使用ε-贪婪算法
        # 策略参数
        policy_epislon = self.epsilon * self.epsilon_decay**i_episode
        # 声明策略
        policy = self.__epislon_greedy_policy(self.nA, policy_epislon)
```

```
# 记录奖励
last_reward = self.record.episode_rewards[i_episode - 1]
sys.stdout.flush()

# 重置环境并选择第一个动作
state = env.reset()

# 下一个动作信号的初始化
next_action = None

# 单次经验轨迹的迭代
for t in itertools.count():
    # 根据策略获得当前状态信号的动作值
    action_probs = policy(state)
    action = self.__random_aciton(action_probs)

    # 向前执行一步
    next_state, reward, done, _ = env.step(action)

    # 更新统计信息
    # 更新奖励信号
    self.record.episode_rewards[i_episode] += reward
    # 更新迭代次数
    self.record.episode_lengths[i_episode] = t

    # 预测下一时间步的动作值
    # 时间差分更新
    q_values_next = estimator.predict(next_state)

    # 使用时间差分目标作为预测结果更新函数近似器
    td_target = reward + self.discount_factor * np.max(q_values_next)
    # Q-Value 时间差分目标
    estimator.update(state, action, td_target)

    print("\rStep {} with reward ({})".format(t, last_reward), end="")
    if done: break

    # 赋值下一时间步状态为当前时间状态
    state = next_state

# 返回统计信息
return self.record

# 声明类成员
```

VF_QLearning.q_learning()

完成Q-learning值函数近似算法所有代码后，接下来运行Q-learning值函数近似算法以更为直观地了解值函数近似法的效果，如代码清单6.10所示。其中，estimator为函数近似类的近似构造器，作为VF_QLearning类的输入之一。类构造完之后，直接调用vf类中的Q_learning()算法，并使用对象result记录返回信息，用于后续的效果呈现。

【代码清单6.10】 运行Q-learning值函数近似法

```
>>> estimator = Estimator()
>>> vf = VF_QLearning(env, estimator, num_episodes=100, epsilon=0.2)
>>> result = vf.q_learning()
```

Q-learning值函数近似算法的运行效果如代码清单6.11所示。其中，Step n表示经验轨迹的长度n。由经验轨迹长度可知，算法迭代初期经验轨迹长度均为200（游戏单次迭代经验轨迹的最大值，当经验轨迹次数超过200次时游戏自动停止，开始下次经验轨迹采样过程）。另外，算法获得的奖励随着迭代次数的增加而增加，从第1次迭代的-200奖励值到第100次迭代的-165奖励值，表明随着迭代次数的增多，智能体的游戏表现越来越好，能够更好地完成爬山车游戏。

【代码清单 6.11】 迭代100的打印结果

```
    (经验轨迹)         (奖励)        (迭代次数)

Step 199 with reward (-200.0) Episode 1 /100    [=                              ]
Step 199 with reward (-200.0) Episode 2 /100    [=                              ]
Step 199 with reward (-200.0) Episode 3 /100    [=                              ]
......
Step 162 with reward (-121.0) Episode 97/100    [============================== ]
Step 154 with reward (-163.0) Episode 98/100    [============================== ]
Step 164 with reward (-155.0) Episode 99/100    [==============================]
Step 123 with reward (-165.0) Episode 100/100   [==============================]
```

为了更加直观地对比Q-learning值函数近似法的各项指标，图6.8对比了迭代100次和迭代200次的实验结果。其中，对比指标主要有经验轨迹长度、奖励值变化2个。由图6.8a和6.8b对比可知，随着经验轨迹迭代时间的增加，经验轨迹的长度整体呈下降趋势，表明了算法的有效性；对比图6.8c和6.8d，可清晰地看出迭代次数对奖励信号的影响（算法奖励信号的更新规则为如果没有到达游戏终点则经验轨迹减1，因此对于奖励信号在经验轨迹迭代的开始为-200），即随着迭代次数的增加奖励值不断增加，在迭代次数20~50次奖励值增速最快，整体趋势上表明随着迭代次数的增加，算法逐渐走向收敛。

本节最后详细分析不同迭代次数对动作值函数的影响。其中，迭代次数分别使用了[10, 50, 100, 200]这4个不同的迭代频率，如代码清单6.12所示。

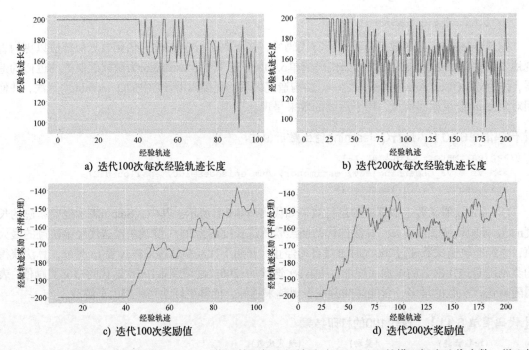

a) 迭代100次每次经验轨迹长度   b) 迭代200次每次经验轨迹长度

c) 迭代100次奖励值   d) 迭代200次奖励值

图6.8   迭代100次和迭代200次的Q-learning值函数近似法的效果对比。a)和b)的横坐标为迭代次数，纵坐标为每次迭代经验轨迹的长度；c)和d)的横坐标为迭代次数，纵坐标为获得的奖励值

【代码清单6.12】   显示动作值函数对比图

```python
def plot_cost_to_go_mountain_car(env, estimator, niter, num_tiles=20):
    """
    显示mountain car爬山车游戏的代价函数

    x轴为小车的位置信息
    y轴为小车的速度信息
    z轴为动作状态价值信息
    """

    x = np.linspace(env.observation_space.low[0], env.observation_space.high[0],\
            num=num_tiles)
    y = np.linspace(env.observation_space.low[1], env.observation_space.high[1],\
            num=num_tiles)
    Z = np.apply_along_axis(lambda _: -np.max(estimator.predict(_)), 2,\
            np.dstack([X, Y]))

    # 合并x、y信息
    X, Y = np.meshgrid(x, y)

    # 配置显示图像信息
    fig = plt.figure(figsize=(15,7.5))
    ax = fig.add_subplot(111, projection='3d')
```

```
surf = ax.plot_surface(X, Y, Z, rstride=1, cstride=1, \
cmap=matplotlib.cm.coolwarm)

# 设置x轴为位置信息
ax.set_xlabel('Position')
# 设置y轴为速率信息
ax.set_ylabel('Velocity')
# 设置z轴为价值信息
ax.set_zlabel('Value')
# 设置z轴的大小，便于显示
ax.set_zlim(0, 160)
# 设置背景为白色
ax.set_facecolor("white")
# 设置标题
ax.set_title("Cost To Go Function (iter:{})".format(niter))
# 设置侧边条
fig.colorbar(surf)
# 显示图像
plt.show()

>>> # 显示mountain car游戏的动作值函数对比图
>>> iter = [10, 50, 100, 200]
>>> [plot_cost_to_go_mountain_car(env, estimator, , num_tiles=10) for x in iter]
```

具体的实验结果如图6.9所示。当迭代次数为10时（如图6.9a所示），三维图像只有一个深蓝色的平面，即对于不同的位置和速度信息（x、y轴），智能体获得的价值波动不大，没有获得最优值；当迭代次数为50时（如图6.9b所示），可以初步看到动作值（即z轴）出现小波峰；当迭代次数为100时（如图6.9c所示），动作值波峰较为明显。此时，可以较为方便地从100次的迭代图像中找到最优值，即数据的最高点；当迭代次数为200时（如图6.9d所示），波峰非常显著，无论从那个<状态-动作>对开始，都能很容易地找到一条使得智能体快速到达波峰的路径。总而言之，随着迭代次数的增加，智能体的表现越来越为智能，能够获得完成游戏任务的最佳策略，有力地证明了值函数近似法的有效性。

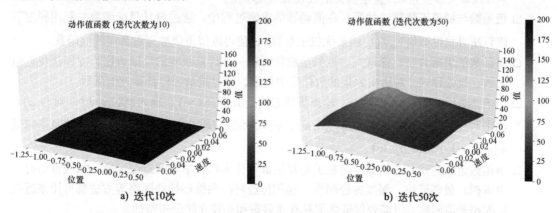

a) 迭代10次   b) 迭代50次

图6.9 爬山车游戏中，基于值函数近似法的不同迭代次数的动作值函数对比图。x轴为小车当前所在位置，y轴为小车当前速度，z轴为小车位置和速度对应的状态值

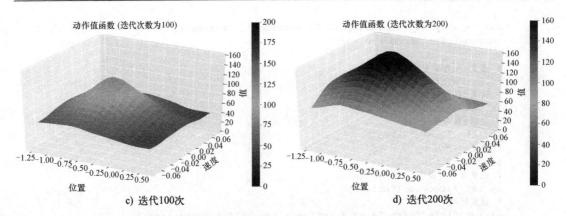

c) 迭代100次   d) 迭代200次

图 6.9 爬山车游戏中，基于值函数近似法的不同迭代次数的动作值函数对比图。x轴为小车当前所在位置，y轴为小车当前速度，z轴为小车位置和速度对应的状态值（续）

6.6 小结

基于表格的方式求解强化学习任务，需要为每个状态或者<动作-状态>对的价值开辟存储空间，使得在实际的应用中面临3个主要挑战：运算低效、耗费资源、可能无法收敛。为了弥补基于表格求解方法的不足，引出本章所介绍的值函数近似法，通过求解值函数或状态值函数的近似函数，大大降低了存储空间，并显著提升了强化学习任务的求解效率。

- □ **函数近似方法**：多项式插值、多项式逼近和多项式拟合。
- □ **值函数近似**：通过寻找状态值V或动作值Q的近似替代函数$v(s,w)$或$q(s,a,w)$的方式来求解大规模强化学习任务。
- □ **梯度下降算法**：为了获得损失函数$J(w)$的最小值，需要沿着与梯度向量相反的方向$-\partial J / \partial w$更新变量w，直至损失函数收敛至最小值。
- □ **值函数与梯度下降算法关系**：在值函数的求解过程中，通过设计目标函数并利用梯度下降算法寻找近似值$\hat{V}_w / \hat{Q}_w$的最优权重参数w，使得近似值函数逼近真实的值函数。
- □ **值函数的求解方法**：递增式，近似函数针对每一步计算获取的反馈数据，立即优化近似函数；批处理式，对历史采集的数据集中处理，通过批量采样计算近似函数。
- □ **值函数近似类型**：输入状态s，输出该状态的近似值$\hat{v}(s,w)$；输入<状态-动作>对(s,a)，输出对应的近似动作值函数$\hat{q}(s,a,w)$；输入状态s，输出该状态下采取动作的概率向量$\hat{q}(s,a_1,w),\cdots,\hat{q}(s,a_m,w)$。
- □ **值函数近似方法**：与机器学习相关的算法都可作为强化学习的近似函数，如线性组合、决策树、最邻近法、深度神经网络、卷积神经网络和循环神经网络等方法都可用来近似或模拟价值函数，但需要保证数据具有非静态和非独立同分布特性。

第7章

策略梯度法

7

本章内容：
- ❑ 策略梯度法概述
- ❑ 策略目标函数
- ❑ 有限差分策略梯度法
- ❑ 蒙特卡洛策略梯度法
- ❑ 演员-评论家策略梯度法

给我最大快乐的，不是已懂的知识，而是不断地学习；不是已有的东西，而是不断地获取；不是已达到的高度，而是持续不断地攀登。

——卡尔·弗里德里希·高斯

到目前为止，本书介绍的所有强化学习求解方法都围绕价值函数来展开，即根据估计的价值函数选择智能体的下一步动作。如第6章介绍的通过对价值函数进行近似求解，并根据求解结果确定策略的值函数近似法。

基于价值的求解算法（如值函数近似法）在实际应用中存在一些不足，如算法难以高效处理连续动作空间的任务以及最终的求解结果不一定是全局最优解等。基于此，引出本章将要介绍的基于策略的强化学习方法——策略梯度法。

策略梯度法将策略的学习从概率集合 $P(a|s)$ 变换成策略函数 $\pi(a|s)$，并通过求解策略目标函数的极大值，得到最优策略 π^*。这种方法使得智能体能够在不参考价值函数的情况下，直接选择动作，有效地解决了基于价值的强化学习求解方法存在的不足。

从内容结构上看，本章首先对策略梯度法进行概要介绍，并与基于价值的强化学任务求解方法进行对比。随后，介绍用于策略学习但适配不同应用场景的3个目标函数：起始价值、平均价值和时间步平均奖励。接下来，详细阐述对策略目标函数进行优化的策略梯度定理。最后，深入探讨蒙特卡洛策略梯度法和演员-评论家（Actor-Critic）策略梯度法，并给出相应的算法流程和代码实现。

7.1　认识策略梯度法

基于函数近似求解强化学习的任务，主要有基于价值（Value-based）（值函数近似法）、基于策略（Policy-based）（策略梯度法）以及基于模型（Model-based）3种求解思路。在实践中，还存在基于价值与基于策略结合的演员-评论家算法，如图7.1所示。

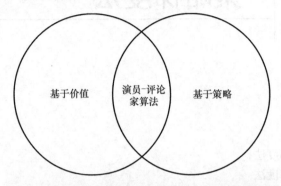

图7.1　基于价值、基于策略与演员-评论家算法的关系

与第6章介绍的通过估计价值函数选择智能体下一步行为的值函数近似法不同，本章将要介绍的基于策略的强化学习方法（策略梯度法）可以在不参考价值函数的情况下，直接选择智能体的下一步行为，从而较好地解决了价值函数近似法存在的问题。本节会对策略梯度法概念以及两者之间的差异进行详细介绍和比较，以更好地理解策略梯度算法及其所拥有的优势。

7.1.1　策略梯度概述

值函数近似法主要对价值函数进行参数化的近似表达，价值函数主要包括状态值函数和动作值函数，即：

$$\hat{v}(s,\boldsymbol{\theta}) \approx v_\pi(s) \tag{7.1}$$

和：

$$\hat{q}(s,a,\boldsymbol{\theta}) \approx q_\pi(s,a) \tag{7.2}$$

其中，参数 $\boldsymbol{\theta}$ 为拟合模型的权重参数。需要注意的是，策略拟合模型的权重参数 $\boldsymbol{\theta}$ 与第6章近似函数的权重参数 w 作用相同，使用不同参数符号是为了区分前者作用于基于策略的强化学习，后者作用于基于价值的强化学习。

获得状态值函数或动作值函数后，可直接从价值函数中产生策略。例如，可使用ε-贪婪算法从近似的价值函数中选取下一步的动作。

策略梯度法是基于策略的强化学习主要方式。策略梯度法直接参数化策略，参数化的策略不再是一个概率集合，而是一个函数，即通过函数近似直接拟合策略π。

$$\pi_{\boldsymbol{\theta}}(a|s) = P[a \mid s, \boldsymbol{\theta}] \tag{7.3}$$

其中，$\boldsymbol{\theta} \in \Re^{d}$ 为策略函数的权重参数向量。$\pi_{\boldsymbol{\theta}}(a|s)$ 表示使用参数向量 $\boldsymbol{\theta}$ 进行函数拟合获得策略函数，进而获得智能体在状态 s 下采取动作 a 的概率。

在当前状态为 s_t 时，基于参数 $\boldsymbol{\theta}$ 智能体执行动作 a_t 的概率为：

$$\pi_{\boldsymbol{\theta}}(a|s) = \mathrm{P}\{a_t = a | s_t = s, \boldsymbol{\theta}_t = \boldsymbol{\theta}\} \tag{7.4}$$

由式（7.4）可知，策略函数为在确定时间步 t 的状态下采取任何可能动作的具体概率，因此可将策略函数 $\pi_{\boldsymbol{\theta}}$ 当作概率密度函数。在实际采取策略产生的动作时，可按照该概率分布进行采样。其中，参数 $\boldsymbol{\theta}$ 决定了策略函数概率分布的形态。

概率密度函数

对于一维实随机变量 X，设其累积分布函数为 $F_X(x)$，如果存在可测函数 $f_X(x)$ 满足 $F_X(x) = \int_{-\infty}^{x} f_X(t)\mathrm{d}t$，那么 X 为连续型随机变量，并且 $f_X(x)$ 为 X 的概率密度函数。

针对连续型随机变量的概率密度函数，如果概率密度函数 $F_X(x)$ 在点 x 上连续，那么累积分布函数可导且导数为 $\mathrm{d}F_X(x)/\mathrm{d}t = f_X(x)$。

由于随机变量 X 的取值只取决于概率密度函数的积分，所以概率密度函数在个别点上的取值不会影响随机变量的表现。即如果一个随机变量 X 的概率密度函数取值不同的点只有有限个、可数无限个或者相对于整个实数轴来说测度为 0，那么该函数也可以为随机变量 X 的概率密度函数。

在本章中，将策略的目标函数设为智能体关于奖励的期望，并以 $J(\boldsymbol{\theta})$ 来表示。并采用策略梯度法求解目标函数 $J(\boldsymbol{\theta})$ 的梯度，进而学习出策略参数 $\boldsymbol{\theta}$。为了使求解的梯度最大（即最大化奖励的期望），可使用梯度上升算法更新目标函数的策略参数 $\boldsymbol{\theta}$。

$$\boldsymbol{\theta}_{t+1} = \boldsymbol{\theta}_t + \alpha \nabla \hat{J}(\boldsymbol{\theta}_t) \tag{7.5}$$

其中，$\nabla \hat{J}(\boldsymbol{\theta}_t)$ 为策略梯度。

后续所有遵循该通用模式式（7.5）的方法都称为策略梯度法。

7.1.2　策略梯度法与值函数近似法的区别

本节给出策略梯度与值函数近似两种方法在动作选择上的具体差异。

❑ **值函数近似法**：在值函数近似法中，动作选择的策略是不变的，如固定使用 ε-贪婪算法作为策略选择方法。即在时间步 t 的状态 s_t 下，选择动作的方式是固定的。

❑ **策略梯度法**：在策略梯度法中，智能体会学习不同的策略。即在某个时间步 t 的状态 s_t 下，根据动作的概率分布进行选择，且该动作概率分布可能会被不断地调整。

相比于值函数近似法，基于策略求解方法的策略梯度法能够让智能体在学习的过程中学会不同的策略，进而根据某状态的动作概率分布，选择将要执行的动作。图7.2直观地展示了在GridWorld游戏上，两种学习方法最终的表现差异。

图7.2a为GridWorld环境，目标是使得智能体能够从格子S走到格子G。其中，格子X为陷阱，格子O为可行走区域。图7.2b为值函数近似法的求解结果，即通过ε-贪婪策略选择最大的动作值作为策略；最终，智能体只能获得1条从S到达G的路径（每个格子中的箭头表示所选择的动作）。图7.2c为策略梯度法的求解结果，智能体最终能够获得3条从S到达G的路径。例如，在初始状态格子S上就存在两种分属不同概率的动作可供智能体选择。由图7.2b和图7.2c对比可知，值函数近似法学习到策略是固定的，而策略梯度法能够为智能体学习到多种策略。

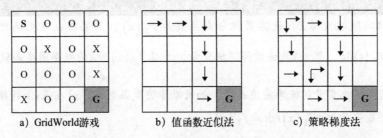

a）GridWorld游戏　　　　b）值函数近似法　　　　c）策略梯度法

图7.2　在GridWorld游戏中，值函数近似法和策略梯度法的实际表现对比

7.1.3　策略梯度法的优缺点

7.1.1节和7.1.2节对策略梯度法做了较为详细的介绍，并与值函数近似法在动作选择上的差异做了详细对比。由图7.2给出的示例可知，在实际任务中，策略梯度法的表现优于值函数近似法，但这并不代表策略梯度法毫无缺点。接下来对策略梯度法的优缺点做一个较为全面的介绍。

1．策略梯度法的优点

相比于基于价值的强化学习求解方法（值函数近似法），策略梯度法主要具有以下3个方面的优势。

❑ **易收敛**：策略梯度法具有更好的收敛性。因为在学习训练过程中，策略梯度法每次更新策略函数时，参数只发生细微的变化，但参数的变化却是朝着正确的方向进行迭代，这使得算法具有更好的收敛性。而价值函数在学习训练的后期，参数会围绕着最优值附近持续小幅度地波动，导致算法难收敛。

❑ **能高效处理连续动作空间的任务**：值函数近似法不适用于连续动作空间的强化学习任务。因为对于拥有高维度或者连续状态空间的任务，基于价值的求解方法在得到价值函数后，需要比较某时间步t的状态s_t中相关动作对应的价值大小。如果此时动作空间维度较高或者动作空间是一个无限的集合，从中计算最大动作值函数 $\arg\max q(s,a)$ 将会异常困难。而策略梯度 $\pi_\theta(s,a)$ 为概率密度函数，实际的输出是一个实值，从而大大降低了计算复杂度。

□ **能学习随机策略**: 在具有显著函数逼近的问题中, 最优策略可能是随机策略。而在值函数近似法中, 最后利用贪婪策略选择价值最大的值作为动作值输出, 这导致其每次的输出值都是固定的, 难以学习到随机策略。而策略梯度通过Softmax策略和高斯策略(在7.3.2节进行具体介绍)引入随机过程, 这使得智能体能够学习出可能是随机策略的最优近似策略。

2. 策略梯度法的缺点

在实际任务中, 策略梯度法存在以下3个方面不足。

□ **通常收敛到局部最优解, 而非全局最优解**: 由于策略梯度基于连续的任务, 动作空间可能是无限的, 因此很多时候不一定能够找到全局最优解。值得注意的是, 在策略梯度法的优点中提到的策略梯度易收敛到最优解, 但该最优解不一定是全局最优解。

□ **策略评估效率低下**: 策略梯度在每次更新参数时, 在梯度改变的方向都进行小幅度修正。优势是使得学习过程较为平滑, 但伴随而来的是降低了策略评估的学习效率。

□ **方差较高**: 策略梯度学习过程较为缓慢, 具有更高的可变性(随机性), 这导致智能体在探索过程中会出现较多无效的尝试, 使整体策略值方差较高。

综上对比可知, 策略梯度法和函数近似法各有千秋, 在实际的强化学习任务中, 具体采用何种方法, 需依据强化学习任务的特点和需求而定。

确定性策略

确定性策略指给定状态 s_t, 输出具体动作值a; 且无论何时到达该状态 s_t, 输出的动作值 a 都是固定的。

随机策略

随机策略指给定状态 s_t, 输出该状态下可执行的动作概率分布。即使在相同的状态 s_t 下, 每次采取的动作 a_n 也可能不同。

随机策略可能是最优策略

在现实环境中, 很多问题的最优解决方案并不一定是确定性策略, 有可能是随机策略。例如, 在"剪刀石头布"游戏中, 如果按照固定策略进行游戏, 反而易于输掉比赛。而如果采用随机策略, 却不失为一种更好的游戏策略。

7.2 策略目标函数

如7.1节所述, 基于策略的强化学习的目标是期望获得更多的奖励(最大化奖励), 即需要构建用以学习参数向量 $\boldsymbol{\theta}$ 的策略目标函数 $J(\boldsymbol{\theta})$，并对该目标函数进行优化。

目标函数的主要作用是用来衡量策略的好坏程度，针对不同任务有3个策略目标函数可供选择：起始价值、平均价值和时间步平均奖励。起始价值目标函数适用于每次从起始状态开始的强化学习任务，平均价值和时间步平均奖励目标函数适用于连续动作空间的环境任务。接下来，对这3个策略目标函数分别进行介绍。

7.2.1 起始价值

在能够产生完整经验轨迹的环境下（即智能体能够从状态 s_0 出发到达终止状态 s_T），可以从起始状态 s_0 开始计算，以一定的概率分布到达终止状态 s_T 为止，智能体所获得的累积奖励称为起始价值（Start Value）v_0。即算法需要找到一个策略 π_θ，使得智能体能够基于该策略从状态 s_0 开始执行并获得起始价值的奖励。算法的优化目标为最大化该起始价值。

$$J_{sv}(\boldsymbol{\theta}) = v^{\pi_\theta}(s_0) = \mathbb{E}_{\pi_\theta}[v_0] \tag{7.6}$$

7.2.2 平均价值

当智能体处于连续环境状态（即基于连续的强化学习任务）时，智能体不存在起始状态 s_0，无法获得起始价值。此时，可使用平均价值（Average Value）作为目标策略函数。基于智能体在时刻 t 状态下的概率分布（即智能体在该时间的状态分布），针对每个可能的状态计算从该时间 t 开始持续与环境进行交互所能获得的奖励，并按照时间 t 状态的概率分布进行求和。

$$J_{avgV}(\boldsymbol{\theta}) = \sum_{s \in \mathcal{S}} d^{\pi_\theta}(s) v^{\pi_\theta}(s) \tag{7.7}$$

其中，$d^{\pi_\theta}(s)$ 为在策略 π_θ 下关于状态 s 的分布。在连续的环境下，某时刻智能体具体的状态由概率分布决定。

7.2.3 时间步平均奖励

对于连续的环境状态，平均价值和时间步平均奖励（Average Reward per Time-step）的区别在于策略目标的计算，平均价值使用时刻 t 下状态的平均价值，而时间步平均奖励则是使用时刻 t 状态下所有动作的期望，即将每一时间步的平均奖励作为策略目标函数。首先在一个确定的时间步长中，计算智能体所有状态的可能性。随后，计算在每一种状态下采取所有动作能够得到的即时奖励，所有奖励按概率求和进行计算。每个时间步的平均奖励计算方式如下。

$$J_{avgR}(\boldsymbol{\theta}) = \sum_{s \in \mathcal{S}} d^{\pi_\theta} \sum_{s \in \mathcal{S}} \pi_\theta(a|s) r_{s,a} \tag{7.8}$$

其中，d^{π_θ} 为在策略 π_θ 下状态的概率分布，$\pi_\theta(a|s)$ 为状态 s 下按照策略 π_θ 执行动作 a 的概率，$r_{s,a}$ 为状态 s 下执行动作 a 所获得的即时奖励。

7.3 优化策略目标函数

定义完策略目标函数 $J(\boldsymbol{\theta})$ 后，需要优化策略参数向量 $\boldsymbol{\theta}$ 使得策略目标函数 $J(\boldsymbol{\theta})$ 的值最大，即找到参数 $\boldsymbol{\theta}$ 使得目标函数值最大。

引入策略梯度定理对策略目标函数进行求解，最终得到评价函数 $\nabla_{\boldsymbol{\theta}}\log\pi_{\boldsymbol{\theta}}(a\,|\,s)$ 和基于该策略的动作值函数 $q^{\pi_{\boldsymbol{\theta}}}(s,a)$：对于评价函数 $\nabla_{\boldsymbol{\theta}}\log\pi_{\boldsymbol{\theta}}(s,a)$ 可通过Softmax策略函数或者高斯策略函数进行求解；对于动作值函数 $q^{\pi_{\boldsymbol{\theta}}}(s,a)$，可通过动态规划法、蒙特卡洛法、时间差分法进行学习。

接下来，对策略梯度、评价函数以及策略梯度定理分别进行介绍。

7.3.1 策略梯度

对策略目标函数进行求导称为策略梯度。假设 $J(\boldsymbol{\theta})$ 为任何类型的策略目标函数，策略梯度法则是使策略目标函数 $J(\boldsymbol{\theta})$ 沿着梯度上升的方向找到最大值。策略目标函数关于参数 $\boldsymbol{\theta}$ 的导数为：

$$\Delta\boldsymbol{\theta} = \alpha\nabla_{\boldsymbol{\theta}}J(\boldsymbol{\theta}) \tag{7.9}$$

其中，α 为学习率。策略梯度 $\nabla_{\boldsymbol{\theta}}J(\boldsymbol{\theta})$ 的具体表达式为：

$$\nabla_{\boldsymbol{\theta}}J(\boldsymbol{\theta}) = \left(\frac{\delta J(\boldsymbol{\theta})}{\delta\theta_1}, \frac{\delta J(\boldsymbol{\theta})}{\delta\theta_2}, \cdots, \frac{\delta J(\boldsymbol{\theta})}{\delta\theta_n}\right)^{\mathrm{T}} \tag{7.10}$$

7.3.2 评价函数

根据微积分的基本定理，有：

$$\mathrm{d}\log(y) = \frac{\mathrm{d}y}{y} \tag{7.11}$$

假设策略 $\pi_{\boldsymbol{\theta}}$ 非零时可微，利用似然比的概念，函数在某变量 θ 处的梯度等于该处函数值与该函数的对数函数在此处梯度的乘积：

$$\nabla_{\boldsymbol{\theta}}\pi_{\boldsymbol{\theta}}(a|s) = \pi_{\boldsymbol{\theta}}(a|s)\frac{\nabla_{\boldsymbol{\theta}}\pi_{\boldsymbol{\theta}}(a|s)}{\pi_{\boldsymbol{\theta}}(a|s)} \tag{7.12}$$
$$= \pi_{\boldsymbol{\theta}}(a\,|\,s)\nabla_{\boldsymbol{\theta}}\log\pi_{\boldsymbol{\theta}}(s,a)$$

策略的对数梯度 $\nabla_{\boldsymbol{\theta}}\log\pi_{\boldsymbol{\theta}}(a\,|\,s)$ 称为评价函数（Score Function）。式（7.12）中的策略函数 $\pi_{\boldsymbol{\theta}}(a|s)$ 根据应用场景不同（离散型强化学习任务、连续型强化学习任务），分别对应两种计算方式：针对离散型强化学习任务的Softmax策略和针对连续型强化学习任务的高斯策略。

1. Softmax策略

离散型强化学习任务中，动作或状态之间不相关。针对离散动作强化学习任务，通常将离散型任务的动作看成多个特征在一定权重参数下的线性代数和。

$$\phi(s,a)^{\mathrm{T}}\,\boldsymbol{\theta} \tag{7.13}$$

其中，$\boldsymbol{\theta}$为权重参数，$\phi(s,a)$为特征向量，$\phi(s,a)^{\mathrm{T}}\,\boldsymbol{\theta}$为使用线性组合的特征函数。式（7.13）的物理含义为使用参数θ拟合表示在状态s下执行动作a的概率函数。

显而易见，策略的动作概率正比于计算出的特征函数值。

$$\pi_{\boldsymbol{\theta}}(a\,|\,s) \propto \mathrm{e}^{\phi(s,a)^{\mathrm{T}}\,\boldsymbol{\theta}} \tag{7.14}$$

为了更好地求解策略的概率大小，利用Softmax函数来表示策略函数。

$$\pi_{\boldsymbol{\theta}}(a\,|\,s) = \frac{\exp\!\left(\phi(s,a)^{\mathrm{T}}\,\boldsymbol{\theta}\right)}{\displaystyle\sum_{a'\in A}\exp\!\left(\phi(s,a')^{\mathrm{T}}\,\boldsymbol{\theta}\right)} \tag{7.15}$$

通常将式（7.15）称为Softmax策略函数，由式（7.15）易求得Softmax策略的对数梯度。

$$\nabla_{\boldsymbol{\theta}}\log\pi_{\boldsymbol{\theta}}(a\,|\,s) = \phi(s,a) - \sum_{a'\in A}\pi_{\boldsymbol{\theta}}(a'\,|\,s)\phi(s,a') \tag{7.16}$$

综上可知，针对离散型强化学习任务，Softmax策略可输出状态s下所有可能执行动作的概率分布。

2. 高斯策略

与离散型强化学习任务不同，连续性的强化学习任务通常是动作或者状态相关的。如自动驾驶的方向和速度必须是连续的，即上一个时刻的方向和速度与下一个时刻息息相关。针对连续型的强化学习任务，通常采用高斯策略。

在计算高斯函数时，需要用到均值$\mu(s)$和方差σ^2。均值一般用参数化来表示，如使用特征$\phi(s)$与参数θ的线性代数和。

$$\mu(s) = \phi(s)^{\mathrm{T}}\,\boldsymbol{\theta} \tag{7.17}$$

方差σ^2可以设为固定值，也可以类似于均值$\mu(s)$使用参数化进行表示。

智能体的动作对应一个具体的数值，该数值由均值为$\mu(s)$、标准差为σ的高斯分布中随机采样生成。

$$a \sim N\!\left(\mu(s), \sigma^2\right) \tag{7.18}$$

此时，策略函数$\pi_{\boldsymbol{\theta}}(a\,|\,s)$可由高斯函数$N\!\left(\mu(s), \sigma^2\right)$进行表达（基于高斯函数的策略函数又称为高斯策略函数）。

$$\pi_{\boldsymbol{\theta}}(a\,|\,s) = \frac{1}{\sqrt{2\pi}\sigma}\exp\!\left(-\frac{a-\mu^2(s)}{2\sigma^2}\right) \tag{7.19}$$

由式（7.19）易求得高斯策略函数的对数梯度为：

$$\nabla_{\boldsymbol{\theta}} \log \pi_{\boldsymbol{\theta}}(a \mid s) = \frac{\left(a - \phi(s)^{\mathrm{T}} \boldsymbol{\theta}\right)\phi(s)}{\sigma^2} \tag{7.20}$$

7.3.3 策略梯度定理

基于策略的强化学习任务，主要是对策略目标函数进行梯度计算，即计算策略梯度 $\nabla_{\boldsymbol{\theta}} J(\boldsymbol{\theta})$。这里正式引入策略梯度定理（Policy Gradient Theorem），即无论基于何种策略 $\pi_{\boldsymbol{\theta}}(a \mid s)$ 和策略目标函数 $J = J_0, J_{avgV}, J_{avgR}$，策略梯度均为：

$$\nabla_{\boldsymbol{\theta}} J(\boldsymbol{\theta}) = \mathbb{E}_{\pi_{\boldsymbol{\theta}}} \left[\nabla_{\boldsymbol{\theta}} \log \pi_{\boldsymbol{\theta}}(a \mid s) q^{\pi_{\boldsymbol{\theta}}}(s, a) \right] \tag{7.21}$$

由策略梯度定理式（7.21）可知，只要得到评价函数 $\nabla_{\boldsymbol{\theta}} \log \pi_{\boldsymbol{\theta}}(a \mid s)$ 和关于该策略的动作值函数 $q^{\pi_{\boldsymbol{\theta}}}(s, a)$，就可以求解基于策略的强化学习问题。

对于评价函数 $\nabla_{\boldsymbol{\theta}} \log \pi_{\boldsymbol{\theta}}(s, a)$，可通过7.3.2节介绍的Softmax策略函数或者高斯策略函数求得；对于动作值函数 $q^{\pi_{\boldsymbol{\theta}}}(s, a)$，可通过即将介绍的有限差分策略梯度法、蒙特卡洛策略梯度法或演员-评论家策略梯度法进行求解。

7.4 有限差分策略梯度法

有限差分法是一种常用的数据计算方法，数学表达式为：

$$f(x+b) - f(x+a) \tag{7.22}$$

如果有限差分除以 $b-a$，则得到差商。有限差分导数的逼近在微分方程数值求解问题，特别是在边界值求解问题起着关键的作用。

利用有限差分求解策略梯度 $\nabla_{\boldsymbol{\theta}} J(\boldsymbol{\theta})$ 的方法，称为有限差分策略梯度法（Finite difference Policy Gradient）。具体而言，针对参数 $\boldsymbol{\theta}$ 的每一个分量 θ_k，可利用下式粗略计算梯度。

$$\frac{\delta J(\boldsymbol{\theta})}{\delta \theta_k} \approx \frac{J(\boldsymbol{\theta} + \varepsilon u_k) - J(\boldsymbol{\theta})}{\varepsilon} \tag{7.23}$$

其中，u_k 为单位向量，在 k 维上数值为1，其余维度上数值都为0，确保 k 维上的数据只对当前参数 $\boldsymbol{\theta}$ 产生影响。ε 为作用于 u_k 的常数。

有限差分法具有数学形式简单、无需策略函数可微且适用于任意的策略函数等优点，但有限差分法也存在噪声大、计算效率低下等不足。

7.5 蒙特卡洛策略梯度法

本节主要介绍动作值函数 $q^{\pi_{\boldsymbol{\theta}}}(s, a)$ 的第二种求解方法——蒙特卡洛策略梯度（Monte-Carlo

Policy Gradient）法：从蒙特卡洛法的经验轨迹开始，利用蒙特卡罗法对累积奖励的策略梯度进行优化。在本节最后给出了蒙特卡洛策略梯度法的代码实现，以更为直观地了解蒙特卡洛策略梯度的实际表现。

7.5.1   算法原理

蒙特卡洛法基于经验轨迹采样，智能体从起始状态s_0出发，根据策略π_θ进行采样，执行该策略T步后到达终止状态s_T，并获得一条经验轨迹，即一条关于<状态-动作-奖励>的序列。

$$\langle s_0, a_0, r_1, s_1, a_1, r_2 \cdots, s_{T-1}, a_{T-1}, r_T, s_T \rangle \tag{7.24}$$

在时刻t，累积回报奖励为$G_t = r_t + \gamma r_{t+1} + \cdots + \gamma^{T-1} r_T$，经验轨迹的累积回报奖励$G_t$在蒙特卡洛法中等价于动作值$Q^{\pi_\theta}(s,a)$（具体细节请参考第5章）。由此可得基于蒙特卡洛法的策略梯度。

$$\Delta\theta_t = \alpha\nabla_\theta \log \pi_\theta(s_t, a_t) G_t \tag{7.25}$$

需要特别注意的是，使用t时刻的累积回报奖励作为当前策略下动作价值的无偏估计时，有可能带来噪声和较大的方差。

蒙特卡洛策略梯度法的具体流程如算法7.1所示。首先使用梯度下降算法（SGD）拟合策略函数，以更新参数θ。最后，根据策略梯度定理，使用累计奖励G_t来更新策略的梯度。

算法7.1   蒙特卡洛策略梯度算法流程

输入：

可微的策略函数$\pi_\theta(a\,|\,s)$

初始化：

策略函数的参数θ，其中$\theta \in R$

重复 经验轨迹：

根据确定性策略$\pi_\theta(a\,|\,s)$产生一条经验轨迹$\left(s_0, a_0, r_1, s_1, a_1, r_2 \cdots, s_{T-1}, a_{T-1}, r_T, s_T\right)$

重复 经验轨迹中的时间步：

$G \leftarrow$ 时间步t的累积奖励

$\Delta\theta_t = \alpha\nabla_\theta \log \pi_\theta(s_t, a_t) G_t$，计算策略梯度

7.5.2   算法实现

在蒙特卡洛策略梯度算法的具体实现中使用了两个类。

（1）PolicyGardent()类，实现策略网络，用于记录经验轨迹数据，并按照式（7.25）更新策略梯度参数 θ，对智能体与环境交互的数据进行学习。

（2）Monte_Carlo_Policy_Gradient()类，用于控制智能体与环境交互的相关环境和对类 PolicyGardent()中的函数传输交互信息，实现算法7.1的具体流程。

代码清单7.1给出了代码实现的环境定义，在本次示例中使用的环境为Gym库的CartPole游戏。其中，env.seed(1)用于让游戏有一个好的初始化。

【代码清单 7.1】 环境定义

```
>>> # 初始化环境
>>> env = gym.envs.make('CartPole-v0')
>>> env = env.unwrapped
>>> env.seed(1)

>>> # 输出环境信息
>>> print("env.action_sapce:", env.action_space.n)
>>> print("env.observation_sapce:", env.observation_space.shape[0])
>>> print("env.observation_space.high:", env.observation_space.high)
>>> print("env.observation_space.low:", env.observation_space.low)
```

代码清单7.2给出了代码清单7.1的环境输出信息。由代码清单7.2可知，环境的动作空间为2维，状态空间为4维。策略网络的输入为4维的状态空间，经过带有Softmax函数的神经网络并用梯度下降算法进行优化更新，并输出2维的动作空间。这使得智能体能够根据当前状态空间找到属于该状态空间的动作，并利用奖励去指导策略网络更新。

【代码清单 7.2】 环境定义结果显示

```
# 动作空间
env.action_sapce: 2
# 状态空间
env.observation_sapce: 4

env.observation_space.high: [4.8000002e+00 3.4028235e+38 4.1887903e-01
3.4028235e+38]
env.observation_space.low: [-4.8000002e+00 -3.4028235e+38 -4.1887903e-01
-3.4028235e+38]
```

接下来，介绍控制智能体与环境交互的类Monte_Carlo_Policy_Gradient()的实现，如代码清单7.3和7.4所示。代码清单7.3给出了策略梯度的输入输出数据要求，代码清单7.4给出了整体算法中策略网络如何对智能体选择策略产生影响以及如何在经验轨迹采样时进行策略梯度学习。

具体而言，代码清单7.3为类的构造函数，主要用于初始化相关参数和策略网络类 PolicyGradient()。与前面章节代码类似，同样使用nametuple和defalutdict类型记录强化学习算法在学习过程中产生的数据，用于后续的可视化展示。其中，episode_len为经验轨迹长度，episode_reward为经验轨迹奖励。

【代码清单 7.3】 蒙特卡洛策略梯度类

```
class Monte_Carlo_Policy_Gradient():
```

```
"""
蒙特卡洛策略迭代方法类
"""

def __init__(self, env, num_episodes=200, learning_rate=0.01,\
             reward_decay=0.95):
    # 初始化参数
    # 动作空间
    self.nA = env.action_space.n
    # 状态空间
    self.nS = env.observation_space.shape[0]
    # 声明环境
    self.env = env
    # 迭代次数
    self.num_episodes = num_episodes
    # 奖励衰减系数
    self.reward_decay = reward_decay
    # 网络学习率
    self.learning_rate = learning_rate
    # 记录所有的奖励
    self.rewards = []
    # 最小奖励阈值
    self.RENDER_REWARD_MIN = 20
    # 是否重新分配环境标志位
    self.RENDER_ENV = False

    # 初始化策略网络类
    self.PG = PolicyGradient(n_x=self.nS, n_y=self.nA,
                             learning_rate=self.learning_rate,
                             reward_decay=self.reward_decay)

    # 记录经验轨迹的长度和奖励
    # keep track of useful statistic
    record_head = namedtuple("Stats", ["episode_lengths","episode_rewards"])
    self.record = record_head(
                        episode_lengths = np.zeros(num_episodes),
                        episode_rewards = np.zeros(num_episodes))
```

　　代码清单7.4详细实现了算法7.1中的蒙特卡洛法策略梯度算法。其中，使用itertools.count()来代替while(True)进行单次经验轨迹的遍历。值得注意的是，环境重置函数env.render()使用了标志位RENDER_ENV：当算法检测到如果历史最大奖励max_reward大于奖励的最小阈值RENDER_REWARD_MIN时，标志位RENDER_ENV被设置为True并重置环境。其主要作用在于增加环境的复杂性，让环境尽可能产生不一样的状态，并非每次进入经验轨迹采样的过程都是相同的。

　　在单次经验轨迹运行中主要有5个步骤。

❏ **步骤1**：将环境产生的状态作为输入，并根据一定的策略选择所需执行的动作。

❏ **步骤2**：执行步骤1所产生的动作，并得到新的状态和奖励。

- □ **步骤3**：记录当前经验轨迹产生的反馈信号，用于当前经验轨迹结束后训练策略网络。
- □ **步骤4**：在当前经验轨迹结束（游戏结束）后，利用步骤3记录的经验轨迹信息进行学习，并更新策略网络。
- □ **步骤5**：把下一个时间步的状态赋值给当前时间步，并重新回到步骤1，将结果作为策略选择的输入。

【代码清单 7.4】 蒙特卡洛策略梯度算法

```python
def mcpg_learn(self):
    """
    蒙特卡洛策略梯度算法
    """

    # 迭代经验轨迹次数
    for i_episode in range(self.num_episodes):
        # 输出经验轨迹迭代信息
        num_present = (i_episode+1) / self.num_episodes
        print("Episode {}/{}".format(i_episode + 1, self.num_episodes))
        print("=" * round(num_present*60))

        # 初始化环境
        # 环境reset
        state = env.reset()
        # 初始化奖励为0
        reward = 0

        # 遍历经验轨迹
        for t in itertools.count():
            # 如果环境重置标志位为True，则对环境进行重置
            if self.RENDER_ENV: env.render()

            # 步骤1：根据给定的状态，策略网络选择出相应的动作
            action = self.PG.choose_action(state)

            # 步骤2：环境执行动作给出反馈信号
            next_state, reward, done, _ = env.step(action)

            # 步骤3：记录环境反馈信号，用于策略网络的训练数据
            self.PG.store_transition(state, action, reward)

            # 更新记录信息
            self.record.episode_rewards[i_episode] += reward
            self.record.episode_lengths[i_episode] = t

            # 游戏结束
            if done:
                # 计算本次经验轨迹所获得的累积奖励
                episode_rewards_sum = sum(self.PG.episode_rewards)
```

```
        self.rewards.append(episode_rewards_sum)
        max_reward = np.amax(self.rewards)

        # 步骤4：结束游戏后对策略网络进行训练
        self.PG.learn()

        标准化输出信息
        print("reward:{}, max reward:{}, episode:{}\n".format(
                episode_rewards_sum, max_reward, t))

        # 如果历史最大奖励大于奖励最小阈值，则重置环境标志位为True
        if max_reward > self.RENDER_REWARD_MIN: self.RENDER_ENV = True

        # 退出本次经验轨迹
        break

    # 步骤5：存储下一个状态作为新的状态记录
    state = next_state

# 返回记录数据
return self.record
```

代码清单7.5为策略梯度类PolicyGardent()的实现。需要特别注意的是，PolicyGardent类是算法的核心，能够根据式（7.25）更新策略梯度参数 θ。在类初始化阶段设定相关参数，如策略网络的输入（n_x）、输出（n_y）、梯度下降算法的学习率（learning_rate）、奖励衰减率（reward_decay）以及用于记录智能体采样经验轨迹数据的状态（episode_states）、动作（episode_actions）和奖励（episode_reward）。

【代码清单 7.5】　策略梯度类

```
class PolicyGradient():
    """
    策略梯度强化学习类，使用一个3层的神经网络作为策略网络
    """

    def __init__(self, n_x, n_y,
            learning_rate=0.01, reward_decay=0.95,
            load_path=None, save_path=None):
    """
    策略梯度类构造函数，初始化相关参数
    """

    # 初始化参数
    # 策略网络输入
    self.n_x = n_x
    # 策略网络输出
    self.n_y = n_y
    # 策略网络学习率
```

```
self.lr = learning_rate
# 策略网络奖励衰减率
self.reward_decay = reward_decay

# 经验轨迹采样数据 (s,a,r)
self.episode_states, self.episode_actions, self.episode_rewards = [], [], []

# 建立策略网络
self.__build_network()
self.sess = tf.Session()

# 使用tensorBoard记录网络训练的log信息
tf.summary.FileWriter("logs/", self.sess.graph)

# 初始化tensorflow
self.sess.run(tf.global_variables_initializer())
self.saver = tf.train.Saver()
```

代码清单7.6使用tensorflow建立一个图7.3所示的3层神经网络作为策略梯度网络，该神经网络被称为策略网络（Policy Network）。输入层的神经元有4个（即为网络的输入n_x），对应强化学习任务的状态state；第一层隐层的神经元和第二层隐层的神经元数量均为10；第3层即输出层的神经元有2个（即网络的输出n_y），对应强化学习任务的动作action。（如果读者对该策略网络有疑问，可以参考第9章关于神经网络的相关内容。）

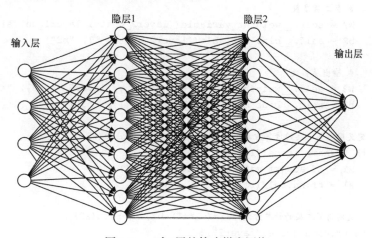

图 7.3　一个3层的策略梯度网络

【代码清单 7.6】　建立策略网络

```
def __build_network(self):
    """
    建立一个3层的神经网络
    """
```

```python
# 创建tensorflow的输入占位符
with tf.name_scope('inputs'):
    self.X = tf.placeholder(tf.float32, shape=(self.n_x, None), name="X")
    self.Y = tf.placeholder(tf.float32, shape=(self.n_y, None), name="Y")
    self.disc_norm_ep_reward = tf.placeholder(tf.float32, [None, ],
                                                name="actions_value")


# 定义层数的神经元
# 第一层隐层神经元数
layer1_units = 10
# 第二层隐层神经元数
layer2_units = 10
# 输出层神经元数
layer_output_units = self.n_y

# 定义神经网络所使用到的权重参数W和偏置b
with tf.name_scope("parameter"):
    # 第一层参数
    W1 = self.__weigfht_variable([layer1_units, self.n_x], "W1")
    b1 = self.__bias_bariable([layer1_units, 1], "b1")

    # 第二层参数
    W2 = self.__weigfht_variable([layer2_units, layer1_units], "W2")
    b2 = self.__bias_bariable([layer2_units, 1], "b2")

    # 输出层参数
    W3 = self.__weigfht_variable([self.n_y, layer2_units], "W3")
    b3 = self.__bias_bariable([self.n_y, 1], "b3")


# 定义网络第一层的计算方式: z1=(w1*X)+b1, a1=relu(z1)
with tf.name_scope("layer1"):
    z1 = tf.add(tf.matmul(W1, self.X), b1)
    a1 = tf.nn.relu(z1)


# 定义网络第二层的计算方式: z2=(w2*a1)+b2, a2=relu(z2)
with tf.name_scope("layer2"):
    z2 = tf.add(tf.matmul(W2, a1), b2)
    a2 = tf.nn.relu(z2)


# 定义网络输出层的计算方式: z3=(w3*a2)+b3, a3=relu(z3)
with tf.name_scope("layer_output"):
    z3 = tf.add(tf.matmul(W3, a2), b3)
    a3 = tf.nn.softmax(z3)
```

```
logits = tf.transpose(z3)
labels = tf.transpose(self.Y)
self.outputs_softmax = tf.nn.softmax(logits, name='A3')

# 定义神经网络的损失函数
with tf.name_scope('loss'):
    neg_log_prob = tf.nn.softmax_cross_entropy_with_logits_v2(
                        logits=logits, labels=labels)
    # reward guided loss
    loss = tf.reduce_mean(neg_log_prob * self.disc_norm_ep_reward)

# 定义神经网络的训练方式
with tf.name_scope('train'):
    self.train_op = tf.train.AdamOptimizer(self.lr).minimize(loss)

PolicyGradient.__build_network()
```

　　第一层和第二层均使用ReLU函数作为激活函数，输出层使用Softmax函数作为输出。损失函数使用交叉熵（cross_entropy）函数，梯度下降的训练优化函数使用Adam算法进行优化。值得注意的是，对于损失函数的计算：loss = tf.reduce_mean(neg_log_prob * self.disc_norm_ep_reward)，使用经过归一化的本次经验轨迹的奖励回报disc_norm_ep_reward用以指导损失函数的计算。

　　代码清单7.7中给出了动作选择函数的代码实现，输入为当前经验轨迹的状态，输出为该状态对应的动作。

【代码清单 7.7】　动作选择函数

```
def choose_action(self, state):
    """
    根据给定的状态选择对应的动作
    """
    # 对状态的存储格式进行转换，便于神经网络的输入
    state = state[:, np.newaxis]

    # 神经网络的前馈计算
    prob_actions = self.sess.run(self.outputs_softmax,
    feed_dict={self.X: state})

    # 根据得到的动作概率随机选择一个作为需要执行的动作
    action = np.random.choice(range(len(prob_actions.ravel())),
    p=prob_actions. ravel())

    return action

PolicyGradient.choose_action()
```

代码清单7.8给出了单次经验轨迹数据的存储函数store_memory()的实现。其中，环境的状态（state）和奖励（reward）通过追加（append）方式存储在list对象中；动作存储在对应的动作空间（action_）中，并同样通过追加方式存储在对应的list对象中。

【代码清单 7.8】 存储智能体与环境交互的信息

```
def store_meomry(self, state, action, reward):
    """
    存储经验轨迹产生的数据作为后续神经网络的训练数据
    """
    # 记录状态数据
    self.episode_states.append(state)
    # 记录奖励数据
    self.episode_rewards.append(reward)

    # 创建动作空间
    action__ = np.zeros(self.n_y)
    # 当前执行的动作设置为1其余为0
    action__[action] = 1
    # 创建动作空间
    self.episode_actions.append(action__)
```

PolicyGradient. store_memory()

有了代码清单7.6所示的策略网络，接下来需要对策略网络进行训练以期望其能够通过梯度下降算法学习策略参数 θ，使得损失函数值不断减少。代码清单7.9给出了具体的实现方式。利用tensorflow的sess.run()作为训练函数，输入数据feed_dict为网络的输入X，网络的输出Y和经过数据处理后的奖励信息disc_norm_ep_reward用于指导学习。由于本轮学习完之后已经更新了网络中的参数 θ，因此不需要保存本次经验轨迹的数据。

【代码清单 7.9】 策略梯度类的学习（更新）函数

```
def learn(self):
    """
    根据经验轨迹数据对神经网络进行训练
    """
    # 奖励数据处理
    disc_norm_ep_reward = self.__disc_and_norm_rewards()

    # 训练本次经验轨迹产生的数据
    self.sess.run(self.train_op, feed_dict={
        self.X: np.vstack(self.episode_states).T,
        self.Y: np.vstack(self.episode_actions).T,
        self.disc_norm_ep_reward: disc_norm_ep_reward,
    })
```

```
# 重置经验轨迹数据用于记录下一条经验轨迹
self.episode_states, self.episode_actions, self.episode_rewards = [], [], []
```

PolicyGradient. learn ()

在实现完类PolicyGardent()和类Monte_Carlo_Policy_Gradient()之后，接下来运行蒙特卡洛策略梯度算法，如代码清单7.10所示。首先，构造Monte_Carlo_Policy_Gradient()类；然后，调用蒙特卡洛策略梯度算法mcpg_learn()；最后，将输出保存到result对象中，用于后续的数据展示。

【代码清单 7.10】 运行蒙特卡洛策略梯度法

```
>>> tf.reset_default_graph()
>>> mcpg = Monte_Carlo_Policy_Gradient(env, num_episodes=200)
>>> result = mcpg.mcpg_learn()
```

代码清单7.11给出了具体的运行结果。其中，奇数行显示迭代的次数（以200次为上限），括号为百分比进度条；偶数行为单次迭代即经验轨迹的内容，reward为本次经验轨迹所获得的总奖励、max reward为之前的所有经验轨迹中的最大奖励、episode len为本次经验轨迹的长度。

【代码清单 7.11】 蒙特卡洛策略梯度法运行结果

```
Episode 1/200 [=                              ]
reward:19.0, max reward:19.0, episode len:18
Episode 2/200 [=                              ]
reward:10.0, max reward:19.0, episode len:9
Episode 3/200 [=                              ]
reward:13.0, max reward:19.0, episode len:12
Episode 4/200 [==                             ]
reward:13.0, max reward:20.0, episode len:12
                        …
                        …
                        …
Episode 196/200 [============================ ]
reward:1989.0, max reward:4560.0, episode len: 1988
Episode 197/200 [============================ ]
reward:2502.0, max reward: 4560.0, episode len: 2501
Episode 198/200 [============================ ]
reward:3452.0, max reward: 4560.0, episode len: 3451
Episode 199/200 [============================]
reward:4251.0, max reward: 4560.0, episode len: 4250
```

在算法运行的过程中，可以观察到图7.4所示的不同迭代次数的游戏对比。在算法迭代的初期阶段，CartPole游戏的杆子很快就掉下并重新启动游戏进行下一轮的经验轨迹采样；当游戏的迭代次数超过100后，通过实验观察到游戏中杆子一旦往一侧倾斜后，杆子底部的黑色滑块开始移动并试图阻止杆子往一边倾倒，直到黑色滑块移动到游戏窗口边沿后，重新开始游戏；最终当算法迭代到500次时，智能体已经适应了CartPole游戏，能够与游戏对弈数分钟使得杆子不掉下，并获得上万的奖励值。综上，随着迭代次数的增加，智能体能够找到更优的策略，以在CartPole游戏中获得更高的奖励。

a) 迭代10次   b) 迭代100次

图7.4   不同迭代次数，智能体在CartPole游戏中的表现对比

代码清单7.12对蒙特卡洛策略梯度算法的学习过程进行可视化展示，函数plot_episode_stats()的具体实现见第6章的代码清单6.15。其中，函数的输入为PolicyGardent()类的记录结果，输出为图7.5所示的3幅蒙特卡洛策略梯度算法学习过程的记录曲线图。

【代码清单 7.12】　显示记录数据

```
>>> plot_episode_stats(result)
```

图7.5a为经验轨迹长度的可视化结果，横坐标为迭代次数，纵坐标为每次迭代的经验轨迹长度。由图7.5a可知，总体上，经验轨迹长度在持续上升。图7.5b为经验轨迹奖励的可视化结果，与其他算法对比，策略梯度在游戏中的优势非常显著：当迭代到200次时奖励已经高达1700，明显高于其他求解算法。作者尝试将迭代次数调整到1000，但在第800次迭代时智能体已经能够熟练掌握CartPole游戏，并能够在该游戏中持续数十分钟获得超过100000的奖励，表现十分惊人。图7.5c为单次经验轨迹的游戏时长，图中可以看出随着经验轨迹迭代次数的增加，游戏时长随之增加。经历30000次经验轨迹迭代后，算法已经趋于稳定和收敛状态。

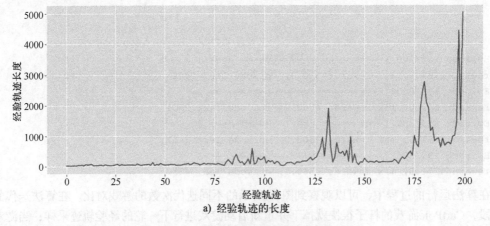

a) 经验轨迹的长度

图7.5   蒙特卡洛策略梯度算法结果

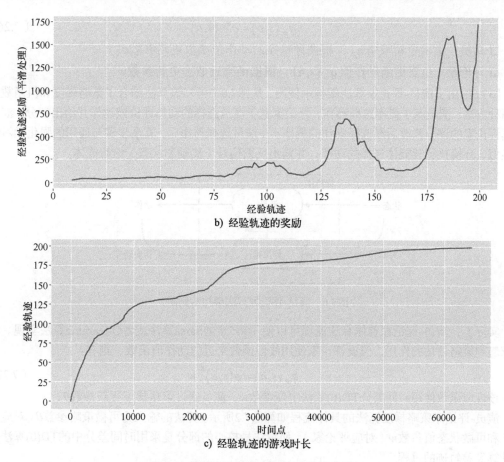

b) 经验轨迹的奖励

c) 经验轨迹的游戏时长

图7.5　蒙特卡洛策略梯度算法结果（续）

7.6　演员-评论家策略梯度法

蒙特卡洛策略梯度法使用经验轨迹的平均累积回报奖励 G_t 来估计动作值函数 $q^{\pi_\theta}(s,a)$，虽然数据无偏，却带来了较大的噪声和方差。而演员-评论家策略梯度法能够相对准确地估计动作值函数 $q^{\pi_\theta}(s,a)$，并用相对准确的动作值去指导策略更新，进而带来更好的求解效果。

7.6.1　算法原理

演员-评论家策略梯度结合了值函数近似的求解思想，具体分为两部分：演员（Actor）和评论家（Critic）。演员负责更新策略，评论家负责更新动作值函数。

在算法原理上，演员负责计算式（7.26）策略梯度定理中的评价函数，评论家负责更新式（7.26）中关于该策略的动作值函数：

$$q_w(s,a) = q^{\pi_\theta}(s,a) \tag{7.26}$$

❑ 演员：负责更新策略 π_θ，根据评论家的动作值函数更新参数 θ。

❑ 评论家：负责更新动作值 $q_w(s,a)$，根据函数近似法更新参数 w。

图7.6给出了演员-评论家算法架构示例图，从图7.6中可知该算法结合了策略梯度和值函数近似两种方法：演员基于概率选择动作，评论家基于演员选择的动作评价该动作并给出评分，演员根据评论家的评分修改后续选择动作的概率。在演员选择动作后，其余步骤与通用的强化学习框架类似，环境执行智能体选择的动作，并输出反馈信号（奖励和状态）给智能体。

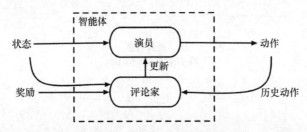

图7.6　演员-评论家算法架构示例图

实际上，演员-评论家整体算法流程可以使用第5章的Sarsa算法或者Q-learning算法实现。评论家起到策略评估的作用，假设评论家使用线性函数来近似动作值函数，则有：

$$q_w(s,a) = \phi(s,a)^{\mathrm{T}} w \tag{7.27}$$

该近似函数使用时间差分TD(0)算法更新参数 w，演员通过策略梯度更新参数 θ。

演员-评论家策略梯度算法的具体流程如算法7.2所示。算法的输入为可微策略参数 θ（对应演员）和可微状态值参数 w（对应评论家），而算法最核心的部分是采用时间差分中的TD(0)算法迭代计算经验轨迹的过程。

具体而言，智能体首先在环境中找到起始状态 s。随后按照演员的策略选择动作 $a \sim \pi_\theta(\cdot|s)$，并在环境中执行动作得到奖励和下一个状态。接下来，根据公式 $r + \gamma \hat{v}(s',w) - \hat{v}(s,w)$ 计算评论家的更新参数 δ，该更新参数 δ 将会作为演员的指导信号，指导演员该如何修正输出的动作概率。最后，进入相对应的下一个时间步执行更新操作。其中，对于演员的参数更新与7.5节中的策略梯度法相同，评论家的参数更新与第6章的值函数近似法相同。

算法7.2　演员-评论家策略梯度算法流程

输入：

　　可微分的策略函数 $\pi_\theta(a|s)$，对应演员

　　可微分的状态值函数 $\hat{v}(s,w)$，对应评论家

参数：

步长参数 α^θ 和 α^w，其中 $\alpha^\theta > 0$，$\alpha^w > 0$

初始化：

策略参数 θ 和状态值权重参数 w，其中 $\theta \in \Re^{d'}$，$w \in \Re^d$

重复 经验轨迹（episode）：

初始化本次经验轨迹中的状态 s

$I \leftarrow 1$，衰减系数

重复 经验轨迹中时间步 t（step）：

$a \sim \pi_\theta(\cdot \mid s)$

执行动作 a 并记录状态 s' 和奖励 r

$\delta \leftarrow r + \gamma \hat{v}(s', w) - \hat{v}(s, w)$，如果到达终止状态 s'，那么 $\hat{v}(S, w) = 0$

$w \leftarrow w + \alpha^w I \delta \nabla_w \hat{v}(s, w)$，更新评论家参数

$\theta \leftarrow \theta + \alpha^\theta I \delta \nabla_\theta \log \pi_\theta(a \mid s)$，更新演员参数

$I \leftarrow \gamma I$，更新衰减系数

$s \leftarrow \gamma s'$，记录衰减后状态

下面简要概述演员-评论家策略梯度法的优缺点。

- ❑ **优点**：演员-评论家策略梯度法利用了时间差分法单步更新价值函数的优势，比蒙特卡洛策略梯度法计算更快。基于经验轨迹的蒙特卡洛法需要在执行完一条完整的经验轨迹后才能更新参数，而时间差分法则是在执行完一个时间步之后立即进行参数更新。
- ❑ **缺点**：通常来说，评论家收敛较难，再加上演员的参数更新，因此总体上，演员-评论家策略梯度法更加难以收敛。

虽然演员-评论家策略梯度法的缺点严重影响了该算法的实用性和拓展性，但是使用两个智能体互相指导和提升的思想却非常值得借鉴与学习。在后续研究中，有大量的工作试图解决该算法的收敛性问题。例如，Google DeepMind团队提出了演员-评论家算法的升级版决定性策略梯度（Deep Deterministic Policy Gradient，DDPG）算法，通过融合DQN的优势很好地解决了算法收敛难的问题（该部分内容将会在第四篇中详细介绍）。

7.6.2 算法实现

演员-评论家策略梯度算法的实现使用了两个图7.3所示的3层神经网络，其中策略网络（Policy

Network）代表演员，输入为时间差分误差和状态，输出为动作；价值网络（Value Network）代表评论家，用于评价演员选取的动作好坏程度，并生成时间差分误差信号（TD Error）用以指导演员的更新。

下面从演员网络、评论家网络和总体算法3个部分分别进行介绍。

1. 演员网络

代码清单7.13给出了演员网络的具体实现。演员网络所使用的神经网络结构和蒙特卡洛策略梯度法中用到的类似，为一个3层的全连接神经网络。另外，由于演员网络可以进行单次训练，所以演员网络的输入只需要一个状态、一个动作和一个指导更新的误差信号即可（对应代码清单7.13中的td_error）。与蒙特卡洛策略梯度法中的损失函数不同，演员网络使用的是平方差损失函数tf.squared_difference而非交叉熵损失函数。

【代码清单 7.13】   演员网络

```python
class PolicyGradient():
    """
    演员网络采用策略梯度法中相同的网络结构
    """
    def __build_network(self):
        # 演员网络的输入
        with tf.name_scope('actor_inputs'):
            # 状态
            self.X = tf.placeholder(tf.float32, shape=(self.n_x, None), name="state")
            # 动作
            self.Y = tf.placeholder(tf.float32, shape=(self.n_y, None), name="action")
            # 时间差分误差
            self.td_error = tf.placeholder(tf.float32, name="td_error")

        # 演员网络的定义
        layer1_units = 10
        layer2_units = 10
        layer_output_units = self.n_y

        ….

        # 演员网络的损失函数
        with tf.name_scope('actor_loss'):
            # 使用平方误差
            neg_log_prob = tf.squared_difference(logits, labels)
            # 时间差分误差信号影响输出误差
            loss = tf.reduce_mean(neg_log_prob * self.td_error)

        # 演员网络的优化器
        with tf.name_scope('actor_train'):
```

```
        self.train_op = tf.train.AdamOptimizer(self.lr).minimize(loss)

    def store_transition(self, error):
        """
        为了使算法更加稳定，对单次经验轨迹中的时间差分误差进行存储
        """
        self.episode_tderrors.append(error)
```

代码清单7.14实现了演员网络的动作选择函数，与基本策略梯度法一样，都是根据计算出的softmax值来进行动作选择。

【代码清单 7.14】　演员网络动作选择

```
    def predict(self, state):
        # 对状态的存储格式进行转换便于神经网络的输入
        state = state[:, np.newaxis]

        # get softmax probabilities
        # 神经网络的前馈计算通过softmax函数获得动作概率
        prob_actions = self.sess.run(self.outputs_softmax,
                                     feed_dict={self.X: state})

        # return sampled action
        # 根据得到的动作概率随机选择一个动作作为需要执行的动作
        return action
```

代码清单7.15实现了演员网络的学习过程。在具体学习过程中，只将状态、动作以及时间差分值输入演员网络即可。

【代码清单 7.15】　演员网络训练

```
    def learn(self, state, action, td_error):
        # 获得action的索引值
        action__ = np.zeros(self.n_y)
        action__[action] = 1

        self.sess.run(self.train_op, feed_dict={
            self.X: np.vstack(state),
            self.Y: np.vstack(action__),
            self.td_error: td_error,
        })
```

2. 评论家网络

评论家要反馈给演员一个时间差分值来评估演员选择的动作好坏。如果时间差分值太大，表明演员选择的动作不够好，需要重复计算当前演员的动作以减少时间差分值。

时间差分目标值的计算公式为：$\delta \leftarrow R + \gamma \hat{v}(S', w) - \hat{v}(S, w)$。其中，$\hat{v}(S', w)$ 表示将状态输

入评论家网络中得到的Q值。由时间差分目标值的计算公式可知，评论家的输入包含3部分：当前状态、当前奖励以及下一个时刻的奖励值。需要注意的是，由于动作是演员网络做出的确定选择，所以无须将动作值作为输入的一部分。

评论家网络的定义大致上与演员网络类似，不同之处在于评论家网络的损失函数不受td_error的影响，直接将得到的损失值作为优化器的输入（如代码清单7.16所示）。

【代码清单 7.16】   评论家网络

```python
class ValueEstimator():
    def __init__(self, n_x, n_y,
                learning_rate=0.01, load_path=None, save_path=None):
        …

    def __build_network(self):
        …

        with tf.name_scope("critic_parameter"):
            …

        with tf.name_scope("critic_layer1"):
            …

        with tf.name_scope('critic_loss'):
            loss = tf.squared_difference(logits, labels)

        with tf.name_scope('critic_train'):
            self.train_op = tf.train.AdamOptimizer(self.lr).minimize(loss)
```

代码清单7.17给出了评论家网络的训练代码。由于评论家的任务主要是告诉演员当前选择动作的好坏程度，所以只将训练得到的时间差分值返回给演员即可。

【代码清单 7.17】   评论家网络的训练

```python
def predict(self, state):
    """
    根据给定的状态选择动作
    """
    state = state[:, np.newaxis]

    # 获得softmax概率分布
    prob_weights = self.sess.run(self.outputs, feed_dict={self.X: state})

    return prob_weights[0]
```

3. 总体算法

在实现演员网络和评论家网络后，代码清单7.16给出了算法7.2中演员-评论家算法的具体实现。演员-评论家的类构造函数与代码清单7.4类似，因此不再对此代码进行详细介绍。

需要注意的是mcpg_learn()函数，该函数为经验轨迹的具体迭代过程（学习过程），主要分为6个步骤。

- 步骤1：根据演员网络选择动作。
- 步骤2：环境执行演员网络选择的动作并得到新的状态和奖励信号。
- 步骤3：利用新的状态信号作为评论家网络的输入，计算时间差分误差（TD Error）和时间差分目标（TD Target）。
- 步骤4：利用时间差分目标更新评论家网络中的参数。
- 步骤5：利用时间差分误差更新演员网络中的参数。
- 步骤6：对下一时间步的状态进行赋值。

算法不断重复上述6个步骤，直到当前经验轨迹执行完毕为止，并输出总的奖励信息和历史最大奖励信息。

【代码清单 7.18】 演员-评论家策略梯度算法

```python
class Actor_Critic():
    def __init__(self, env, num_episodes=200,
                 learning_rate=0.01, reward_decay=0.95):

        self.nA = env.action_space.n
        self.nS = env.observation_space.shape[0]
        self.nR = 1
        …


    def mcpg_learn(self):
        """
        演员-评论家算法核心代码
        """
        # 经验轨迹迭代
        for i_episode in range(self.num_episodes):
            # 环境初始化
            state = env.reset()
            reward_ = 0

            #遍历该经验轨迹
            for t in itertools.count():
                # 步骤1：根据策略网络（Actor网络）选择动作
                action = self.actor.predict(state)

                # 步骤2：执行动作
                next_state, reward, done, _ = env.step(action)
                print("state:", next_state,"reward:", reward, "action:",action)
                # 更新奖励
```

```
                    reward_ += reward

                    # 步骤3：计算时间差分误差
                    # 评论家预测的下一个状态价值
                    value_next = self.critic.predict(next_state)
                    # 计算时间差分目标
                    td_target = reward + self.reward_decay * value_next
                    # 计算时间差分误差
                    td_error = td_target - self.critic.predict(state)
                    print("value_next", value_next, "td_target",td_target,
                          "td_error", td_error)

                    # 步骤4：更新价值网络（评论家网络）
                    self.critic.learn(state, td_target)

                    # 步骤5：更新策略网络（演员网络）
                    self.actor.learn(state, action, td_error)

                    # 更新记录
                    self.record.episode_rewards[i_episode] += reward
                    self.record.episode_lengths[i_episode] = t

                    # 游戏结束输出奖励信息和历史最大奖励信息
                    if done:
                        # 本次经验轨迹的奖励
                        self.rewards.append(reward_)
                        # 历史最大奖励信息
                        max_reward = np.amax(self.rewards)
                        print("reward:{}, max reward:{},
                              episode len:{}\n".format  (reward_, max_reward, t+1))
                        break

                    # 步骤6：保存新的状态
                    state = next_state

        return self.record
```

最后输出演员-评论家策略梯度算法200次迭代的经验轨迹长度和奖励结果，如图7.7所示。由图7.7a可知，平均经验轨迹长度在9~10之间波动，并没有类似于蒙特卡洛策略梯度算法中经验轨迹长度的指数式增长趋势。与之类似，由图7.7b可知，经验轨迹的奖励在7~10之间波动，经过200次的迭代并没有取得更好的奖励结果。在实际任务中，演员-评论家算法难以取得较好的结果，主要由演员-评论家策略梯度算法难收敛的缺点所致。也正是由于该算法难收敛，算法在提出初期并没有获得太多的关注和广泛的应用。

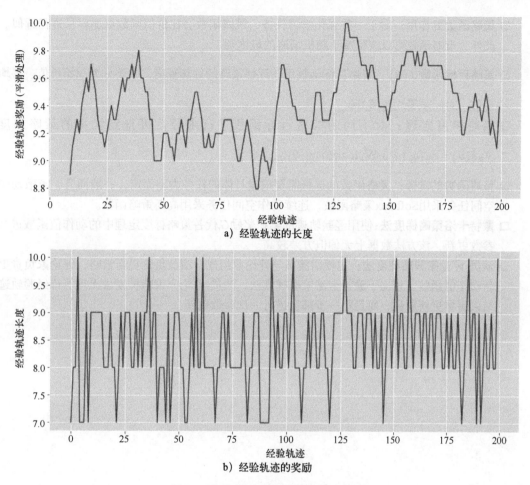

a）经验轨迹的长度

b）经验轨迹的奖励

图7.7 演员-评论家策略梯度算法结果

7.7 小结

本章学习了参数化的策略方法，该策略方法允许在没有价值函数估计的前提下执行动作，被称为"策略梯度"。在具体实现过程中，策略梯度不对价值函数进行近似拟合，而是直接对策略进行拟合，通过使用梯度上升法更新策略函数参数。在实际应用中，策略梯度具有能够学习动作概率分布以指导智能体选择动作，让智能体进行合适的探索以不断逼近确定性策略以及处理连续状态空间的强化学习任务等优点。这些优势使得基于策略的强化学习求解方法比基于价值的求解方法能够更好地求解部分类型的强化学习任务。

□ **策略梯度法**：基于价值的方法是对价值函数进行参数化并使用贪婪算法进行策略提升，而策略梯度则是通过对策略函数进行参数化并使用梯度上升算法直接进行策略改进。

- ❑ **策略函数的作用**：对于一些强化学习任务，策略函数会比价值函数更加容易进行近似。此外，策略函数可以获得基于随机策略的最优解。

- ❑ **策略目标函数 $J(\theta)$**：策略目标函数用于评估策略的好坏程度，主要分为起始价值、平均价值、时间步平均价值3种。

- ❑ **策略梯度定理**：对不同的策略目标函数进行求导，可得到统一的策略梯度

$$\nabla_\theta J(\theta) = \mathbb{E}_\pi[q_\pi(a \mid s_t)\nabla_\theta \log \pi(a \mid s_t, \theta)] 。$$

- ❑ **策略函数的选择**：策略函数的选择需要根据具体的任务类型而定，一般而言，离散动作空间任务采用Softmax策略函数，连续动作空间任务采用高斯策略函数。

- ❑ **蒙特卡洛策略梯度法**：使用经验轨迹的累积奖励 G_t 代替策略梯度定理中的动作值函数进行参数更新，该方法数据上无偏但方差较高。

- ❑ **演员-评论家策略梯度法**：主要由演员与评论家组成，演员负责更新策略，评论家负责更新动作值函数。相比于蒙特卡洛策略梯度法，演员-评论家策略梯度法无须等待经验轨迹结束后再更新参数，而是每一步都会进行一次参数更新。

第8章
整合学习与规划

本章内容：
- ☐ 基于模型的强化学习概述
- ☐ Dyna算法
- ☐ 蒙特卡洛搜索
- ☐ 蒙特卡洛树搜索
- ☐ 时间差分搜索

科学研究是一种精雕细琢的工作，因此要求精密和准确。

——恩利克·费米

应对大规模强化学习任务，有第6章介绍的值函数近似法和第7章介绍的策略梯度法，它们通过求解近似函数来更为高效地求解价值函数或者策略函数，大幅度降低了运算和存储空间需求。

本章将要介绍基于模型的强化学习方法。进一步讲解智能体如何从真实的经验数据中学习环境模型，并如何基于环境模型产生的虚拟经验轨迹数据进行规划，从而获得价值函数或者策略函数。上述求解方法即为本章将要介绍的整合学习与规划法，其中最具代表性的是Dyna算法和优先遍历算法。

基于模型的强化学习方法通过环境模型进行规划以找到最优策略，但无论采用何种方法求解强化学习任务，核心都在于计算价值函数或者策略函数。值得注意的是，通过真实经验轨迹得到的环境模型使得智能体具备一定的推理能力，即在与环境进行交互前思考各种可能执行动作的好坏程度，最终使得智能体在大规模马尔可夫决策过程中获得更优的求解结果。

为了能够深入理解基于模型的强化学习方法，本章对其所涉及的基本概念和方法进行全面而细致地介绍，并给出其中最为常用的Dyna算法的具体细节。最后，介绍用于解决大规模马尔可夫决策过程问题的模拟搜索方法，如蒙特卡洛搜索、蒙特卡洛树搜索和时间差分搜索。

8.1 基于模型的强化学习概述

第6章和第7章分别介绍了基于价值（Value-based）和基于策略（Policy-based）的强化学习方法，本章将会介绍基于模型（Model-based）的强化学习方法。

8.1.1 基于模型的强化学习

图8.1所示为基于模型的强化学习方法。智能体从真实的经验轨迹数据（Experience）中进行模型学习（Model Learning），获得模拟的环境模型（Model），进而获得环境的准确描述，该过程为**学习阶段**。基于获得的环境模型，智能体与模拟环境（而非实际环境）进行交互并获得大量的模拟经验轨迹数据。在模拟经验轨迹集之上，智能体采用免模型的强化学习求解法对价值函数或策略函数（Policy/Value）进行更新，该过程即为**规划（Planning）阶段**。随后使用求得的价值函数或策略函数，与环境发生实际交互，获得更多的真实经验轨迹数据。一直重复上述过程，直到获得较为理想的价值函数或者策略函数。

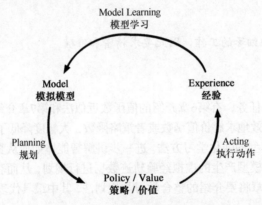

图8.1 基于模型的强化学习任务

需要注意的是，"规划"指智能体与模拟环境进行交互，而非与实际环境进行交互，并在与模拟环境的交互过程中进行经验轨迹数据的采样，采集到的经验轨迹数据称为模拟经验轨迹。

8.1.2 基于模型的优点

基于价值的值函数近似法和基于策略的策略梯度法，会存在学习价值函数或策略函数较为困难的强化学习任务，但此类型强化学习任务的环境模型可能会相对直接。例如，围棋的状态空间异常巨大，采用前面章节介绍的求解方法难以获得相应的价值函数或策略函数。然而，围棋的游戏规则却简单、直接，可以较为容易地构建关于围棋的环境模型。此时，可利用基于模型的求解方法对类似于围棋的强化学习任务进行求解。

另外，基于模型的求解方法从真实经验轨迹数据集中学习到的模拟环境模型可使得智能体具备一定的推理能力：在与真实环境发生交互之前，能够评估各种可能动作对环境和自身的影响程度。

基于模型的强化学习主要具备以下3个方面的优势。

- □ **能够直接模拟真实环境**：当学习值函数或者策略函数较为困难时，可基于经验轨迹数据集直接模拟环境模型，求解过程相对直接和简单。

- □ **可利用监督学习求解环境模型**：监督式学习方法成熟、种类齐全，使用基于监督式学习方法求解环境模型，其计算过程简单且结果可控。

- □ **具备一定推理能力**：智能体通过环境模型可以对环境进行较好地刻画与分析，不再局限于最大化奖励本身，而是直接评估动作的好坏程度，从而更好地指导智能体选择策略。

8.1.3 基于模型的缺点

基于模型的强化学习并非毫无缺点，尤其是在求解过程中，通过对环境模型和价值函数（或策略函数）的**两次近似**，使得最终的求解误差（**二次误差**）大于前述章节介绍的强化学习任务求解方法的误差。基于真实环境经验轨迹数据对环境模型进行学习，学习出的环境模型只是智能体对环境的近似描述，因此存在一定程度的近似（第一次近似）；随后，基于模拟的环境模型对值函数或策略函数进行学习，会再次引入近似（第二次近似），如使用策略梯度法等近似方法求解强化学习任务。每次近似都会带来一定的估计误差，即对真实环境反馈的经验轨迹进行近似以获得模拟环境，并引入第一次误差，然后根据模拟环境进行价值或策略的规划引入第二次误差。而算法系统难以控制每一次引入的误差对最终结果的影响程度，使得引入的二次误差给整个算法系统带来较大的不确定性。

8.2 学习与规划

基于模型的强化学习方法主要分成学习（Learning）和规划（Planning）两个部分。学习指从真实的经验轨迹数据集中学习环境模型，即学习代表环境的马尔可夫决策过程 $M \sim MDP\langle S, A, P, R \rangle$；规划指基于给定的环境模型 $M = \langle P_\eta, R_\eta \rangle$，求解基于该模型的最优价值函数或最优策略，即求解该模型的马尔可夫过程 $M_\eta \sim MDP_\eta \langle S, A, P_\eta, R_\eta \rangle$。

接下来对学习过程和规划过程进行具体介绍。

8.2.1 学习过程

为了更好地理解学习过程，本小节首先给出学习过程的数学描述，随后给出具体的模型构建过程。

1. 学习的数学描述

求解基于模型的强化学习任务过程中，假定状态空间 S 和动作空间 A 已知，需要求解的为马尔可夫决策过程中的状态转移概率 P 和奖励函数 R 的近似表示，即 P_η 和 R_η。其中，η 为待求解的模拟环境模型的参数。因此，基于参数 η 刻画环境模型的马尔可夫决策过程为：

$$M_\eta \sim MDP_\eta \left\langle S, A, P_\eta, R_\eta \right\rangle \tag{8.1}$$

在式（8.1）中，P_η为该环境模型从一个状态转移到另一个状态的概率，R_η为智能体执行动作A后能够获得的对应奖励。其中，模型$MDP_\eta \left\langle S, A, P_\eta, R_\eta \right\rangle$代表了状态转移$P_\eta \approx P$和奖励函数$R_\eta \approx R$，并且使得：

$$\begin{aligned} s_{t+1} &\sim P_\eta(s_{t+1} \mid s_t, a_t) \\ r_{t+1} &\sim R_\eta(r_{t+1} \mid s_t, a_t) \end{aligned} \tag{8.2}$$

在实际任务中，一般会假设状态转移函数和奖励函数条件独立，即：

$$P\left(s_{t+1}, r_{t+1} \mid s_t, a_t\right) = P\left(s_{t+1} \mid s_t, a_t\right) P\left(r_{t+1} \mid s_t, a_t\right) \tag{8.3}$$

2．模型构建

对环境模型M_η的估计，主要是对状态转移概率P_η和奖励函数R_η进行估计。经验轨迹数据$\{s_1, a_1, r_2, s_2, \cdots, s_T\}$已知，可直接采用监督学习方法对$P_\eta$和$R_\eta$进行求解。

（1）状态转移概率P_η

利用监督学习方法求解状态转移概率P_η，首先需要基于经验轨迹数据$\{s_1, a_1, r_2, s_2, \cdots, s_T\}$构建有监督的训练数据。

$$\begin{aligned} &s_0, a_0 \rightarrow s_1 \\ &\cdots \\ &s_t, a_t \rightarrow s_{t+1} \\ &\cdots \\ &s_{T-1}, a_{T-1} \rightarrow s_T \end{aligned} \tag{8.4}$$

其中，<状态-动作>对$\left\langle s_t, a_t \right\rangle$为模型的输入，$s_{t+1}$为模型的输出（即监督信号）。显而易见，从<状态-动作>对$\left\langle s_t, a_t \right\rangle$中学习下一个状态 s_{t+1} 的过程（即学习状态转移概率估计P_η）属于密度估计问题。

在正式对状态转移概率P_η进行学习之前，需要构建用于优化参数η的最小化经验损失函数。就参数η的学习而言，目前已有的损失函数形式都可直接用来作为优化参数η的损失函数，如均方误差、相对熵等。

构建完参数η的损失函数后，基于式（8.4）得到的训练数据，可直接采用现有的监督学习方法对参数η进行学习以获得状态转移概率估计P_η，如查表式方法、线性高斯模型或深度神经网络模型等。

（2）奖励函数P_η

利用监督学习方法求解奖励函数P_η，同样需要先基于经验轨迹$\{s_1, a_1, r_2, s_2, \cdots, s_T\}$构建有监督的训练数据。

$$\begin{aligned} &s_0, a_0 \rightarrow s_1 \\ &\cdots \\ &s_t, a_t \rightarrow s_{t+1} \\ &\cdots \\ &s_{T-1}, a_{T-1} \rightarrow s_T \end{aligned} \tag{8.5}$$

与状态转移概率P_η学习不同的是，用以学习奖励函数R_η的监督信号为下一时间步的奖励r_{t+1}。值得注意的是，从<状态-动作>对$\langle s_t, a_t \rangle$中学习奖励r_{t+1}的过程属于典型的回归问题，而非密度估计的问题。

奖励函数R_η求解过程与P_η类似，通过定义损失函数，再使用机器学习的求解方法对损失函数进行优化求解。

8.2.2 规划过程

8.2.1节的学习过程基于经验轨迹数据$\{s_1, a_1, r_2, s_2, \cdots, s_T\}$，通过监督学习算法实现了状态转移概率$P_\eta$和奖励函数$R_\eta$的准确估计，进而可以获得环境模型$M_\eta$的估计$MDP_\eta \langle S, A, P_\eta, R_\eta \rangle$。环境模型能够使得智能体更好地利用先验知识，进而提升求解效率。

本节将主要介绍基于模型的强化学习的第二个组成部分：规划。简而言之，规划过程主要指基于给定的环境模型$M_\eta = \langle P_\eta, R_\eta \rangle$，求解基于该模型的最优价值函数或最优策略，即求解该模型的马尔可夫过程$MDP_\eta \langle S, A, P_\eta, R_\eta \rangle$。

1．规划的原理

具体而言，规划过程首先基于环境模型$M_\eta = \langle P_\eta, R_\eta \rangle$生成大量的模拟经验轨迹数据。随后，采用免模型的强化学习方法（如策略梯度法、值函数近似法等）从生成的模拟经验轨迹数据中学习价值函数或策略函数，如图8.2所示。

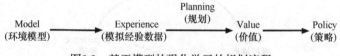

图8.2　基于模型的强化学习的规划流程

由图8.2可知，基于环境模型生成的模拟经验轨迹数据，可以持续对智能体的策略进行改进和提升，最终获得智能体应执行的动作。在基于模拟数据规划最优值函数或策略函数时，既可以采用值函数近似法或策略梯度法等，也可以采用8.4节介绍的基于模拟的搜索方法。

需要注意的是，学习过程主要使用环境产生的真实经验轨迹数据，而规划过程主要使用环境模型生成的模拟经验轨迹数据，即利用模拟经验代替真实经验。

2．Q-planning算法

为了更为直观地理解规划过程，本节给出Q-planning算法的具体流程。Q-planning算法以基于表格的Q-learning算法为基础，并从环境模型中进行随机采样，又被称为基于表格的随机采样Q-planning算法，如算法8.1所示。

算法8.1　基于表格的随机采样Q-planning算法流程

(1) 随机选择状态s和动作a。其中，$s \in S$，$a \in A(s)$；

(2) 将状态s和动作a输入环境模型 $M = \langle P_\eta, R_\eta \rangle$，环境模型$M$返回奖励$r$和下一状态$s'$；

(3) 将模拟经验(s, a, r, s')作为Q-learning算法的输入：

$$Q(s,a) \leftarrow Q(s,a) + \left[r + \gamma \max_a Q(s',a) - Q(s,a) \right]$$

(4) 重复步骤1~步骤3，直到获得理想的动作值函数或达到终止条件。

其中，步骤1主要用于初始化状态和动作，步骤2主要从环境模型中获得模拟经验轨迹数据，步骤3基于步骤2采样得到的模拟经验数据采用Q-learning算法对动作值进行更新。重复此过程，直到获得满意的动作值函数或达到终止条件时为止。

8.3　架构整合

8.2节介绍了基于模型的强化学习任务中的"学习过程"和"规划过程"，接下来介绍框架整合，即同时包含学习过程和规划过程。在整合框架的更新价值函数过程中，不仅使用环境模型生成的模拟经验数据，同时也使用与环境交互过程中获得的真实经验数据。

也就是说，整体架构会将基于模型的强化学习方法和免模型的强化学习方法进行有机结合，进而能够同时利用两种算法的优势以解决更为复杂的强化学习任务，如图8.3所示。

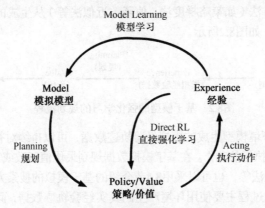

图8.3　整合框架示例图[Sutton et al.2017]

由图8.3可知，整合框架同时结合了基于模型的强化学习方法和免模型的强化学习方法，其涉及的主要元素为：经验（Experience）、模型（Model）和策略/价值（Policy/Value）。值得注意的是，图8.3中的经验主要有两方面的用途：一方面用于环境模型的学习，并随后基于环境模型改进价值函数或者策略函数，该过程称为间接强化学习；另一方面通过强化学习算法直接进行价值函数的学习和更新，该过程称为直接强化学习（Direct RL）。

间接方法能够更加充分地利用有限的真实经验数据，使得智能体在更短的迭代次数里获得更好的策略；而直接方法更加简洁并且不受模型偏差的影响。两种算法各有优点，通过图8.3的整合框架实现了两种方法的有机结合，充分发挥两种方法在强化学习任务求解过程中的各自优势。

8.3.1 Dyna 算法

基于模型和免模型方法结合的代表是Dyna算法。

Dyna算法整体思想与图8.3相似，主要有两种数据来源，即基于实际环境采样的真实经验数据和基于环境模型采样的模拟经验数据，具体表示方式如下。

☐ 真实经验数据：

$$S' \sim P_{s,s'}^a , \quad R = R_s^a \tag{8.6}$$

☐ 模拟经验数据：

$$S' \sim P_\eta(S'|S,A) , \quad R = R_\eta(R|S,A) \tag{8.7}$$

Dyna算法同样通过直接和间接强化学习方法改进价值函数或策略函数，其通用算法架构如图8.4所示。

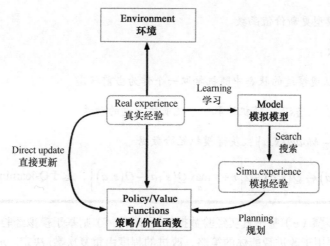

图8.4 通用Dyna算法架构[Sutton et al. 2017]

其中，实线表示在实际环境中采样真实经验数据，并直接用于更新价值函数或策略函数，即直接强化学习。图8.4的右侧表示间接强化学习过程，首先根据真实经验数据学习环境模型，随后基于环境模型利用搜索控制算法获得模拟经验数据，最后从模拟经验数据中规划价值或策略以改进智能体的表现。

由图8.4可知，Dyna算法通过联合使用真实经验数据和模拟经验数据，能够在学习的过程中同时规划价值函数或策略函数，使得智能体在实际任务中获得更优的策略。

为了更好地理解Dyna算法架构，算法8.2给出了基于表格的Dyna-Q算法具体流程。

算法8.2 基于表格的Dyna-Q算法

初始化：

$Q(s,a)$ 和 $Model(s,a)$ 。其中，对于任意的状态和动作有 $s \in S$ 和 $a \in A(s)$

重复：

(a) $s \leftarrow$ 获取当前状态

(b) $a \leftarrow \varepsilon$-贪婪算法，基于贪婪算法从当前状态s中获得当前动作

(c) 执行动作a，并获得奖励r和状态s'，获取真实经验

(d) $Q(s,a) \leftarrow Q(s,a) + \alpha \left[r + \gamma \max_a Q(s',a) - Q(s,a) \right]$，基于Q-learning更新价值

(e) $Model(s,a) \leftarrow r, s'$，学习环境模型

基于环境模型更新价值函数

(f) 重复n次：

$s \leftarrow$ 从观察过的状态中随机抽取一个作为当前状态

$a \leftarrow$ 在状态s下，随机选取一个之前执行过的动作

$r, s' \leftarrow Model(s,a)$，获得模拟经验数据

$Q(s,a) \leftarrow Q(s,a) + \alpha \left[r + \gamma \max_a Q(s',a) - Q(s,a) \right]$，基于Q-learning更新价值

步骤（a）到步骤（e）基于真实经验数据，而步骤（f）则基于模拟经验数据。需要注意的是，步骤（f）主要用于改进智能体的策略，改进的程度由重复次数n决定。n值越大，智能体在每次迭代中策略提升得越为明显。

智能体首先从历史状态空间中随机采样一个状态s，随后根据该状态s使用过的动作中随机采样一个动作a，并基于状态s和动作a利用环境模型获得新的状态s'和奖励r。最后，根据Q-learning算法更新动作值函数$Q(s,a)$。在下一轮迭代中，基于步骤（f）（即基于模拟经验数据）更新的动作值函数$Q(s,a)$可作为真实动作值函数计算的依据和指导，能够让智能体在实际环境中更快、更好地完成任务。

8.3.2 优先遍历算法

Dyna-Q算法基于环境模型更新价值函数时，即对应算法8.2步骤（f），通过随机策略选择状态s和动作a，该方式在实际任务中存在以下两方面的缺点。

□ 随机生成的<状态-动作>对中，并非所有的<状态-动作>对都对价值函数的更新有帮助。

□ 如果状态空间数量过于庞大，没有重点的随机搜索将会使得算法更新效率低下。

如果在算法8.2步骤（f）中增加有效价值函数的更新，减少无效价值函数的更新，将会有助于提升规划的效率。基于上述思想，引出本节将要介绍的优先遍历算法。

优先遍历算法根据<状态-动作>对在价值函数更新过程中，按照"贡献大小"的优先级对<状态-动作>对进行排序，然后在算法8.2步骤（f）中基于该优先级排序列表进行模拟经验数据的生成，从而有效地克服Dyna-Q算法的缺点。

优先遍历算法具体流程如算法8.3所示。其中，PQueue队列用于维护每个<状态-动作>对。当PQueue队列发生更新时，表明该估计值重要性较高，所以采用变化大小P来表示<状态-动作>对的优先级。在更新PQueue队列的头部<状态-动作>对时，将计算其每一个后续<状态-动作>对对动作值的影响：如果影响的优先级大于给定的阈值θ时，则将该<状态-动作>对加入新的优先级队列。通过上述更新方式，状态值变化的影响能够有效地向后传播，直到算法收敛为止。

算法8.3 优先遍历算法流程

初始化：

动作值函数 $Q(s,a)$，环境模型 $Model(s,a)$，空队列 $PQueue$

重复：

(a) $s \leftarrow$ 当前状态

(b) $a \leftarrow policy(s,Q)$，根据策略获得针对当前状态的动作

(c) 执行动作a，并获得奖励r和下一状态s'，获取真实经验

(d) $Model(s,a) \leftarrow r,s'$，学习环境模型

(e) $P \leftarrow \left| r+\gamma \max_a Q(s',A)-Q(s,a) \right|$，计算<状态-动作>对优先级

(f) 如果 $P>\theta$，将<状态-动作>对s,a和优先级P加入队列$PQueue$

(g) **重复** 队列$PQueue$：

$s,a \leftarrow first(PQueue)$，从队列中获取第一个<状态-动作>对

$r,s' \leftarrow Model(s,a)$，从环境模型获得模拟经验

$Q(s,a) \leftarrow Q(s,a)+\alpha\left[r+\gamma \max_a Q(s',a)-Q(s,a) \right]$，基于模拟经验更新价值函数

(h) **重复：**

从 $\bar{s},\bar{a},s$ 预测奖励 $\bar{r}$

$$P \leftarrow \left| \overline{r} + \gamma \max_a Q(s', A) - Q(\overline{s}, \overline{a}) \right|, \text{ 计算<状态-动作>对优先级}$$

如果 $P > \theta$，将<状态-动作>对 $\overline{s}, \overline{a}$ 和优先级 P 加入队列 $PQueue$

8.3.3 期望更新和样本更新

优先遍历算法能够有效提升Dyna-Q算法的价值更新效率，避免了随机选择状态和动作所带来的不足。但在实际环境中，优先遍历算法更新过程中需要采用期望更新。期望更新在非确定性环境中，会在概率较小的状态转移（不重要的更新）上花费较多的时间和计算量。尤其是在缺乏分布模型的情况下，期望更新更是无法实现。

相对于期望更新，采样更新能够关注于发生概率较大的状态转移上（较为重要的更新），极大降低了更新的复杂度和所需的计算资源。

$p(s', r | s, a)$ 为状态转换概率，<状态-动作>对的期望更新为：

$$Q(s,a) \leftarrow \sum_{s',r} p(s', r | s, a) \left[r + \gamma \max_{a'} Q(s', a') \right] \tag{8.8}$$

在给定当前状态 s、动作 a、下一时间步的状态 s' 和奖励 r 的前提下，样本更新为：

$$Q(s,a) \leftarrow Q(s,a) + \alpha \left[r + \gamma \max_{a'} Q(s', a') - Q(s,a) \right] \tag{8.9}$$

在确定性环境中，采样更新和期望更新本质上等价，因为任意当前状态只有一个候选状态。

在随机性环境中，采样更新和期望更新之间差距较大。由于期望更新不受采样误差影响，在实际任务中能够取得较好的估计值，但不可避免地需要更多的计算资源。虽然样本更新的估计值误差大于期望更新，但随着采样次数的增多，样本更新的误差会逐渐降低。尤其在状态数量过于庞大时，样本更新只需采用期望更新的部分计算量就能使得价值函数的误差急剧减小，从而更适合于解决实际环境中的强化学习任务。

8.4 基于模拟的搜索

8.3节通过构建环境模型，结合真实经验数据和模拟经验数据来解决马尔可夫决策过程的问题。本节结合前向搜索与采样法，构建更加高效的搜索规划算法——基于模拟的搜索算法。

基于模拟的搜索算法从当前时间步 t 开始，在环境模型或者实际环境中进行采样，生成当前状态 s_t 到终止状态 s_T 的 K 条模拟经验轨迹：

$$\mathcal{M}_v \sim \left\{ s_t, a_t^k, r_{t+1}^k, \cdots, s_T^k \right\}_{k=1}^K \tag{8.10}$$

式（8.10）获得模拟经验轨迹数据集后，使用免模型的强化学习求解法，求解价值函数或策略函数。基于蒙特卡洛控制算法的模拟搜索称为蒙特卡洛搜索，基于Sarsa算法或者Q-learning的模拟搜索称为时间差分搜索。

前向搜索算法

前向搜索算法将当前状态 s_t 作为根节点构建一个搜索树，并使用马尔可夫决策过程模型进行前向搜索。需要注意的是，前向搜索主要关注于从当前状态 s_t 开始构建的子马尔可夫决策过程，而非整个马尔可夫决策过程。

8.4.1 蒙特卡洛搜索

蒙特卡洛搜索是基于模拟的搜索中最为简单的一种形式。其优点是实现形式简单、运行速度快。但由于该方法基于特定的模拟策略 π，如果模拟策略 π 自身并非较优策略，基于该模拟策略 π 下产生的动作很可能不是状态 s_t 下的较优动作。

蒙特卡洛搜索的具体步骤如下。

（1）给定环境模型 $\mathcal{M}_\eta$ 和模拟策略 π。

（2）针对动作空间 $\mathcal{A}$ 中每一个动作 a，从当前状态 s_t 开始模拟出 K 条模拟经验轨迹：

$$\mathcal{M}_\eta, \pi \sim \left\{ s_t, a, r_{t+1}^k, s_{t+1}^k, a_{t+1}^k, \cdots, s_T^k \right\}_{k=1}^K \tag{8.11}$$

（3）使用式（8.13）（即平均奖励）评估动作 a 的动作值 $Q(s_t, a)$：

$$Q(s_t, a) = \frac{1}{K} \sum_{k=1}^K G_t \tag{8.12}$$

（4）选择动作值函数 $Q(s_t, a)$ 的极大值，作为当前状态 s_t 下的最优动作 a_t^*：

$$a_t^* = \max_{a \in \mathcal{A}} Q(s_t, a) \tag{8.13}$$

8.4.2 蒙特卡洛树搜索

简单蒙特卡洛搜索算法中，模拟策略 π 保持不变，导致最终获得的动作不一定是针对当前状态的最优动作。本节介绍的蒙特卡洛树搜索法，通过评估基于当前模拟策略 π 构建的搜索树中的每一个动作值，并基于评估的动作值改进模拟策略 π。随后不断重复上述评估与改进的过程，使得最终改进的模拟策略 π 能够生成更优的动作。

蒙特卡洛树搜索算法分为选择、扩展、模拟和回溯4个步骤。而本节为了将蒙特卡洛树搜索和强化学习中的策略改进过程结合起来，将主要介绍评估和模拟两个阶段，以更好地理解简单蒙特卡洛搜索和蒙特卡洛树搜索的差异。需要注意的是，本节给出的评估和模拟阶段会融入一般蒙特卡洛树搜索介绍中的选择、扩展、模拟和回溯4个步骤。

1. 评估

蒙特卡洛搜索树的评估，主要指衡量基于模拟策略 π 针对当前状态 s_t 所构建的搜索树种的每一个<状态-动作>对的价值，具体步骤如下。

（1）给定环境模型 M_η。

（2）使用模拟策略 π，从当前状态 s_t 开始模拟生成 K 条经验轨迹：

$$M_\eta, \pi \sim \left\{ s_t, a, r_{t+1}^k, s_{t+1}^k, a_{t+1}^k, \cdots, s_T^k \right\}_{k=1}^K \qquad (8.14)$$

（3）基于步骤2生成的模拟经验轨迹数据集，生成包括智能体所经历过的<状态-动作>对的搜索树。

（4）针对步骤3生成的搜索树，计算搜索树中每一个<状态-动作>对 $\langle s, a \rangle$ 从开始到终止状态的一个完整经验轨迹的平均奖励，作为该<状态-动作>对的估计动作值 $Q(s, a)$。

（5）当所有<状态-动作>对的价值得到更新后，选择状态 s_t 下所对应的最大 Q 值的动作 a_t，作为实际采取的动作：

$$a_t = \max_{a \in A} Q(s_t, a) \qquad (8.15)$$

2．模拟

由评估过程可知，在搜索树的构建过程中，其中所有的<状态-动作>对的价值都得到更新。而更新后的<状态-动作>对价值信息，可用于改进模拟策略 π（类似于策略优化过程），即选取能够最大化动作值的动作。

需要注意的是，由于构建的搜索树并不包括所有<状态-动作>对空间的价值，所以每次模拟（从当前状态 s_t 到终止状态 s_T）都包含了2个部分：搜索树内状态以及搜索树外状态。策略改进时需要分情况进行处理：针对搜索树内状态采用树内确定性策略，针对搜索树外状态采用树外默认策略，如图8.5所示。

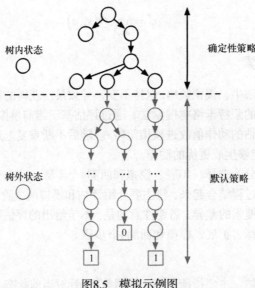

图8.5　模拟示例图

在重复模拟中，搜索树中的<状态-动作>对的价值将得到持续更新，并且基于ε-贪婪策略可使得搜索树不断进行扩展（探索过程），使得模拟策略π得到持续改进。

另外，由于蒙特卡洛树搜索具有高度选择性（即对结果帮助越大的动作将会被优先选择）、可动态更新当前状态相关的状态价值以及基于采样的方式构建子搜索树等特点，使得蒙特卡洛树搜索算法在实际任务中能够高效、并行地处理高难度的强化学习任务。

树内确定性策略

对于搜索树中已存在的<状态-动作>对，策略的更新倾向于选择使得Q值最大化的动作。随着模拟的进行，已存在的<状态-动作>对的策略会持续得到改进。

树外默认策略

对于搜索树中不包含的状态，可采用如随机策略对状态进行选择。

8.4.3 时间差分搜索

相比于蒙特卡洛法，时间差分法无须等到一次经验轨迹采样结束之后才进行学习，可以在每一时间步进行学习，使得时间差分算法具有更高的学习效率。与此类似，相比于蒙特卡洛树搜索，时间差分搜索同样无须等到经验轨迹的终止状态，可以聚焦于特定节点的状态，使得节点价值的更新更加高效。

简而言之，时间差分搜索可看成采用Sarsa学习算法对从当前状态开始的子马尔可夫决策过程问题进行求解，主要求解过程如下。

（1）从当前实际状态s_t开始模拟模拟经验轨迹集。采样过程中，将<状态-动作>对作为节点录入搜索树。

（2）估计搜索树内每一个节点（即<状态-动作>对）的动作值Q。

（3）在模拟过程的每一步，采用Sarsa算法更新动作值：

$$\Delta Q(s,a) = \alpha\left(r + \gamma Q(s',a') - Q(s,a)\right) \quad\quad (8.16)$$

（4）基于步骤3获得的动作值函数$Q(s,a)$，使用ε-贪婪策略或其他策略获得执行动作。

8.5 示例：国际象棋

本节将以国际象棋为例，对基于模型的强化学习的实际应用进行具体介绍，以更为直观地了解基于模型的强化学习。本节首先给出基于强化学习的国际象棋的数学表示，随后给出基于蒙特卡洛树搜索的求解过程。

8.5.1　国际象棋与强化学习

国际象棋是棋盘类游戏中一种较为经典的游戏。棋盘为正方形，由64个黑白相间的格子组成，棋子分为黑白两种共32枚，每方各16枚，如图8.6所示。对局时，执白者先行，每次走一步，双方轮流行棋，直到对局结束。其中，棋子分为王（K）、后（Q）、车（R）、象（B）、马（N）和兵（P）6种。

图8.6　国际象棋示例图

国际象棋的对弈过程可形式化成强化学习任务。具体而言，棋盘中每一个时刻黑白棋的位置可看成强化学习中的环境状态。奖励信息为最终的输赢状态，假设以黑方为主体，黑方获胜时奖励为1，非终止状态（即对弈结束）以及黑方失败奖励信息都设为0。策略可以看成黑白双方走棋策略的结合：

$$\pi = \pi_B, \pi_W \tag{8.17}$$

其中，π_B表示黑方下棋的策略，π_W表示白方下棋的策略。

在策略π下，基于当前状态s，黑方的最优价值$v^*(s)$为白方最小化状态值中黑方获得相对最大的价值：

$$v^*(s) = \max_{\pi_B} \min_{\pi_W} v_\pi(s) \tag{8.18}$$

其中，$v_\pi(s)$表示基于黑方的状态值函数：

$$v_\pi(s) = \mathbb{E}_\pi[r_T | S = s] = P[黑方获胜 | S = s] \tag{8.19}$$

上面给出了国际象棋基于强化学习的数学表示，接下来采用蒙特卡洛树搜索对国际象棋中的策略π进行具体求解。

8.5.2 蒙特卡洛树搜索示例

为了更好地理解蒙特卡洛树搜索的具体过程及其所拥有的优势，本节首先给出基于国际象棋的简单蒙特卡洛搜索示例，随后再详细介绍蒙特卡洛树搜索在国际象棋中的具体求解过程。

1. 蒙特卡洛搜索

蒙特卡洛搜索是较为简单的一种前向搜索算法，具有实现形式简单、运行速度快等优点，能够较好地用于类似于国际象棋这样规则简单但状态空间巨大的强化学习任务。接下来，给出一个简单的针对国际象棋的蒙特卡洛搜索示例。

图8.7为蒙特卡洛搜索法在国际象棋中的评估过程示例。算法从当前状态s_t开始，基于当前特定的模拟策略π产生5条完整的经验轨迹，最终得到的即时奖励分别为0、1、0、1、1。基于该奖励值，可采用加权平均即时奖励的方法更新当前状态s_t的价值，最后获得的价值0.6即为当前状态s_t的最终评估价值。

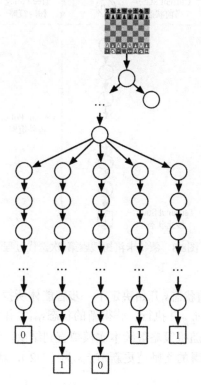

图8.7 蒙特卡洛搜索在国际象棋中的评估过程

2. 蒙特卡洛树搜索

虽然蒙特卡洛搜索能够快速地评估当前棋局状态，但由于该算法只能基于特定的策略π，无法对策略π进行更新，导致最终的行动策略不一定是智能体最优的行动策略，而蒙特卡洛树搜索能够较好地解决该问题。

蒙特卡洛树搜索通过评估给定策略π构建的搜索树中的每一个<状态-动作>对的价值，随后基于评估的价值改进策略π，并通过重复迭代此过程直到获得理想走棋策略时为止。下面给出算法的具体执行步骤以更好地理解基于模型方法的求解过程，主要包括前3次的具体迭代过程。

❑ 第1次迭代

如图8.8所示，双线大圆圈表示智能体当前时间步的状态s_t，亦称为初始状态。算法首先将当前状态s_t放入子搜索树中，作为搜索树的一个状态节点。随后开始构建搜索树，由于子搜索树只有当前状态，不具有其他树内状态，因此主要采用随机策略进行状态的选择，直到终止状态，构建一条完整的经验轨迹。假设在此次模拟中，黑方赢得胜利，则最终奖励为1。最后，基于获得的奖励更新初始状态s_t的价值为（1/1=1），表示从初始状态开始模拟经验轨迹1次，获得1次胜利。

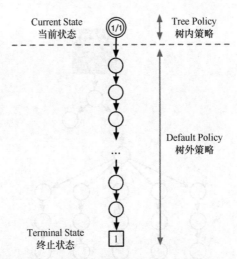

图8.8　蒙特卡洛树搜索第1次迭代过程

❑ 第2次迭代

如图8.9所示，仍然从当前状态s_t开始决定下一步智能体所执行的动作。具体而言，智能体依据模拟策略π产生一个动作$a_{t,\beta}$并执行，获得新的状态s_{t+1}，并将该新的状态s_{t+1}录入搜索树。随后，基于新的状态s_{t+1}采用随机策略继续本次模拟直到结束。假设最终白方赢了比赛，则获得的奖励为0。同样，基于获得的奖励值更新节点s_t为（1/2），新加入搜索树的状态节点s_{t+1}为（0/1）。

❑ 第3次迭代

如图8.10所示，由于第2次探索的新状态并不是好的选择，此时智能体会进行探索选择新的状态节点s'_{t+1}，并将该节点状态加入子搜索树中。随后采用随机策略完成一次经验轨迹的模拟。假设最终黑方获得胜利，则将节点状态s'_{t+1}对应的价值更新为1/1，节点s_t对应的价值更新为2/3。

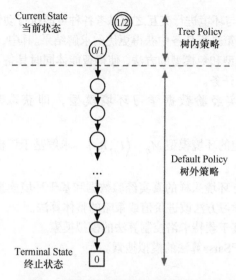

图8.9　蒙特卡洛树搜索第2次迭代过程

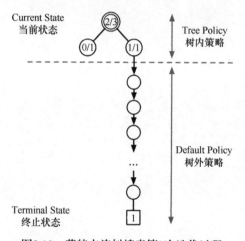

图8.10　蒙特卡洛树搜索第3次迭代过程

　　基于上述方式继续构建当前状态下的子搜索树，在搜索树构建过程中，智能体能够充分探索到使得智能体获胜的节点，并选择性地忽略效果不好的状态节点，最终得到基于当前状态s_t下黑方赢棋的指导策略π。

8.6　小结

　　基于模型的强化学习方法可直接从真实经验数据中学习环境模型，并基于环境模型产生的虚拟经验轨迹数据利用免模型强化学习方法获得值函数或者策略函数。通过真实经验轨迹数据学习出的环境模型，使智能体在与环境进行交互之前思考各种可能执行动作的好坏程度，最终能够让智能体在大规模马尔可夫决策过程任务中获得更优的求解结果。其中，最具代表性的为Dyna算法。该算法通过有机结合基于模型和免模型的方法，使得智能体同时具备了两种方法的优势，进而能够解决更为复杂的强化学习任务。

- **学习过程**：从真实经验数据学习环境模型，即获取环境马尔可夫决策过程 $MDP\langle S, A, P, R\rangle$。
- **规划过程**：基于给定的环境模型 $M_\eta = \langle P_\eta, R_\eta\rangle$，求解基于该模型的最优价值函数或最优策略。
- **Dyna算法**：基于实际环境采样的真实经验数据和基于环境模型采样的模拟经验数据，通过直接和间接强化学习方法改进价值或策略的整体算法。
- **蒙特卡洛树搜索**：基于蒙特卡洛控制算法的模拟搜索。
- **时间差分搜索**：基于Sarsa算法的模拟搜索。

第四篇 深度强化学习

除了试图直接去建立一个可以模拟成人大脑的程序之外，为什么不试图建立一个可以模拟小孩大脑的程序呢？如果它接受适当的教育，就会获得成人的大脑。

——阿兰·图灵

通过前面章节对强化学习相关知识全面而深入的介绍和梳理可知，强化学习之所以能够在实际任务中表现良好，主要是因为其强大的决策能力。但由于缺乏较强的表征能力，强化学习无法在实际环境中对感知问题进行很好的求解，从而严重制约了强化学习的应用范围。基于此，引出第四篇内容——深度强化学习：通过有机结合深度学习的表征能力和强化学习的决策能力，智能体具备了更强的学习能力，进而能够更好地解决复杂系统的感知决策问题。

深度学习的核心在于使得智能体能够根据输入数据（如图像、语音、文本等）的不同感知到数据的本质并进行深度特征建模，为后续智能体对环境进行决策和控制提供更为坚实的基础。随后，智能体在深度学习表征的基础之上，利用强化学习的强大决策能力对实际任务进行卓有成效的求解。最终实现了一种端到端的感知与控制系统，具有极强的通用性，显著提升了强化学习的应用范围。

也正是基于深度强化学习的通用性，导致其被普遍认为是通往泛人工智能的途径之一。强化学习在众多实际任务中取得了惊人表现，如打败围棋世界冠军李世石的 AlphaGo 程序。相信随着越来越多从业人员的加入和持续研究，深度强化学习未来能够在癌症、气候变化、能源、基因组、宏观经济、金融系统、物理学等众多领域取得同样惊人的表现。

第9章
深度强化学习

本章内容:
- ❑ 深度神经网络
- ❑ 卷积神经网络
- ❑ 循环神经网络
- ❑ 强化学习与深度强化学习

无监督学习和强化学习的结合,将会带来新的领域变革。

———约书亚·本吉奥

目前,深度学习在计算机视觉、语音识别、自然语言处理等诸多领域取得的突破性进展,极大地促进了人工智能的发展。尤其是近年推出的深度学习软件框架(如TensorFlow、PyTorch、Caffe、Mxnet等),显著降低了深度学习的学习门槛,并提升了深度学习的应用范围。除此之外,硬件平台(如GPU、TPU、APU、DPU等)的成熟和算力的提升,更是进一步推动了深度学习的发展和落地。

如果能够充分利用深度学习的优势,将会提升强化学习的智能体在实际任务中的表现,尤其是深度学习极强的表征能力。事实上,深度强化学习正是以此为出发点,通过有机融合深度学习和强化学习,使得智能体同时具备了极强的感知和决策能力。

为了更好地学习和理解深度强化学习,本章首先将会概述深度学习以及其中最为典型的3种网络结构,即深度神经网络(DNN)、卷积神经网络(CNN)和循环神经网络(RNN)。随后正式介绍深度强化学习的相关概念,并对深度强化学习当前的代表性应用进行简要介绍,让读者对深度强化学习的价值有一个更为直观的认识。

9.1　深度学习概述

深度学习的核心为神经网络，而神经网络模型有着各种各样的网络结构，如深度神经网络、卷积神经网络、循环神经网络、深度信念网络和受限玻尔兹曼机等。虽然深度学习有着众多网络模型结构，但其在实际环境中能够取得良好的应用效果，主要得益于深度表征、深度神经网络、网络可训练和权值共享，下面对这4点分别予以介绍。

9.1.1　深度表征

深度学习是一种典型的有监督学习方法，其从简单的数据特征开始，通过神经网络的逐层组合，不断抽取数据中更为复杂的特征作为下一个隐层的输入，最终提取到能够代表数据最本质的高维抽象特征。上述过程即为深度表征（Deep Representation）。

神经网络中每一个神经元都有其对应的权重和激活函数，深度表征通过大量的激活函数进行组合，对输入的数据x通过多层神经网络进行抽象，提取得到高维的抽象特征y，最终产生一个理论上可以表达任何函数的网络模型，如图9.1所示。其中，H_i为网络层，W_i为网络层的权重参数。

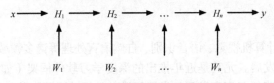

图9.1　数据表征简单示例图

9.1.2　深度神经网络

在20世纪80年代神经网络刚被提出时，由于受到计算资源的限制，神经网络的网络层数最多只有2层。得益于近些年新的算法模型、软件框架和硬件加速器，目前可以实现更为复杂的深度网络架构。一般而言，神经网络的层数越多，意味着网络所具有的表征能力越强。

图9.2所示为深度神经网络（Deep Neural Network）的一个简单示例。在结构上，深度神经网络的每一层首先对输入数据h_k进行线性转换$h_{k+1}=Wh_k$，其中W为网络层的权重参数（一般为矩阵形式）。随后使用激活函数$f(x)$对线性转换后的结果h_{k+1}进行非线性变换$h_{k+2}=f(h_{k+1})$，最后将获得的输出结果h_{k+2}作为网络下一个隐层的输入。通过多个网络层的连接，实现了数据的传递，最终获得输入数据的高维抽象表示。

9.1.3　网络可训练

深度神经网络在第一次网络前馈计算时，网络中的权重参数和偏置参数均为随机产生，因此网络的实际输出值y与目标预测值$\hat{y}$之间必然存在一定的误差。该误差由损失函数L来定义，更详细的损失函数介绍请参考附录B。

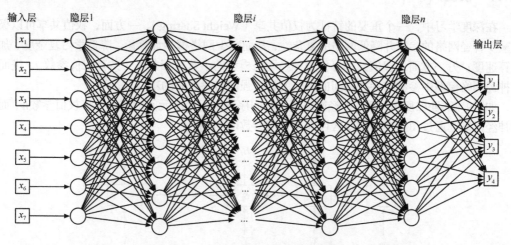

图9.2 具有7个输入、4个输出和n层隐藏层的深度神经网络示例

为了优化网络中的权重参数w，一般使用随机梯度下降算法（SGD）优化损失函数L。

$$\frac{\delta L}{\delta w} \sim E\left[\frac{\delta L}{\delta w}\right] = \frac{\delta L(w)}{\delta w} \tag{9.1}$$

最后利用梯度下降的趋势更新神经网络的权重参数w。

$$\Delta w \propto \frac{\delta L}{\delta w} \tag{9.2}$$

权重参数w的更新过程主要基于链式求导法则，即通过反向传播算法计算梯度的下降趋势，如图9.3所示。网络的权重参数越多、层数越深，需要的计算量将会呈指数式增长。得益于近年来随机梯度下降等算法在硬件加速器上的快速且并行运算，需要大量计算资源的深度学习成为可能。

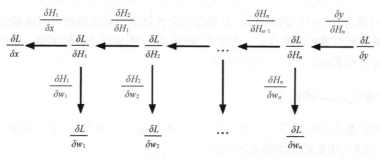

图9.3 与图9.1对应的神经网络结构，使用链式法则进行反向传播求导

9.1.4　权值共享

在深度学习中，一个重要的特征为权值共享（Weight Sharing）。一方面，权值共享可以极大地减少神经网络的参数并降低网络的复杂性，从而减少网络模型计算量、降低学习复杂度、加快运算速度；另一方面，权值共享可使得神经网络模型的参数互相共享（共享权值参数），进而提高神经网络模型中参数与参数之间的关联度，增强网络参数间的耦合度。

如图9.4和图9.5所示，循环神经网络通过时间序列中记忆单元间的连接共享权值参数w，而卷积神经网络则通过图像中的感知区域共享权值参数w_1和w_2。

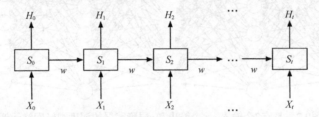

图9.4　循环神经网络共享参数w

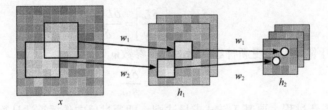

图 9.5　卷积神经网络共享参数w_1和w_2

9.2　深度神经网络（DNN）

深度神经网络的基本单位为神经元,其通过结合线性模型和激活函数组成基于神经元的数学模型。即多个神经元组成神经网络层，而多个神经网络层组成深度神经网络。理论上讲，深度神经网络可以表示任何复杂函数，如图9.2所示。

9.2.1　基本单元——神经元

神经网络中最基本的处理单元为神经元，主要由连接、求和节点和激活函数组成。
- ❑ 连接：神经元中数据流动的表达方式。
- ❑ 求和节点：对输入信号和权值的乘积进行求和。
- ❑ 激活函数（Activate Function）：一个非线性函数，对输出信号进行控制。

图9.6所示为神经元的基本模型，主要包含以下组成部分。

- $X = [x_1, x_2, \cdots, x_n]$为神经元的输入向量。
- $W = [w_1, w_2, \cdots, w_n]$为神经元的权重参数向量。
- b为神经元的偏置参数。

- $\sum$ 为求和节点。其中，$z = \sum\limits_{i=1}^{n} w_i x_i + b$。

- f为激活函数，一般使用如Sigmoid、Tanh等非线性函数。
- y为该神经元的输出信号量。

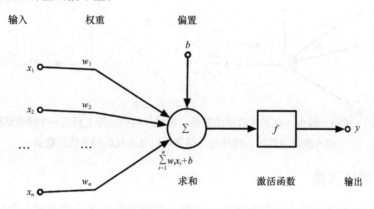

图9.6 神经元的基本模型

图9.6中的神经元基本模型的形式化数学表达式为：

$$y = f\left(W^\mathrm{T} X + b\right) = f\left(\sum_{i=1}^{n} w_i x_i + b\right) \tag{9.3}$$

由式（9.3）可知，一个神经元的基本功能为对输入向量X与权值向量W内积求和后加上偏置参数b，并经过非线性激活函数f，得到输出结果y，最终实现了针对输入数据X的非线性变化。

9.2.2 线性模型与激活函数

无论是回归模型，还是分类模型，本质上都是对数据进行映射的过程。其中，分类模型是将数据映射到一个或者多个离散的标签，回归模型是将数据映射到连续的空间。单个神经元模型在没有加入激活函数之前，可以看成线性回归模型，即将输入的数据映射到一个n维的平面空间。

在线性模型中，模型的输出为输入的加权和，即模型输出y和输入属性x_i的关系为：

$$y = \sum_i w_i x_i + b \tag{9.4}$$

其中，w_i和b为线性模型的参数。另外，参数w_i能够使得线性模型具有很好的解析性，因为参数w_i能够刻画每个属性在回归过程中的重要程度。

值得注意的是，任意线性模型的组合仍然是线性模型。如当$i=1$时，式（9.4）为$y=wx+b$，形成平面坐标系上的一条直线；当$i>1$时，模型中的输入x和输出y形成$i+1$维空间中的一个平面（即超平面）。

然而对于现实世界的数据来说，其数据往往都是线性不可分的，一个只有线性单元的神经元模型无法处理此类数据。为了提升神经元模型的表达和处理能力，在神经元中加入一个非线性函数（又称为激活函数），相当于为该神经元引入非线性建模能力，从而使神经元模型能够更好地解决复杂的数据分布问题，即具备了处理非线性数据的能力，如图9.7所示。

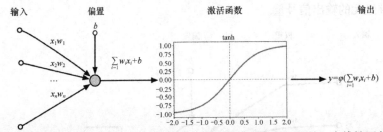

图9.7 神经元模型。在加入激活函数前，神经元模型实际上只是一个线性回归模型；
加入激活函数后，该神经元模型可以处理复杂的非线性数据

9.2.3 多层神经网络

一个多层神经网络由多个网络层组成，且每一层网络都由多个拥有输入和输出的神经元构成。在网络结构上，上一层网络的输出是下一层网络的输入，下一层网络通过神经元上的激活函数控制输出数值的大小。随后根据输出数值和给定阈值的关系判断是否需要激活该神经元。

一般而言，多层神经网络主要由输入层、输出层和隐藏层组成。

- 输入层（Input Layer）：接收输入信号作为输入层的输入。
- 隐藏层（Hidden Layer）：隐藏层也被称为隐层（后续统一称为隐层），它介于输入层和输出层之间，是由大量神经元并列组成的网络层，通常一个神经网络可以有多个隐层。
- 输出层（Output Layer）：信号在隐层中经过神经元的传输、内积、激活后，形成输出信号进行输出。

图9.8所示为一个3层结构的神经网络模型。其中，第一层的输入层为3个元素组成的一维向量$[x_1, x_2, x_3]$；第二层的隐层有4个节点，因此从输入层到隐层共有$3×4=12$条连接线；输出层是由2个元素组成的一维向量$[y_1, y_2]$，因此从隐层到输出层共有$4×2=8$条连接线。

需要注意的是，在多层神经网络的设计中，需要关注以下4个方面。

- 输入层与输出层的节点数依据输入数据和输出数据本身而设定，而隐层数和隐层的节点数可自由指定。
- 神经网络模型图（如图9.8所示）中连接线的箭头方向为数据的流动方向。
- 深度神经网络的关键不是节点而是连接，每层神经元与下一层的多个神经元相连接，每

条连接线都有独自的权重参数。此外，连接线上的权重参数是通过训练得到的。

- 神经网络中不同层的节点间使用全连接的方式，即$l-1$层的所有节点会与l层的所有节点都进行连接。例如当前层有3个节点，下一层4个节点，那么会有3×4=12条连接线，12个权重参数和4个偏置参数。

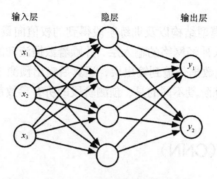

图9.8　3层神经网络模型

9.2.4　训练与预测

深度学习主要分为训练阶段与预测阶段。在训练阶段，需要准备好原始数据和与之对应的标签数据，通过训练得到模型A。在预测阶段，基于训练得到的模型A对新的数据进行预测。

1. 训练阶段

在设计深度神经网络模型结构前，需要对输入和输出数据进行量化。假设有k个输入数据，输出为n个类别，那么输入层的神经元节点数应设置为k，输出层的神经元节点数应设置为n。隐层神经元节点数依实际情况而定。一般而言，数目越多，神经网络的非线性拟合能力越强，能够显著提升神经网络的稳健性。习惯上，第l层神经元的节点数为$l-1$层节点数的1~1.5倍。

定义好神经网络模型结构之后，即确定了神经网络的输入层、输出层和隐层的节点数。接下来需要确定网络模型参数（即权值向量W和偏置b），主要通过训练阶段进行确定。

神经网络的训练实际上是通过算法不断修改权值向量W和偏置b，使其尽可能逼近真实模型中的参数，以获得最佳的神经网络预测效果。

首先初始化所有权值向量W和偏置b，一般为随机值。随后，基于随机生成的参数值预测训练数据中的样本。假设获得的样本预测值为$\hat{y}$，而其真实值为y。现定义一损失函数，用于刻画预测值$\hat{y}$与真实值y之间的差距，指导模型的过程，使得神经网络损失值尽可能小。如果使用均方误差（MSE）作为损失函数，则有：

$$L(\hat{y}, y) = (\hat{y} - y)^2 \tag{9.5}$$

现在问题转变为一个优化问题：即通过调整神经网络中的参数W和b，使得损失函数的值最小。

目前，主要是采用梯度下降算法对网络中的参数W和b进行求解。但在实际任务中，神经网络的模型结构复杂，计算所有参数的梯度存在较大的难度，于是引入了反向传播算法。最终使用反向传播算法求得网络模型所有参数的梯度，结合损失函数和梯度下降算法对网络模型的参数进行更新（更详细的反向传播算法介绍请参考附录E）。最终当损失函数收敛到一定程度时结束训练，保存训练后神经网络模型中的参数作用于预测阶段。

2．预测阶段

预测阶段主要基于网络模型结构以及训练阶段得到的权值向量 W 和偏置 b 对新的数据进行预测。将向量化后的新数据输入神经网络的输入层，并顺着数据流动的方向在网络中进行计算（如图9.2所示的箭头方向）。直到数据传输到输出层，运算后输出预测结果。该过程为一次典型的前向传播算法运算流程，与训练阶段不同的是，预测阶段的所有参数都为已知，无须采用反向传播算法对参数进行更新和迭代。

9.3 卷积神经网络（CNN）

卷积神经网络是图像领域常用的一种高效识别方法，来源于早期Hubel等人对猫脑皮层中的研究发现：局部敏感和方向选择相关神经元的独特网络结构可以有效降低反馈神经网络的复杂性。卷积神经网络主要包含两部分：特征提取层和特征映射层。相比于9.2节的深度神经网络，卷积神经网络通过引入局部感知、权值共享和下采样等技术，极大地降低了运算的复杂度，并且有效地提升了模型的识别精度。

9.3.1 概述

传统深度神经网络在实际任务中，尤其是在图像处理上，面临着模型过拟合和像素间信息易丢失等问题，往往难以取得令人满意的结果，具体原因如下。

❑ **参数规模巨大**：在卷积神经网络中，图像的每个像素值代表一个神经元节点。当输入一张 400×400 的图像时，在输入层会产生 $400 \times 400 = 1.6 \times 10^5$ 个输入节点。假设卷积神经网络有3个隐层，每一层有100个节点，全连接后大约产生 $400 \times 400 \times 100^3 = 1.6 \times 10^{11}$ 个权重参数，如此庞大的参数需要巨大的计算资源。而在实际任务中，计算资源是有限的。

❑ **像素间信息被丢失**：图像实际上是由数据间相互有关联的矩阵组成的，因此图像中的相邻像素间有着紧密的联系。而采用一个像素值代表一个神经元节点的方式，像素与像素间完全独立计算，最终导致大量的相邻像素间的关系信息被丢失。

❑ **网络深度有限**：一般而言，神经网络的层数越深，提取的数据维度越高。当全连接网络超过3层后，很容易引起过拟合、梯度消失等一系列问题，这导致传统神经网络的隐层数量设置一般不超过3层，从而限制了神经网络的应用范围。

卷积神经网络并没有采用如深度神经网络的全连接方式，而直接采用图像矩阵的方式进行排列，并通过引入局部感知、权值共享和下采样等技术，有效避免了传统神经网络所存在的不足，显著提升了网络模型的处理效率和识别精度。

❑ **局部感知**：每一个神经元节点不再与下一层的所有神经元节点相连接（全连接的方式），

只与下一层的部分神经元进行连接。

□ **权值共享**：一组连接可以共享同一个权重参数，或者多组连接共享同一个卷积核，不再是每条连接都拥有单独的权重。

□ **下采样**：通过下采样技术对输入的数据进行压缩操作，减少了输出节点数。

卷积神经网络通过局部感知使得其能够提取图像物体的高维特征，感知图像中丰富的特征信息。同时，经过权值共享和下采样操作，进一步减少网络的参数，让卷积神经网络模型能够在规定时间内和有限的内存计算资源下完成计算。

接下来对卷积神经网络的核心操作和核心思想分别进行具体介绍。

9.3.2 卷积神经网络的核心操作

卷积神经网络中最为核心的是卷积运算部分，通过卷积操作，神经网络能够更加有效地提取图像的抽象特征。

1. 卷积操作

卷积操作来源于图像处理技术中的滤波操作，因此卷积核又被称为滤波器，本书中统称为"卷积核（Convolution Kernel）"。不同于传统滤波操作中的滤波器是事先定义好的，卷积神经网络的卷积核内容主要通过梯度下降算法的训练得到。

2. 滑窗卷积操作

在卷积操作的过程中，原始输入为一张图像，通过一个卷积核在输入图像上滑动，对滑动窗口与卷积核进行数值运算后，输出特征图。卷积神经网络中的卷积核由权重参数 w 组成，当网络中的权重参数改变时，意味着使用一个新的卷积核生成了一张新的特征图。

假设一个卷积核窗口在输入图像上滑动，滑动窗口每次移动的步长为 $stride$，那么每次滑动窗口后，把求得的值按照空间顺序组成一个特征图。该特征图的边长分别为：

$$feature\ map_w = (img_w - kernel_w) / stride + 1$$
$$feature\ map_h = (img_h - kernel_h) / stride + 1$$

(9.6)

在式（9.6）中，$feature\ map$ 为特征图矩阵大小，img 为输入图像大小，$kernel$ 为卷积核大小，$stride$ 为步长，下标 w 和 h 分别表示矩阵的宽和长。

图9.9所示为单次卷积操作过程，图中使用 3×3 大小的卷积核对 5×5 大小的图像进行卷积操作。图中虚线为分割线，分割线以上部分为单次卷积操作，分割线以下部分为该单次卷积操作的具体展开示例。分割线以下部分 3×3 大小的卷积核首先对应到输入图像左上角位置的 3×3 大小窗口，随后使用卷积核里的数值与滑动窗口里的像素值一一相乘。接着对相乘后的矩阵进行总体求和（即图9.9中的值4），求和结果作为原图该位置的卷积特征值。

使用同一个卷积核和图像矩阵作为输入，剩余卷积过程如图9.10所示，使用 3×3 大小的卷积核对 5×5 大小的图像进行卷积的全过程。顺序为从左到右、从上到下，经过图9.9所示的单次卷积操作流程，最后填满卷积后的特征矩阵。假设卷积的步长为1，那么第二次卷积则是把滑动窗口向右移动一格，重复卷积操作，得到卷积特征3。不断重复该过程，直至滑动窗口移动到输入矩阵的右下角为止, 得到由卷积特征组成的特征矩阵 (亦称为特征图)。

3. 网络层间卷积操作

上一节主要介绍了单个输入矩阵的卷积操作, 本节将会讲述卷积神经网络层与层之间的卷积操作过程。换言之, 在第l层网络有C个特征图作为输入, 该卷积层有k个卷积核, 如何进行卷积操作输出k个特征图?

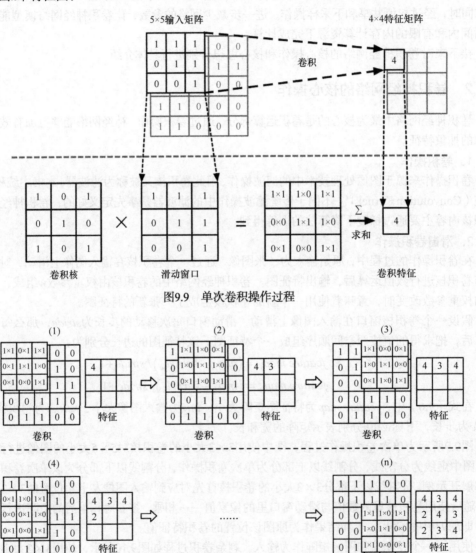

图9.9   单次卷积操作过程

图9.10   剩余卷积操作过程

假设在第l层卷积层输入C个特征图，即该层输入C个大小均为$W \times H$的矩阵，那么可以得到一个$C \times (W \times H)$的特征张量，C又称为输入矩阵的深度。设定该层有Cout个$K \times K$大小卷积核，在使用相同填充（Same Padding）的情况下将会产生$Cout$个大小为$W \times H$的特征图作为输出，即可以得到$Cout \times (W \times H)$的特征张量，如图9.11所示。

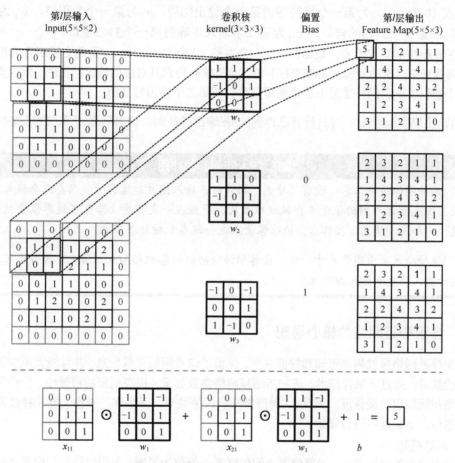

图9.11 卷积神经网络的层间卷积操作

接下来给出图9.11所示的卷积神经网络的层间卷积操作具体计算过程。第l层输入两张大小为5×5的特征图，第l个卷积层有3个卷积核，因此经过计算后输出3张特征图，并作为$l+1$层的输入。事实上，多层卷积操作类似于神经元的基本求和公式$z = \sum wx + b$。其中，卷积神经网络中w对应单个卷积核，x为对应输入矩阵的不同数据窗口，b为该卷积核的偏置。相当于卷积核与不同数据窗口相乘求和后（矩阵内积计算），加上偏置b得到输出结果，如下所示。

$$z = x_{11} \odot w_1 + x_{21} \odot w_1 + b$$
$$= (x_{11} + x_{21}) \odot w_1 + b \tag{9.7}$$
$$= 4 + 1$$
$$= 5$$

在式（9.7）中，z 为第一个特征图的第一个输出结果，w_1 为第一个卷积核，x_{11} 为第一个输入矩阵的第一个 3×3 的窗口，x_{21} 为第二个输入矩阵的第一个 3×3 窗口。

随后卷积核 w_1 固定不变，数据窗口统一向右移动1步（$stride$=1）。重复上述矩阵内积计算步骤，直到数据窗口滑动到输入矩阵的右下角，卷积核 w_1 得到其对应的输出特征图。依次类推，对应第二个卷积核 w_2，同样重复上述步骤得到对应的第二个输出特征图。

最后使用激活函数 $a = f(z)$ 计算已得到的3张输出特征图，输出第 l 层卷积层的最终特征图。

填充（Padding）的作用

（1）保持图像边界信息：没有"填充"操作时，输入图片边缘像素点信息只会被卷积核操作一次，但是图像中间的像素点会被处理多次，导致在一定程度上降低了边界像素信息的参考程度。而加入"填充"操作后，边缘像素点也会被卷积核处理多次。

（2）保持输入输出图像尺寸一致：在卷积神经网络的卷积层加入"填充"操作，可以使得卷积层的输入维度和输出维度保持一致。

9.3.3　卷积神经网络的核心思想

卷积神经网络通过局部感知和权值共享，保留了像素间的关联信息，并且极大减少了所需网络参数的数量。通过下采样技术，进一步缩减网络参数数量，提高模型的稳健性，使得模型可以持续地增加隐层以扩展深度。因此，"局部感知、权值共享、下采样"被称为卷积神经网络的三大核心思想，下面逐一进行详解。

1. 局部感知

针对图像中的空间关系，局部像素之间的联系一般较为紧密，而距离较远的像素之间相关性则较弱。因此无须对全局图像进行感知，只需要对图像局部信息进行感知，然后在更深层的网络中继续提取图像的局部信息。随着网络层次的深入，图像的尺寸逐渐缩小，对图像特征的提取也从片面到整体，最终得到图像的全局信息。

图9.12a为普通的神经网络全连接方式，全图像素（一个像素代表一个神经元节点）与下一层的所有神经元节点相连接，产生大量的连接信息。图9.12b为卷积神经网络的局部连接方式，图像中局部区域的像素点只与下一层的某神经元节点相连接，该局部区域的空间大小称为感知区域（Receptive Field），感知区域实际上就是卷积核的空间大小。由图9.12b可知，每个隐层神经元节点只负责连接到图像某个局部区域，从而有效地减少了网络中的权值参数。

假设输入为1000×1000像素的图像，按照一个像素值代表一个神经元节点，那么输入的神经元节点为1000×1000=10^6个。继续假设下一层的隐层神经元节点数有1000个，从输入层到隐层，全连接的权重参数有1000×1000×1000=10^9个。从输入层到隐层，两层神经网络进行全连接产生上亿个权重参数。网络层数每增加一层，参数以指数式增长，当神经网络隐层到达3或4层时，会因为内存无法存下如此庞大的参数量而导致系统资源加载失败。

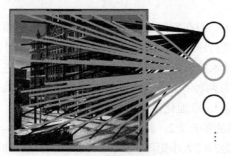 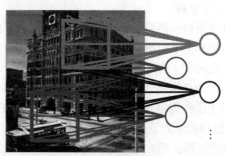

a) 全连接神经网络　　　　　　　　　　　　　　　b) 局部连接神经网络

图9.12　全连接与局部连接的对比示例

同样假设输入1000×1000大小的图像，设定感知区域大小为10×10（即该感知区域由10×10个神经元节点组成的卷积核），隐层的神经元节点同样为1000个。那么经过局部感知后，每个感知区域对应一个隐层神经元节点，产生10×10×1000=10^5个权重参数。因此局部连接的方式参数数量相比全连接的方式会减少为其1/1000。

由于每一隐层的输入特征和卷积核大小都不一样，因此会产生不同的感知区域。另外，不同的感知区域能够感知图像中不同的纹理特征，从而随着卷积网络层的增加能够获得更高维度的图像特征。

2. 权值共享

通过局部感知，卷积核在图像的一小块区域能够得到一个特定的纹理特征。从理论上讲，在该图像其他有类似特征的区域中，同样也可以使用该卷积核。

如图9.13a所示，为了找到图像建筑物上的特征，卷积核A和卷积核B需要分别检测各自滑动

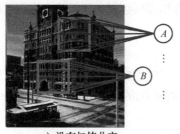 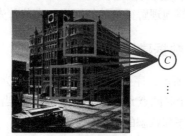

a) 没有权值共享　　　　　　　　　　　　　　b) 权值共享

图9.13　带有权值共享和没有权值共享的对比示例

窗口位置上的特征。假设卷积核A、B两个滑动窗口都有着相同的纹理特征，那么实际上只需要图9.13b中所示的一个卷积核C代替图9.13a中的两个卷积核A和B来检测两个滑动窗口的特征。因此，可以通过共享卷积核C（也就是共享相同的权值矩阵），即把卷积核C学习到的特征作为探测器应用到输入图像的其他类似区域，进而减少神经网络中的参数（减少重复的卷积核）。该操作即为权值共享。

3. 下采样

在卷积神经网络中，输入卷积层的图像可能很大。但在实际工作中，大多数情况下无须对原图进行操作。可以通过下采样技术，对输入的图像进行压缩，以减少输出的总像素，提出计算速度。与此同时，当网络中权重参数过多时，下采样技术能够减少过拟合的可能性，并能够进一步提取图像的高维统计特征。常用的下采样技术主要有两种：最大池化（Max Pooling），取池化窗口的最大值作为池化特征；均值池化（Mean Pooling），取池化窗口的均值作为池化特征。

图9.14所示为下采样操作的具体示例，窗口移动的步长为2。具体而言，图9.14a为一张4×4大小的图像矩阵；图9.14b为最大池化操作，滑动窗口为2×2大小矩阵；图9.14c为均值池化操作，滑动窗口同样为2×2大小矩阵。由图9.14可知，通过下采样操作可以显著缩减图像的空间尺寸规模。

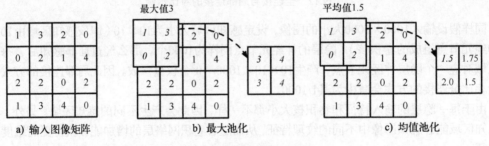

a) 输入图像矩阵   b) 最大池化   c) 均值池化

图9.14 下采样操作示例

9.4 循环神经网络（RNN）

9.3节介绍的卷积神经网络主要用于处理图像数据，而循环神经网络主要针对序列数据进行建模。为了更好地理解循环神经网络，本节首先介绍序列数据，随后将详细阐述循环神经网络。

9.4.1 序列数据建模

如图9.15a所示，序列数据在t时刻的状态为s_t，该状态依赖于上一时间点$t-1$的状态s_{t-1}。依次类推，下一个时间点$t+1$的状态s_{t+1}依赖于当前时间点t的状态s_t。因此，除第一个时间步的状态之外，当前序列状态的模型数学表达为：

$$s_t = f_\theta(s_{t-1}) \tag{9.8}$$

在正常情况下，当前状态s_t不可能仅仅依赖于上一时刻的状态s_{t-1}，否则从第一个时刻开始到序列终止时刻位置，所有序列上的状态信息仅仅依赖于初始状态的输入信息。当初始状态信息在时序上传播得越远，其信息衰减越厉害，最终导致序列数据模型失去其意义。因此真实的情况如图9.15b所示，当前状态 s_t 依赖于上一时刻的状态 s_{t-1} 和当前的输入信息 x_t，即当前时刻的输入信息 x_t 也会对当前状态 s_t 产生影响。因此在考虑输入信息的情况下，当前序列状态的模型数学表达为：

$$s_t = f_\theta\left(s_{t-1}, x_t\right) \tag{9.9}$$

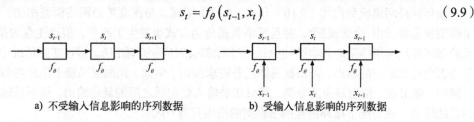

a) 不受输入信息影响的序列数据　　　　　b) 受输入信息影响的序列数据

图9.15　不受输入信息和受输入信息影响的序列数据对比

9.4.2　循环神经网络基本结构

有了当前状态和新输入信息，接下来对状态输出进行计算。如图9.16所示，左边为单个循环神经网络，由输入向量 x、隐层状态 s 和输出向量 h 组成。其中隐层的输出值有2个：一个值反馈给自身；另一个值输出到下一时刻的神经元。图9.16右半部分对单个循环神经网络进行展开，得到循环神经网络模型的基本结构。

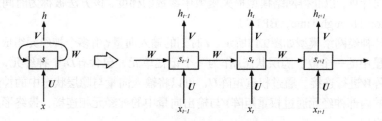

图9.16　循环神经网络模型的基本结构

图9.16对循环神经网络模型的基本结构进行了数学描述。

- x_t：t时刻的输入，$X = \left[x_1, \cdots, x_{t-1}, x_t, x_{t+1}, \cdots, x_T\right]$为输入序列。
- s_t：t时刻的隐层状态，也被称为循环神经网络的记忆单元（Menory Unit），一个隐层状态可以包含多个神经元。其中，$S = \left[s_1, \cdots, s_{t-1}, s_t, s_{t+1}, \cdots, s_T\right]$为隐层状态序列。
- h_t：t时刻的输出，$H = \left[h_1, \cdots, h_{t-1}, h_t, h_{t+1}, \cdots, h_T\right]$为输出序列。
- U：输入序列信息X到隐层状态S的权重参数矩阵。
- W：隐层状态S之间的权重参数矩阵。
- V：隐层状态S到输出序列信息H的权重参数矩阵。

s_t根据$t-1$时刻的隐层状态 s_{t-1} 和当前时刻t的输入 x_t 计算得到。假设函数f为隐层状态的激活函数，则当前隐层状态s_t为：

$$s_t = f\left(Ws_{t-1}, Ux_t\right) \tag{9.10}$$

假设函数g为输出的激活函数，则循环神经网络模型当前时刻的输出h_t为：

$$h_t = g\left(Vs_t\right) \tag{9.11}$$

循环神经网络模型由式（9.10）和式（9.11）组成，与深度神经网络模型相比，循环神经网络模型权重参数由1个变成3个，并且网络数据传递方式也发生了改变。值得注意的是，图9.16所示的循环神经网络模型的基本结构中每一时刻t都会对应一个输出h_t。但在实际情况中，每一个时刻是否会有相对应的输出，需根据具体任务需求而定。例如，预测亚马逊上用户对商品评论的好坏倾向，输出表示情感倾向的分类，其只在乎输入整句话之后的最终输出，而不是输入每一个单词后的输出，该情况下循环神经网络模型的输出只有1个。

9.4.3　循环神经网络模型详解

训练循环神经网络模型与训练深度神经网络模型类似，同样采用随机梯度下降算法和反向传播算法，但是在计算细节方面进行了部分修改。在循环神经网络模型中，权重参数在不同时序上进行参数共享，每个节点的参数梯度不但依赖于当前时间步的计算结果，还依赖于上一时间步的计算结果。例如，为了计算时刻$t=4$的梯度，需要使用3次反向传播算法。为了使用反向传播算法计算与时序相关的网络模型结构，需要对反向传播算法进行改进，使其能够对循环神经网络的时序信号进行反向计算，以获得网络模型损失函数中参数的梯度，该方法被称为时间反向传播算法（Backpropagation Through Time，BPTT）。

实际的循环神经网络模型如图9.17所示，t时刻的输入向量x_t由多个神经元组成，每一个神经元对应多维向量中的一个值。隐层状态s_t作为一个记忆单元，包含有D_h个神经元，隐层状态s_t之间使用权重矩阵W进行连接。通过权重矩阵U，可以将输入向量与隐层状态中的神经元连接。同理，隐层状态的内部神经元通过权重矩阵V与输出向量中的神经元相连接，最终形成一个完整的循环神经网络模型。

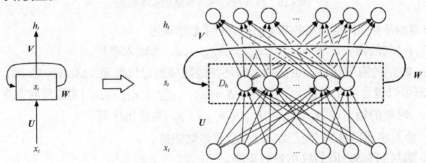

图9.17　循环神经网络的基本结构详细展开图。图中左半部分为循环神经网络结构的简单示例，右半部分为循环神经网络结构的详细示例

图9.18为循环神经网络模型简单结构的展开示例图，即对图9.17中的循环神经网络的基本结构进行展开。假设图9.18中循环神经网络的隐层状态使用tanh函数作为激活函数，输出层使用

Softmax函数作为激活函数，则对应的隐层状态s_t和输出h_t为：

$$s_t = \tanh\left(Ux_t + Ws_{t-1}\right) \qquad (9.12)$$

和：

$$h_t = softmax\left(Vs_t\right) \qquad (9.13)$$

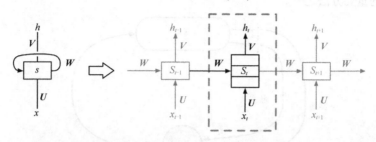

图9.18　单层循环神经网络结构展开图，其中隐层状态s_t有3个神经元（$D_h=3$）

已知隐层状态和输出的计算公式，接下来对网络中的权重矩阵U、W和V进行分析。假设在时间步x_t的向量长度d为1000，对应时间步中隐层状态s_t的神经元数D_h为50，根据循环神经网络模型基本结构定义有：

$$
\begin{aligned}
x_t &\in \Re^d &&\rightarrow & x_t &\in \Re^{1000} \\
h_t &\in \Re^d &&\rightarrow & h_t &\in \Re^{1000} \\
s_t &\in \Re^{D_h} &&\rightarrow & s_t &\in \Re^{50} \\
U &\in \Re^{D_h \times d} &&\rightarrow & U &\in \Re^{50 \times 1000} \\
W &\in \Re^{D_h \times D_h} &&\rightarrow & W &\in \Re^{50 \times 50} \\
V &\in \Re^{d \times D_h} &&\rightarrow & V &\in \Re^{1000 \times 50}
\end{aligned}
$$

现在确定了循环神经网络模型输入层、隐层、输出层的参数矩阵大小，同时也确定了网络中权重矩阵U、W和V的大小，就可简单评估出循环神经网络模型的参数规模。其中，权重矩阵U、W、V的大小分别为$D_h \times d$、$D_h \times D_h$、$d \times D_h$，因此循环网络中的总权重参数大小约为$2D_h \times d + D_h^2$。根据给定的数据维度（即$x_t \in \Re^{1000}$、$s_t \in \Re^{50}$），网络一共需要约102500个权重参数。相对而言，循环神经网络模型的权重参数远远少于卷积神经网络模型所需要的权重参数。

值得注意的是，隐层状态中的神经元D_h可以认为是循环神经网络的记忆能力神经元，隐层内的神经元越多，模型的学习能力越强，即能够模拟更为复杂的模式。但这并不意味着隐层神经元越多越好，因为网络模型中的神经元过多可能会产生过拟合、梯度爆炸等问题。

9.5　回顾强化学习

本节首先将简要回顾强化学习的相关基础概念，为更好地理解深度学习和强化学习的结合——深度强化学习做铺垫。

9.5.1 智能体和环境

智能体与环境的交互过程如图9.19所示，智能体根据环境的反馈（奖励和状态）学习策略，随后根据策略选择合适的动作。该学习方式类似于人类的学习过程，因此强化学习也被视为实现通用人工智能的重要方法之一。

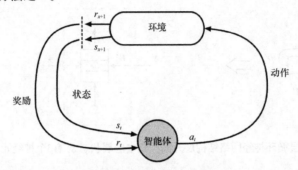

图9.19　强化学习一般框架

图9.19所示的强化学习过程可采用马尔可夫决策过程表示。

$$MDP = (S, A, P_{sa}, R) \tag{9.14}$$

其中，S为状态空间，A为动作空间，P_{sa}为状态转移概率，R为奖励函数。

对于智能体而言，主要包含以下3个重要概念。

- ❑ 策略（Policy）：智能体的动作函数，用以指导智能体根据特定策略执行动作。
- ❑ 价值（Value）：用于评估动作或者状态的好坏程度，智能体根据值函数选择动作。
- ❑ 模型（Model）：用以模拟智能体所处环境的模型。

强化学习的主要求解方法有基于策略、基于模型、基于价值或其组合的方法等若干种，如图9.20所示。

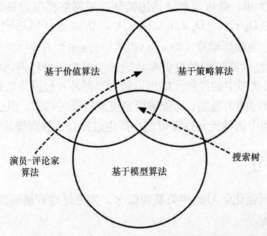

图9.20　基于价值、基于策略、基于模型的强化学习关系图

9.5.2 基于价值的强化学习

基于价值的强化学习（Value-based RL）实际上就是基于价值函数的强化学习。价值函数主要用于评估当前智能体基于某状态的好坏程度，主要分为如下两种。

- **状态值函数**：$v(s) = \mathbb{E}[G_t \,|\, s]$，是对未来累积奖励$G_t$的预测，表示在状态$s$下，执行动作$a_i$会得到多少奖励。
- **动作值函数**：$q(s,a) = \mathbb{E}[G_t \,|\,(s,a)]$，用来评估当前智能体在状态$s$下，选择动作$a$会得到多少奖励。

状态值函数$v(s)$和动作值函数$q(s,a)$都是对未来奖励G_t期望的预测。不同的是动作值函数基于确定的动作，而状态值函数则没有确定的动作。在实际任务中，状态值函数$v(s)$会将状态s下所有动作的未来奖励都计算一遍，然后通过贪婪算法选择所需要执行的动作。

综上可知，基于价值的强化学习主要预测最优状态值函数$v^*(s)$或动作值函数$q^*(s,a)$，即如何最大化价值函数里的状态价值或动作价值。

9.5.3 基于策略的强化学习

策略（π）用于指导智能体在当前状态下应该以什么样的方法选择动作，主要分为以下两类。

- **确定性策略（Deterministic policy）**：$a = \pi(s)$，根据状态s直接选择动作a。
- **随机性策略（Stochastic policy）**：$\pi(a\,|\,s) = P[a\,|\,s]$，在状态$s$下以一定的概率选择动作$a$。

与基于价值的强化学习不同，基于策略的强化学习（Policy-based RL）直接对策略π进行优化，以得到最优策略π^*。随后，从最优策略π^*中搜索找到当前状态对应的动作。

9.5.4 基于模型的强化学习

基于模型的强化学习（Model-based RL）主要是对环境状态无限，但规则相对简单的强化学习任务的真实环境进行仿真和模拟，如围棋游戏。一般而言，基于模型的强化学习主要分为学习和规划两个过程：学习过程指智能体从真实环境中收集反馈信息作为经验轨迹，并从经验轨迹中学习环境模型；规划过程主要指智能体基于获得的环境模型生成大量的模拟经验轨迹数据，并基于模拟经验轨迹数据，智能体采用免模型的强化学习方法求解价值函数或策略函数。

相对于基于价值或策略的强化学习方法，基于模型的强化学习能够使得智能体具备一定的推理能力，即智能体通过环境模型对环境进行较好地刻画与分析，能够直接评估动作的好坏程度，进而指导智能体选择更好的策略。

9.6 深度强化学习

由9.5节的介绍可知，强化学习主要通过求解策略$\pi(\cdot\,|\,s)$、状态值函数$v_\pi(s)$或者动作值函数$q_\pi(s,a)$获得智能体下一步的执行动作。早期的强化学习算法主要基于表格的方法来求解状态空间

或动作空进离散且有限的任务。但在实际环境中，大部分任务的状态和动作的数量非常庞大，以至于无法使用表格来记录和索引，如围棋大约有10^{170}种状态，难以采用传统的强化学习算法进行求解。

为了有效地解决上述问题，可充分利用深度学习极强的表征能力，使得智能体能够感知更加复杂的环境状态并建立更加复杂的行动策略，进而提高强化学习算法的求解与泛化能力。基于此，引出本节将要介绍的深度强化学习。

深度强化学习通过将强化学习和深度学习进行深度结合，充分利用了强化学习的决策优势和深度学习的感知优势。在深度强化学习中，使用强化学习定义问题和优化目标，使用深度学习求解策略函数或价值函数，并使用反向传播算法优化目标函数。深度强化学习在一定程度上具备解决复杂问题的通用智能，尤其是近年来深度强化学习在很多任务上都取得了巨大的成功。

9.6.1   深度强化学习框架

深度强化学习的一般框架如图9.21所示，智能体使用深度神经网络表示价值函数、策略函数或者模型，而深度学习的输出即智能体选择的动作a。接下来，环境通过执行该动作a得到反馈奖励r，并把r作为损失函数的参数。随后，基于随机梯度算法对损失函数进行求导。最后，经过网络模型的训练优化深度神经网络中的权值参数。

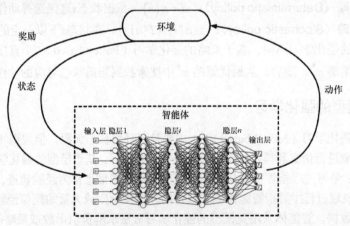

图9.21   深度强化学习的一般框架

DeepMind的[Mnih et al. 2013]于2013年提出了第一个深度强化学习模型，即深度Q网络（Deep Q-Network，DQN）。虽然DQN模型较为简单，只面向有限的动作空间，但依然在Atari游戏上取得了巨大成功，并超越了人类游戏水平。之后，深度强化学习开始快速发展，出现了大量基于DQN的改进版本，如双Q网络[Van Hasselt et al. 2016]、优先级经验回放[Schaul et al. 2015]以及竞争网络[Wang et al. 2015]等。

目前，大多数深度强化学习模型同时使用策略网络和价值网络来近似策略函数和价值函数，而演员-评论家算法则属于上述结合策略网络和价值网络的方法之一。在演员-评论家算法的基础上，[Silver et al. 2014]将策略梯度的思想推广到确定性的策略上，提出了确定性策略梯度（Deterministic Policy Gradient，DPG）算法，该确定性策略函数为状态到动作的映射 $a = \pi_\theta(s)$，可以减少数据方差并提高算法收敛性。[Lillicrap et al. 2015]基于DPG算法，进一步利用DQN来估计值函数，提出深度确定性策略梯度（Deep Deterministic Policy Gradient，DDPG）算法，DDPG算法可以适用于连续的状态空间和动作空间。[Mnih et al. 2016]利用分布式计算的思想提出了异步优势的演员-评论家（Asynchronous Advantage Actor-critic，A3C）算法。在A3C算法中，有多个并行的智能体与环境，每个环境中各由一个智能体执行其各自的动作，并计算累积的参数梯度。利用累积参数梯度去更新所有智能体共享的全局参数。因为不同环境中的智能体可以使用不同的探索策略，而使得经验样本之间的相关性较小，并提高了学习效率。

9.6.2 深度强化学习应用

由于深度强化学习具有极强的感知和决策能力，目前已经有相当多基于深度强化学习的实际应用和产品，尤其是在个性化和自动化等领域。为了更好地理解深度强化学习与实际应用的具体结合方式，本节将会简单概述近年来使用深度强化学习的典型应用案例，并给出简要的模型结构。

1. AutoML自动模型压缩

在深度神经网络应用中，经常会有计算延迟、模型过大等问题的限制，因此许多研究者开始研究如何通过压缩模型来提高神经网络的硬件效率。

模型压缩技术的核心是确定每个隐层的压缩策略，由于不同隐层中的参数具有不同的冗余程度，这通常需要手工试验和领域专业知识来探索模型的大小、速度和准确性。显而易见，基于人工的方式去压缩模型并非最优解决方案，通常会受到人力和经验的限制。

基于此，[Y He et al. 2018]提出了 AutoML 模型压缩方案（AutoML for Model Compression，AMC），即利用强化学习方法提供模型压缩策略，如图9.22所示。

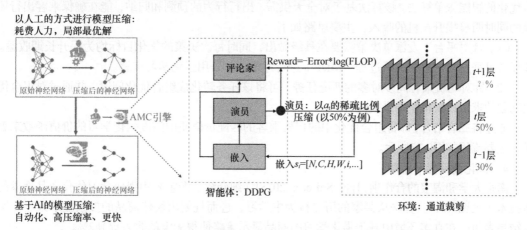

图9.22 AMC引擎概览。左图AMC取代人工，将模型压缩过程完全自动化；
右图将 AMC 视为一个强化学习问题

实验结果表明，利用了强化学习的AMC在模型压缩中全面超越手工调参。AMC将MobileNet预测阶段时的计算量从569M MACs降低到285M MACs，在Pixel-1手机上的速度由8.1fps提高到14.6fps，仅有0.1%的top-1准确率损失。与此同时，由于AMC采用了合适的搜索空间，压缩策略的搜索时间降低到仅需要4个GPU时间。

2．神经机器翻译

神经机器翻译系统主要通过取源句子和之前已有的目标符号作为输入，以最大化目标句子中每个符号的似然率为最终的优化目标。但如何将深度强化学习与神经机器翻译结合起来仍然面临着众多的挑战，如强化学习方法自身就存在一定的局限性（梯度估计方差高、目标不稳定等）。

基于此，[L Wu et al. 2018]研究了如何基于强化学习得到更好的神经机器翻译系统。作者对强化学习训练的不同方面进行了综合研究，进而了解到：（1）如何设置有效的奖励；（2）如何设置最大似然估计和强化学习的权重，进而实现稳定的训练过程；（3）如何降低梯度估计的方差。综合这3项分析，作者在WMT14英德翻译、WMT17英汉翻译和WMT17汉英翻译任务上都取得了具有竞争力的翻译结果。

3．智能派单系统

目前滴滴的专车、快车等业务线都在使用智能派单模式，即从全局视角出发，由算法综合考虑接驾距离、服务分、拥堵情况等因素，自动将订单匹配给最合适的司机。然而在实际环境中，出行场景下的司机乘客匹配非常复杂：高峰期出行平台每分钟会接到大量出行需求；车辆会在路上不停移动，状态变化较快；每一次派单的决定又一定程度上影响了未来的司机分布情况。这些情况都对算法提出了更高的要求：不仅需要算法能快速地对司机和乘客进行动态、实时的匹配，同时还要基于未来情况的预测考虑算法的长期收益，全局优化总体交通运输效率。

为了解决上述问题，滴滴技术团队[Z Xu et al. 2018]创新性地提出融合了深度强化学习和组合优化的智能派单算法。该算法基于对全天供需、出行行为的预测和归纳，能在确保乘客出行体验的同时明显提升司机的收入，主要思路如下。

（1）针对平台下发派单决策需要在秒级做出，同时每次决策的优化目标均为提升长期收益。该任务可采用马尔可夫决策过程（MDP）进行建模，并采用强化学习求解。

（2）针对司机乘客间多对多的匹配任务，可将该任务转化成组合优化问题，并通过对组合优化问题的求解以获得全局最优解。

通过将二者结合，即将组合优化中的司机乘客的匹配价值使用深度强化学习的价值函数来表示，主要流程如图9.23所示。

4．优化商品显示策略

南京大学和淘宝的合作项目[JC Shi et al.2018]详细介绍了淘宝采用强化学习优化商品搜索的新技术（见图9.24）。算法从买家的历史行为中学习，进而规划出最佳商品的搜索显示策略。实验结果表明，在真实环境中基于强化学习的商品显示策略使得淘宝的收入提高2%。

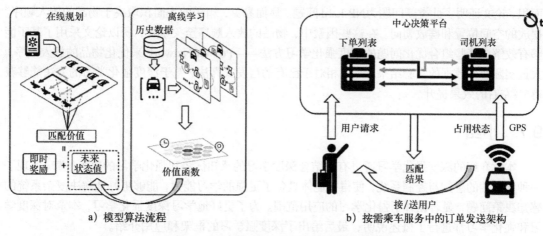

a）模型算法流程　　　　　　　　b）按需乘车服务中的订单发送架构

图9.23　基于深度强化学习的智能派单模型

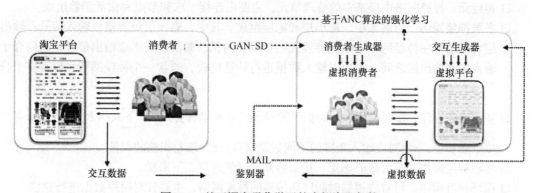

图9.24　基于深度强化学习的虚拟淘宝架构

在构建的虚拟淘宝模拟器中，虚拟买家可进入淘宝触发平台搜索引擎，并基于提出的 GAN-SD（GAN-for-Simulating-Distribution）算法模仿虚拟买家的操作和搜索请求。另外，为了让虚拟平台产生针对强化学习的动态交互环境，作者还提出了MAIL（Multi-agent Adversarial Imitation Learning）方法，即智能体对抗模仿学习法。MAIL同时学习买家规则和平台规则，训练买家和平台产生更加真实的交互。最后，作者提出了动作规范约束ANC（Action Norm Constraint）策略，可以减少由于虚拟环境产生的模型过拟合问题。

5. 新型的三维装箱问题

三维装箱问题是一类经典的组合优化问题，具有巨大的研究和应用价值。三维装箱问题一般是基于给定的箱子尺寸，最小化箱子的使用数量。然而，在某些实际业务场景中并没有固定尺寸的箱子。

基于上述场景，[H Hu et al. 2017]提出了一类新型的三维装箱问题：将若干个长方体物体逐个放入一个箱子中（物品的摆放位置不能倾斜），优化目标为最小化能够容纳所有物品的箱子表面积。论文证明了此类新问题为NP-hard问题。显而易见，箱子的表面积取决于物品的放入顺序、摆放的空间位置和摆放朝向。在这些因素中，物品的放入顺序至关重要，所以论文采用了基于能够有效解决某些组合优化问题的深度强化学习方法——Pointer Network 来优化物品的放入顺序。大量实际业务数据的实验结果表明，相对于已有的启发式算法，基于深度强化学习的方法能够获得5%左右的效果提升。

9.7　小结

本章介绍的深度强化学习通过有机结合深度学习的感知优势和强化学习的决策优势，实现了一种端到端的感知与控制系统，使得智能体具备了更强的学习能力，能够更好地解决复杂系统的感知决策问题，显著提升了强化学习的应用范围。为了更好地学习深度强化学习，本章对深度学习和强化学习都进行了概述说明，最后给出了深度强学习的框架和应用介绍。

- **深度学习的4个重要特点**：深度表征、深度神经网络、网络可训练、权值共享。
- **神经元**：神经网络中最基本的处理单元，主要由连接、求和节点和激活函数组成。
- **多层神经网络**：由输入层、输出层和隐层组成。其中，输入层负责接收输入信号；输出层负责信号在神经网络中经过神经元的传输、内积、激活后，形成输出信号；隐层介于输入层和输出层之间，主要对输入数据进行特征建模，通常一个神经网络可以有多个隐层。
- **多层卷积操作**：多层卷积操作类似于神经元的基本求和公式 $z = \sum wx + b$。其中，w对应单个卷积核，x为对应输入矩阵的不同数据窗口，b为该卷积核的偏置。
- **卷积神经网络的三大核心思想**：局部感知、权值共享、下采样。
- **循环神经网络**：可看成根据时间序列传递的神经网络，主要针对时序数据进行建模。
- **求解强化学习方法**：基于价值的求解方法、基于策略的求解方法、基于模型的求解方法。
- **深度强化学习**：是强化学习和深度学习的有机结合。基于强化学习定义问题和优化目标，基于深度学习求解策略和值函数，并使用误差反向传播算法优化目标函数。

第 10 章
深度Q网络

10

本章内容：
- ❑ DQN算法概述
- ❑ DQN算法核心思想
- ❑ DQN算法模型
- ❑ DQN扩展算法

在数学中最令我欣喜的，是那些能够被证明的东西。

——伯特兰·阿瑟·威廉·罗素

由第9章的介绍可知，深度强化学习能够同时发挥深度学习的表征优势和强化学习的决策优势，为求解更为复杂的大规模决策控制任务提供了可能。

但在实际任务中，深度学习和强化学习的结合存在较多的问题和挑战。例如，深度学习的学习过程需要大量的有监督数据，而强化学习只有环境反馈的奖励值，且该奖励值存在噪声、延迟和稀疏性等问题，导致深度学习难以直接基于强化学习生成的经验数据进行学习和训练。除此之外，深度学习的训练数据之间彼此独立，而强化学习的前后状态数据之间存在相关性。这些实际问题都使得深度学习和强化学习难以直接融合，也难以充分发挥两者的各自优势。

基于此，引出本章将要介绍的第一个深度强化学习算法——深度Q网络（Deep Q-Network，DQN）算法。DQN算法通过结合Q-learning算法、经验回放机制以及基于卷积神经网络生成目标Q值等技术，有效地解决了深度学习与强化学习融合过程中所面临的问题和挑战，实现了深度学习与强化学习的深层次融合。

需要注意的是，DQN算法只能面向离散控制强化学习任务，极大地限制了DQN算法的应用范围。为了解决DQN算法本身所存在的限制，后续研究者在DQN算法基础之上提出了众多DQN改进版本，如Double DQN和Dueling DQN等，本章对这些改进版本也会有所介绍。

10.1　DQN 概述

DQN算法为Google DeepMind团队的Mnih等人于2013年提出的第一个深度强化学习算法，并在论文[Mnih et al. 2015]中得到进一步完善。在Atrari游戏中，DQN算法取得了惊人的实战表现，并由此引发了业界对深度强化学习的研究热潮，随后涌现出众多的深度强化学习算法及其应用。据不完全统计，仅2018年在国际上发表的与深度强化学习的相关论文就高达2000余篇。

在理想情况下，充分结合深度学习的感知优势和强化学习的决策优势能够解决更为复杂的控制决策任务。但在DQN算法出现之前，深度学习和强化学习算法在训练数据和学习过程等多方面的差异，导致深度学习和强化学习难以进行深度融合，无法充分发挥各自的优势。而DQN算法通过经验回放等技术，较好地解决了两者在实际融合过程中所面临的问题和挑战。

为了更好地理解DQN算法的价值和优势，本节首先对深度学习和强化学习的差异进行介绍，随后对DQN算法进行简要概述。

10.1.1　深度学习与强化学习的差异对比

深度学习属于一种典型的监督学习方法，基于大量的标签数据训练预测或分类模型。相比于深度学习，强化学习的训练过程缺乏直接的监督信号，其主要基于与环境交互的过程获得大量奖励和状态反馈信号，并基于反馈信号对学习过程进行调整以获得最优的行动策略。由此可知，两者在训练数据、学习过程等方面存在着明显差异。

深度学习和强化学习的差异主要体现在以下3个方面。

- 深度学习有固定的监督信号（标签），而强化学习缺乏监督信号且只有环境反馈的奖励信号。除此之外，奖励自身也存在噪声、延迟和稀疏性等问题。
- 深度学习的监督信号一般为独立同分布（即样本独立同分布），而强化学习的动作和状态分布之间存在着相关性，即序列上的相邻状态或动作之间相互影响，这主要由强化学习任务自身属性所致。
- 深度学习的网络结构可以用于刻画非线性的函数关系，但在实际任务中，采用非线性的深度学习网络结构表示值函数时，可能会导致强化学习算法的损失值波动甚至损失函数无法收敛等问题。

上述差异导致在实际任务中，融合深度学习和强化学习面临着巨大挑战。在DQN算法被提出之前，并没有一个很好的方法能够有效地结合上述两种技术。

10.1.2　DQN 算法简述

DQN算法属于深度强化学习算法中的一种。主要算法流程是把神经网络与Q-learning算法相结合，利用神经网络对图像的强大表征能力，把视频帧数据作为强化学习中的状态，并作为神经网络模型（智能体）的输入；随后神经网络模型输出每个动作对应的价值（Q值），得到将要执行的动作。如图10.1所示，游戏机是环境，智能体如同人类的大脑，输入的游戏帧类似眼睛接收的游戏实时信号，随后根据游戏的不同状态采取不同的动作。强化学习任务的目标是赢得游戏，从而获得最大的奖励（即游戏中的得分）。

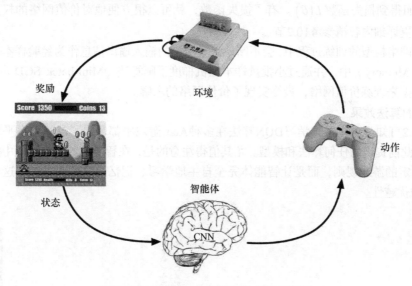

图10.1　DQN算法的简单强化学习示例图

接下来，从神经网络近似价值函数、求解价值网络以及DQN算法效果3个方面对DQN进行简要概述。

1. 神经网络近似价值函数

由前面章节的学习可知，当状态空间和动作空间低维离散时，可以采用基于表格的方法进行求解；当状态空间和动作空间高维连续时，可以使用基于近似求解法进行求解。如式（10.1）所示，值函数近似法通过参数 θ 使得动作值函数 $Q(s,a,\theta)$ 逼近最优动作值函数 $Q^*(s,a)$。

$$Q(s,a,\theta) \approx Q^*(s,a) \tag{10.1}$$

由第9章的介绍可知，深度学习能够自动提取数据中的抽象特征，当强化学习任务的状态空间高维连续时，使用深度学习可能是一个很好的选择。基于此，利用深度学习从高维的状态空间数据中学习价值函数，即基于深度学习构建针对强化学习任务的价值网络（Value Network）用于求解价值函数。

2. 求解价值网络

DQN算法面向相对简单的离散输出，即输出的动作为有限的个数（如上、下、左、右等有限离散的动作）。该算法基于价值网络，智能体通过遍历状态 s 下的所有动作的价值，选择价值最大的动作 a 作为输出。即价值网络利用卷积神经网络对图像的强大表征能力，把视频帧数据作为网络模型的输入，输出每个动作对应的价值（Q值）。上述过程思想与Q-learning算法类似。

现在面临的主要问题是如何更新价值网络中的权重参数。由于深度学习属于典型的监督学习方法，因此需要为价值网络构建一个损失函数（即对应强化学习中的目标函数）。由第二篇内容可知，强化学习中价值函数的输入为状态 s、动作 a 或奖励 r，而深度学习有着固定的输入数据 x 和输出标签 y。基于强化学习的贝尔曼方程，Mnih 等人把状态信息 s 和奖励信息 r 输入价值网络并输出 Q 值，从而得到损失函数 $L(\boldsymbol{\theta})$。有了损失函数，就可以很方便地对价值网络的权重参数进行迭代更新（更详细内容请参考10.2节）。

在价值网络模型的训练过程中，会不断地采集历史的输入输出信息作为经验样本存放在经验池（Replay Memory）中，并通过小批量样本随机梯度下降算法（Mini-batch SGD）在经验池中随机采样数据来训练价值网络，最终实现了价值网络的求解。

3. DQN算法效果

由图10.2可知，深度强化学习DQN算法在多种Atari游戏中都取得了超越人类平均水平的成绩，远胜于此前提出的任何算法和模型。尤其值得注意的是，在智能体的训练过程中并没有融入太多人工制定的游戏规则，而是让智能体完全自主地学习、记忆、模仿和试错，这更加说明了DQN算法的优越性。

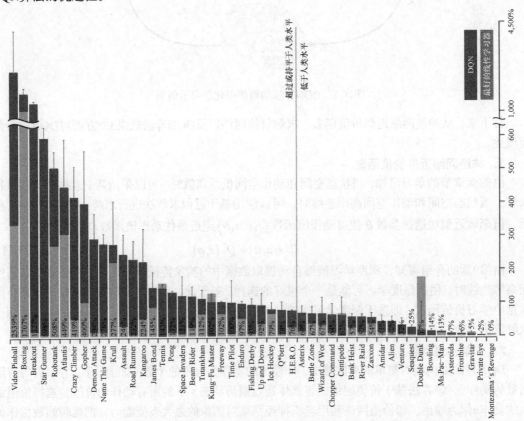

图10.2   在Atari游戏中，使用DQN和线性学习方法的成绩对比图[Mnih et al. 2015]

在实际应用中，DQN算法并不局限于Atari游戏，其可以根据任务的不同对价值网络进行有针对性的修改，进而完成特定类型的强化学习任务。例如，Atari游戏的输入为图像信息，那么可以通过卷积神经网络构造价值网络；如果强化学习任务的输入为序列数据，可以通过循环神经网络构造价值网络；如果在游戏中希望增加价值网络的历史记忆能力，可以通过结合卷积神经网络和长短期记忆模型（LSTM）来构造具有记忆能力的价值网络。

10.2 DQN 算法核心思想

DQN算法之所以能够较好地结合深度学习和强化学习，主要原因在于DQN算法引入的3大核心技术。

（1）**目标函数**，基于Q-learning算法构造了深度学习可学习的目标函数。

（2）**目标网络**，基于卷积神经网络产生目标Q值，并基于该目标Q值评估下一个状态的Q值。

（3）**经验回放机制**，解决了数据间相关性和非静态分布的问题。

这3大核心技术的引入使得DQN算法能够较好地学习出强化学习任务的价值函数，进而为智能体提供具有参考价值的行动策略。

10.2.1 目标函数

DQN算法中的卷积神经网络，作用是对在高维且连续状态下的动作值函数$Q(s,a)$进行近似。但在使用卷积神经网络学习动作值函数的近似之前，需要先确定网络的优化目标，随后才能使用已有的参数学习方法（如最小二乘法、拟牛顿法、随机梯度下降等）更新模型的权重参数，进而获得近似价值函数。

为了获得卷积神经网络可学习的目标函数，DQN算法通过Q-learning算法构建网络可优化的损失函数。根据第5章的介绍可知，Q-learning算法的更新公式为：

$$Q^*(s,a) \leftarrow Q(s,a) + \alpha \underbrace{\left(r + \gamma \max_{a'} Q(s',a') - Q(s,a) \right)}_{\text{Target}} \tag{10.2}$$

依据式（10.2）定义DQN算法的损失函数为：

$$L(\theta) = \mathbb{E}\left[\left(\text{Target Q} - Q(s,a,\theta) \right)^2 \right] \tag{10.3}$$

其中，θ为卷积神经网络模型的权重参数。目标Q值（即Target Q）为：

$$\text{Target Q} = r + \gamma \max_{a'} Q(s',a',\theta) \tag{10.4}$$

由于DQN算法中的损失函数基于Q-learning算法的更新公式确定，因此式（10.2）与式（10.3）意义相同，都是基于当前Q值（亦称预测Q值）逼近目标Q值。

在获得DQN算法的损失函数后，可直接采用梯度下降算法对卷积神经网络模型损失函数

$L(\theta)$ 的权重参数 θ 进行求解。

10.2.2 目标网络

由式（10.2）可知，在原始的Q-learning算法中，预测Q值和目标Q值使用了相同的参数模型。当预测Q值增大时，目标Q值也会随之增大，这在一定程度上增加了模型震荡和发散的可能性。

为了解决该问题，DQN算法使用旧的网络参数 θ^- 评估一个经验样本中下一时间步的状态Q值，且只在离散的多步间隔上更新旧的网络参数 θ^-，为待拟合的网络提供了一个稳定的训练目标，并给予充分的训练时间，从而使得估计误差得到更好的控制。

DQN算法使用两个卷积神经网络进行学习：预测网络 $Q(s,a,\theta_i)$，用来评估当前状态动作对的价值函数；目标网络 $Q(s,a,\theta_i^-)$，用以产生式（10.3）中的目标价值（Tartget Q）。算法根据式（10.3）的损失函数更新预测网络中的参数 θ，每经过 N 轮迭代后，将预测网络的参数 θ 复制给目标网络中的参数 θ^-。

DQN算法通过引入目标网络，使得一段时间内目标Q值保持不变，并在一定程度上降低了预测Q值和目标Q值的相关性，使得训练时损失值震荡发散的可能性降低，从而提高了算法的稳定性。

10.2.3 经验回放

在深度学习中，输入的样本数据之间独立同分布。而在强化学习任务中，样本间往往是强关联、非静态的，如果直接使用关联的数据进行深度神经网络训练，会导致模型难收敛、损失值持续波动等问题。

基于此，DQN算法引入经验回放机制：把每一时间步智能体和环境交互得到的经验样本数据存储到经验池中，当需要进行网络训练时，从经验池中随机抽取小批量的数据进行训练。通过引入经验回放机制，一方面，可以较容易地对奖励数据进行备份；另一方面，小批量随机样本采样的方式有助于去除样本间的相关性和依赖性，减少函数近似后进行值函数估计中出现的偏差，进而解决了数据相关性及非静态分布等问题，使得网络模型更容易收敛。

DQN算法保存大量历史经验样本数据，每个经验样本数据以如下五元组的形式进行存储。

$$(s,a,r,s',T) \tag{10.5}$$

式（10.5）表示智能体在状态 s 下执行动作 a，到达新的状态 s'，并获得相应的奖励 r。其中，T 为布尔值类型，表示新的状态 s' 是否为终止状态。

环境每执行一步后，智能体把执行该步所获得的经验信息存储在经验池（实际上为内存的空间块）。在执行数步之后（原论文中使用4个时间步长作为预测网络的更新频次），智能体从经验池中随机抽取小批量经验样本数据。基于抽样的经验样本数据，执行式（10.3）以更新Q函数。

经验回放机制虽然简单，却有效地去除了样本间的相关性和依赖性，使得深度神经网络模型能够很好地学习出强化学习任务中的价值函数。

独立同分布

在概率统计理论的随机过程中，任何时刻的取值都为随机变量。如果这些随机变量服从同一分布，并且互相独立，那么这些随机变量属于独立同分布。例如，随机变量X_1和X_2独立同分布，指X_1的取值不影响X_2的取值，X_2的取值也不影响X_1的取值，且随机变量X_1和X_2服从同一分布。随机变量X_1和X_2具有相同的分布形状和相同的分布参数，若它们是离散随机变量，则具有相同的分布律；若是连续随机变量，则具有相同的概率密度函数。

机器学习中的独立同分布

在机器学习中，假设输入空间X中的所有样本都服从同一个隐含未知的分布$X \sim N(\lambda)$，训练数据中的所有样本都是独立地从这个分布上采样而得的。

为什么需要独立同分布

由于机器学习方法基于历史数据寻找规律，并使用该规律去预测将会出现的数据，因此需要使用的历史数据具有总体代表性。如果使用的历史数据不具有总体代表性，那找到的规律就不能很好地用于预测新的数据，即机器学习中常见的过拟合问题。通过独立同分布的假设，可以大大减小训练样本中过拟合的情形，使得学习出的模型更具代表性。

10.3 DQN 核心算法

10.2节介绍了DQN算法的3大核心思想，但想必读者对于具体如何实现DQN算法仍然缺乏整体的知识结构上的认识。本节将首先介绍DQN网络模型，随后阐述DQN算法流程，并给出DQN算法实现。

10.3.1 DQN 网络模型

图10.3所示为DQN算法的神经网络模型架构图。DQN算法中卷积神经网络的输入为连续游戏帧，经过卷积层后接ReLU激活函数（更多激活函数介绍及其使用方法，请参考附录A）。经过多次上述卷积层和ReLU激活函数后，对最后一层卷积层产生的特征向量进行一维拉伸，作为下一层全连接层的输入。同样，经过多个全连接层后，输出层的神经元个数为智能体可执行的动作，如上、下、左、右、左上、左下、右上、右下等。

DQN网络模型共有5层（不包括输入层），每层包含可训练的权重参数和偏置参数，其具体网络模型架构如图10.4所示。DQN网络模型的输入（即连续游戏帧）被处理成4个近期历史游戏帧（即大小为84×84的游戏灰度图像），经过3层卷积层（没有池化层）后连接两层全连接层，表示为"卷积层 → 卷积层 → 卷积层 → 全连接层 → 全连接层",最后输出所有动作的Q值(当前游戏帧对应的动作概率)。

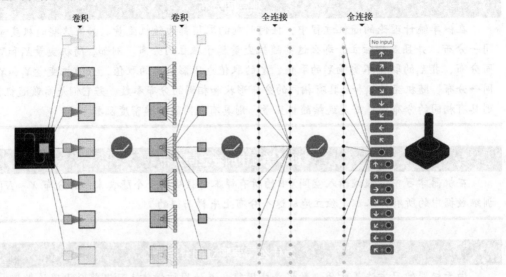

图10.3　DQN算法的神经网络模型架构图[Mnih et al. 2015]

网络架构模型的具体解释如下。

- ❑ **输入层**:DQN神经网络的输入为84×84×4大小的图像向量。每一游戏帧为经过预处理的84×84灰度图像,将连续4帧的游戏图像组成84×84×4的张量,并作为DQN网络的输入。需要注意的是,网络模型的实际输入为游戏的连续4帧画面,而不是1帧画面,目的是感知游戏环境的动态性。

- ❑ **Layer 1(卷积层)**:使用32个大小为8×8的卷积核,上下步长为4,对输入的图像张量进行卷积操作,卷积后得到的特征图尺寸为(84-8)/4+1=20。因此产生32个大小为20×20的特征图,即输出20×20×32大小的特征张量。

- ❑ **Layer 2(卷积层)**:使用64个大小为4×4的卷积核,上下步长为2,对输入的特征张量(Layer 1的输出)进行卷积操作,卷积后得到的特征图尺寸为(20-4)/2+1=9。因此产生64个大小为9×9的特征图,即输出9×9×64大小的特征张量。

- ❑ **Layer 3(卷积层)**:使用64个大小为3×3的卷积核,上下步长为1,对输入的特征张量(Layer 2的输出)进行卷积操作,卷积后得到的特征图尺寸为(9-3)/1+1=7。最后产生64个大小为7×7的特征图,即输出7×7×64大小的特征张量。值得注意的是,为了避免下采样操作导致游戏帧的信息丢失,上述3层卷积层均没有使用池化层对输入的特征图进行更高维度的特征抽取,而是直接使用卷积层后接卷积层。

- ❑ **Layer 4(全连接层)**:该层主要对Layer 3卷积层产生的特征向量进行拉伸,每一个像素代表一个神经元。由于Layer 3卷积层得到的特征张量为7×7×64,共3136个神经元作为输入，最后使用全连接操作输出512个神经元。

- □ **输出层**：该层与Layer 4层进行全连接操作，输出4个神经元，即为Atari中乒乓游戏的动作空间维度，具体的输出值大小即为对应的动作Q值。

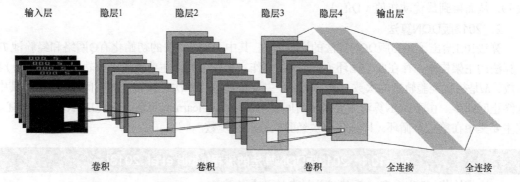

图10.4   DQN算法的神经网络模型架构图

10.3.2   DQN 算法流程

本节将具体分析DQN算法的详细流程，并给出DQN算法的2个代表性版本：2013版DQN算法和2015版DQN算法。

1. DQN算法更新过程

DQN算法使用一个权重参数为θ的深度卷积神经网络作为动作值函数的网络模型，通过该卷积神经网络模型$Q(s,a,\theta)$模拟动作值函数$Q^{\pi}(s,a)$，即：

$$Q(s,a,\theta) \approx Q^{\pi}(s,a) \tag{10.6}$$

随后使用均方误差（Mean-square Error）定义目标函数（具体定义方法见10.2.1节），作为深度卷积神经网络的损失函数。

$$L_i(\theta_i) = \mathbb{E}\left[\left(\underbrace{r + \gamma \max_{a'} Q(s',a',\theta_i)}_{\text{Target Net}} - \underbrace{Q(s,a,\theta_i)}_{\text{Predict Net}}\right)^2\right] \tag{10.7}$$

其中，参数s'和a'为下一时间步的状态和动作。

由式（10.7）可知，这里主要使用了Q-learning算法中需要更新的Q值作为训练的目标值。对应到DQN算法中，该目标Q值使用目标网络（Target Net）进行预测，而当前Q值使用预测网络（Predict Net）进行预测。最后，采用均方误差计算Q-learning算法中的时间差分误差。

接下来，基于式（10.7）计算深度卷积神经网络模型参数θ的梯度。

$$\nabla_{\theta_i} L_i(\theta_i) = \mathbb{E}\left[\left(r + \gamma \max_{a'} Q(s',a',\theta_{i-1}) - Q(s,a,\theta_i)\right)\nabla_{\theta_i} Q(s,a,\theta_i)\right] \tag{10.8}$$

最后，使用小批量随机梯度下降算法实现卷积神经网络模型对目标函数的优化。其中，$\nabla_{\theta_i} Q(s,a,\theta_i)$ 可以通过卷积神经网络计算得到（即使用随机梯度下降算法来更新网络中的模型参数 θ），从而得到最优动作值（Q值）。

2. 2013版DQN算法

算法10.1给出了2013版DQN算法的详细流程。其中，DQN算法的初始化有Q网络和经验池 $\mathcal{D}$。在算法的主架构中，存在两个循环（Repeat）操作：第一个循环主要负责经验轨迹（Episode）的回放，M 是执行经验轨迹的次数；第二个循环主要负责迭代单次经验轨迹的时间步数（t），其中 T 为终止时间步。由于DQN算法主要基于时间差分法中的Q-learning算法，因此DQN算法的核心流程主要集中在第二个循环（即迭代单次经验轨迹时间步数）。

算法10.1　2013版DQN算法的流程[Mnih et al. 2013]

(1) **初始化** 经验池 $\mathcal{D}$，存储经验样本的最大值为 N

(2) **初始化** Q网络权重参数 θ

(3) **重复** 经验轨迹，从1到 M:

(4) 　　初始化状态 $s_1 = \{x_1\}$，并计算输入序列 $\phi_1 = \phi(s_1)$

　　　重复 单次经验轨迹时间步，从 $t=1$ 到 T:

(5) 　　　　以概率 ϵ 选择随机动作 a_t

　　　　　否则根据式 $a_t = \max\limits_{a} Q^*\big(\phi(s_1),a,\boldsymbol{\theta}\big)$ 选择动作

(6) 　　　　执行动作 a_t，获得奖励 r_t 和状态图像帧 x_{t+1}

(7) 　　　　设 $s_{t+1} = s_t, x_{t+1}$，并计算下一时间步的输入序列 $\phi_{t+1} = \phi(s_{t+1})$

(8) 　　　　存储经验样本 $\big(\phi_t, a_t, r_t, \phi_{t+1}\big)$ 到经验池 $\mathcal{D}$ 中

(9) 　　　　从经验池 $\mathcal{D}$ 中随机采样小批量的存储样本 $\big(\phi_t, a_t, r_t, \phi_{t+1}\big)$

(10) 　　　　设 $y_i = \begin{cases} r_j & \text{当前状态为结束状态 } \phi_{j+1} \\ r_j + \gamma \max\limits_{a'} Q\big(\phi_{j+1}, a', \boldsymbol{\theta}\big) & \text{当前状态为非结束状态 } \phi_{j+1} \end{cases}$

(11) 　　　　使用梯度下降算法计算损失函数 $\big(y_i - Q\big(\phi_j, a_j, \boldsymbol{\theta}\big)\big)^2$:

$$\nabla_{\theta_i} L_i(\theta_i) = \mathbb{E}\left[\left(r + \gamma \max_{a'} Q(s',a',\theta_{i-1}) - Q(s,a,\theta_i)\right) \nabla_{\theta_i} Q(s,a,\theta_i)\right]$$

接下来给出算法10.1中对应步骤的具体含义。

- 步骤（1）：初始化经验池 $\mathcal{D}$，其容量为N（即可存储N个历史样本），用作历史经验回放。
- 步骤（2）：使用深度卷积神经网络作为预测Q值的网络，并初始化该网络模型权重参数θ。
- 步骤（3）：设定游戏片段总数为M，即智能体最大执行游戏次数为M次。
- 步骤（4）：初始化Q网络输入，输入的图像帧大小为$84\times84\times4$的张量，并且计算$\phi_1=\phi(s_1)$，即在状态s_1下获得游戏对应的固定序列游戏帧ϕ_1。
- 步骤（5）：以概率ϵ随机选择智能体需要执行的动作a_t，或通过网络输出最大Q值对应的动作作为智能体需要执行的动作a_t。
- 步骤（6）：智能体执行动作a_t，获得环境反馈的奖励r_t和下一时间步的游戏帧x_{t+1}（即状态）。
- 步骤（7）：基于新的状态$s_{t+1}=s_t,x_{t+1}$，根据式$\phi_{t+1}=\phi(s_{t+1})$计算下一时间步状态的固定序列游戏帧ϕ_{t+1}。
- 步骤（8）：将获得的状态转换参数$(\phi_t,a_t,r_t,\phi_{t+1})$存入经验池$\mathcal{D}$中。
- 步骤（9）：智能体随机从经验池$\mathcal{D}$中取出小批量状态信息。
- 步骤（10）：计算每一个状态的目标值，智能体通过执行动作后的奖励r_j来更新Q值作为Q-learning算法的目标值。
- 步骤（11）：根据式（10.7），基于小批量采样样本采用随机梯度下降法更新Q网络权重参数θ。

3. 2015版DQN算法

算法10.2为2015版DQN算法的详细流程。由算法10.1和10.2的对比可知，两个版本的DQN算法都使用了经验池，主要区别在于2015版的DQN算法中增加了目标网络，通过使用双网络结构极大地提高了DQN算法的稳定性。

使用一个卷积神经网络模型$Q(s,a,\theta_i)$表示预测网络（Predict Network），用来评估当前状态动作对的值函数；使用另一个卷积神经网络模型$Q(s,a,\theta_i^-)$表示目标网络，用于计算式（10.3）中的目标价值。根据损失函数更新目标网络的参数，经过每C轮迭代后，将预测网络模型的相关参数复制给目标网络。

新的DQN算法引入目标网络后，使得一段时间里目标Q值保持不变，一定程度降低了当前Q值和目标Q值的相关性，提高了算法稳定性。（目标网络的更多细节见10.2.3节。）

算法10.2　2015版DQN算法流程[Mnih et al. 2015]

(1) **初始化** 经验池 $\mathcal{D}$，存储经验样本的最大值为N

(2) **初始化** 预测网络的权重参数为θ

(3) **初始化** 目标网络的权重参数为$\theta^-=\theta$

(4)　**重复** 经验轨迹，从 1 到 M：

(5)　　　　初始化状态 $s_1 = \{x_1\}$，并计算输入序列 $\phi_1 = \phi(s_1)$

　　　　　重复 经验轨迹中的时间步，从 $t=1$ 到 T：

(6)　　　　　　以概率 ϵ 选择随机动作 a_t

　　　　　　　否则根据式 $a_t = \max\limits_{a} Q^*\left(\phi(s_1), a, \boldsymbol{\theta}\right)$ 选择动作 a_t

(7)　　　　　　执行动作 a_t，获得奖励 r_t 和状态图像帧 x_{t+1}

(8)　　　　　　设 $s_{t+1} = s_t, x_{t+1}$，并计算下一时间步的输入序列 $\phi_{t+1} = \phi(s_{t+1})$

(9)　　　　　　存储经验样本 $\left(\phi_t, a_t, r_t, \phi_{t+1}\right)$ 到经验池 $\mathcal{D}$ 中

(10)　　　　　从经验池 $\mathcal{D}$ 中随机采样小批量的存储样本 $\left(\phi_t, a_t, r_t, \phi_{t+1}\right)$

(11)　　　　　设 $y_i = \begin{cases} r_j & \text{如果经验轨迹终止在时间步 } j+1 \\ r_j + \gamma \max\limits_{a'} \hat{Q}\left(\phi_{j+1}, a', \boldsymbol{\theta}^-\right) & \text{非终止时间步} \end{cases}$

(12)　　　　　使用梯度下降算法更新损失函数 $\left(y_i - Q\left(\phi_j, a_j, \boldsymbol{\theta}\right)\right)^2$ 中的网络模型参数 $\boldsymbol{\theta}$

(13)　　　　　每隔 C 步重设 $\hat{Q} = Q$

算法 10.2 中各步骤详解如下。

❑ **步骤（1）**：初始化经验池 $\mathcal{D}$（容量为 N），用于存储训练的样本。

❑ **步骤（2）**：设状态值函数 Q 作为预测网络，并随机初始化权重参数 $\boldsymbol{\theta}$。

❑ **步骤（3）**：设状态值函数 $\hat{Q}$ 作为目标网络，初始化权重参数 θ^- 与 θ 相同。

❑ **步骤（4）**：设定游戏片段总数为 M，即智能体最大的游戏执行次数为 M 次。

❑ **步骤（5）**：根据当前状态 s_1，输入的图像帧大小为 $84 \times 84 \times 4$ 的张量，并且计算 $\phi_1 = \phi(s_1)$，即在状态 s_1 下获得游戏对应的固定序列游戏帧 ϕ_1。

❑ **步骤（6）**：根据概率 ϵ 随机选择动作 a_t，或根据网络计算出当前状态对应动作的 Q 值，并选择 Q 值最大的一个动作作为最优动作 a_t。

❑ **步骤（7）**：智能体执行动作 a_t，获得环境反馈的奖励信号 r_t 和下一个网络的输入游戏帧 x_{t+1}。

❑ **步骤（8）**：基于新的状态 $s_{t+1} = s_t, x_{t+1}$，根据式 $\phi_{t+1} = \phi(s_{t+1})$ 计算下一时间步状态的固定序列游戏帧 ϕ_{t+1}。

- **步骤（9）**：将获得的状态转换参数$(\phi_t, a_t, r_t, \phi_{t+1})$存入经验池$\mathcal{D}$中。
- **步骤（10）**：智能体从经验池$\mathcal{D}$中随机取出小批量状态相关信息。
- **步骤（11）**：计算每一个状态的目标值，智能体通过目标网络$\hat{Q}$执行动作后的奖励r_j更新Q值。
- **步骤（12）**：根据式（10.7），基于小批量样本采用随机梯度下降算法更新Q网络的权重参数θ。
- **步骤（13）**：每经过C次迭代后，更新目标动作值函数$\hat{Q}$的网络参数θ^-为预测网络的参数θ。

10.3.3 DQN算法实现

本节将会结合代码案例实现DQN算法，并详细阐述算法中的关键细节。

1. 代码实现

表10.1为DQN算法中的主要超参数列表，具体见代码清单10.1。需要注意的是，在实际算法实现过程中，超参数的数量不止于表10.1所列的超参数，如网络模型参数、训练参数、优化器参数等。

表10.1　DQN算法的主要超参数

Hyperparameter 超参数	Value 值	Description 备注
minibatch size	32	随机梯度下降小批量采样样本大小
replay memory size	100000	经验池大小，用于记录历史游戏帧
agent history length	4	智能体记录历史游戏帧的长度
target network update frequency	10000	目标网络的更新频率
discount factor	0.99	Q-learning更新的衰减系数
action repeat	4	4个图像帧确定一次需要执行的动作
update frequency	4	预测网络的更新频率
learning rate	0.00025	损失函数的学习率
gradient momentum	0.95	损失函数的动量
squared gradient momentum	0.95	损失函数的平方梯度动量
min squared gradient	0.01	损失函数更新的最小平方梯度
initial exploration	1	ε-贪婪算法的初始探索值
final exploration	0.1	ε-贪婪算法的最终探索值
final exploration frame	1000000	ε-贪婪算法的探索次数
replay start size	50000	智能体执行该数量的随机策略，用作经验池的初始数据
no-op max	30	智能体在游戏开始不执行任何动作的最大帧数

10

需要注意的参数是网络更新频率（Network Update Frequency）。DQN算法仅每4个时间步后执行一次批量梯度下降算法，该方式和深度神经网络中的常用方式（每一个时间步执行一次梯度下降算法）不同。DQN之所以采取这种方式进行更新，一方面为了提升网络模型的训练速度，另一方面使得经验池中的采样数据与当前策略的状态分布更加相似。在训练过程中基于4个游戏帧作为游戏当前状态，可以有效防止模型过拟合，并且能够减少数据之间的依赖性。

【代码清单10.1】　DQN算法的超参数

```
# 环境参数
flags.DEFINE_string('env_name', 'Breakout-v0', 'gym Atari游戏名称')
flags.DEFINE_integer('no-op_max', 30, '单次经验轨迹中游戏开始不执行任何动作的最大次数')
flags.DEFINE_integer('history_length', 4, '输入DQN网络模型的最近历史游戏帧数')
flags.DEFINE_integer('max_reward', +1, '奖励截断最大值')
flags.DEFINE_integer('min_reward', -1, '奖励截断最小值')
flags.DEFINE_integer("frame_width", 84, ' DQN模型输入的游戏帧宽度')
flags.DEFINE_integer("frame_height", 84, 'DQN模型输入的游戏帧长度')


# 训练参数
flags.DEFINE_float('ep_start', 1., ' ε-贪婪算法的起始参数')
flags.DEFINE_float('ep_end', 0.01, ' ε-贪婪算法的结束参数')
flags.DEFINE_integer('batch_size', 32, '小批量训练方法的单批次样本数')
flags.DEFINE_float('discount_reward', 0.99, '奖励折扣因子')

flags.DEFINE_integer('memory_size', 100000, '经验池记录历史样本数据的大小')
flags.DEFINE_integer('target_q_update_freq', 10000, '目标网络更新频率')
flags.DEFINE_integer('train_freq', 4, '预测网络更新频率')
flags.DEFINE_integer('epsilon_end_step', 1000000, '学习率停止衰减的时间步长')
flags.DEFINE_integer('max_step', 50000000, '最大训练时间步长')
flags.DEFINE_float('learn_start_step', 50000, 'DQN网络开始学习的时间步长')


# 优化器参数
flags.DEFINE_float('learning_rate', 0.00025, '训练时的学习率')
flags.DEFINE_float('learning_rate_minimum', 0.00001, '训练时最小的学习率')
flags.DEFINE_float('learning_rate_decay', 0.96, '训练时学习率的递减比例')
flags.DEFINE_float('loss_momentum', 0.95, 'RMSProp优化器的动量')
flags.DEFINE_float('loss_epsilon', 0.00001, 'RMSProp优化器的参数 ε')
flags.DEFINE_float('loss_decay', 0.95, ' RMSProp优化器的衰减参数')
```

每一条经验轨迹在随机数量（0~no-op_max）之间不执行任何动作；卷积神经网络输入的4个历史游戏帧是游戏的最新4帧；此外，在使用梯度下降算法迭代更新网络参数之前，程序会执行learn_start_step步的随机策略作为补充经验以避免对早期经验的过拟合。

代码清单10.2为Gym库Atari游戏环境类，之所以需要重新对环境进行封装，是因为DQN算法中网络模型的输入为连续4帧灰度图，并且在每次经验轨迹的开始都需要随机初始化动作，因此构建random_start()和step(action)两个子函数。其中，random_start()在每一次经验轨迹开始时不执行任何动作，主要用于观察游戏开始的状态，并将最后4帧存储在对象history中；step(action)函数执行传入的动作action，并把环境反馈的游戏帧信息state转换成为84×84大小的灰度图，并除以255，将游戏帧像素归一化到0~1。

【代码清单 10.2】　DQN算法的环境类

```
class Environment(object):
    def __init__(self, FLAGS, history):
        # 初始化Gym游戏
        self.env = gym.make(FLAGS.env_name)
        # 用于记录连续4帧游戏
        self.state_history = history
        # (84, 84)
        self.state_dim = (FLAGS.frame_width, FLAGS.frame_height)
        # (84, 84)
        self.nS = self.state_dim
        # 4
        self.nA = self.env.action_space.n


    def reset(self):
        # 重置环境
        self.env.reset()


    def random_start(self):
        # 随机开始游戏
        self.reset()


        # 在30次中随机选择一个数，不执行任何动作并记录最后的连续4帧游戏数据
        for t in reversed(range(random.randint(FLAGS.no-op _max))):
            state, reward, done, _ = self.env.step(0)
            self.state_history.push(self.__frame(state))


        # 返回最后连续4帧
        return self.state_history[-4:]


    def step(self, action):
        # 执行传入的动作action
        state, reward, terminal, _ = self.env.step(action)
        return self.__frame(state), self.reward, self.terminal, {}


    def __frame(self, state):
        # 游戏帧预处理
        return imresize(self.__rgb2gray(state), self.state_dim) / 255.
```

```
def __rgb2gray(self, image):
    # 把RBG图像变为灰度图
    return np.dot(image[..., :3], [0.299, 0.587, 0.114])
```

在代码清单10.2中曾提到过对象history（如代码清单10.3所示），其主要作用是对连续的4帧游戏图像进行记录，并使用函数push()实现类似于优先队列"先进先出"的机制。最后，通过函数get()获取history向量并作为训练神经网络模型的输入。

【代码清单 10.3】　　DQN算法的连续游戏帧记录对象

```
class History(object):
    def __init__(self, FLAGS):
        # 记录游戏帧的最大数量
        self.size = FLAGS.history_length

        # 定义记录队列的向量形式为 (4, 84, 84)
        self.history = np.zeros([FLAGS.history_length,
                                 FLAGS.frame_width,
                                 FLAGS.frame_height],
                                 dtype=np.float32)

    def push(self, state):
        self.history[:-1] = self.history[1:]
        self.history[-1] = state

    def get(self):
        return self.history
```

10.2.2节介绍了经验回放的原理和作用，代码清单10.4给出了经验回放的代码实现细节。其中，Memory的构造类主要用于声明经验池中的动作、状态、奖励和游戏标志位等参数。push()函数的输入为（state,reward,action,done）四元组，作用是把当前智能体在游戏中得到的反馈信息存储在经验池中。另外，push()函数的最后两个参数（self.size、self.current_idx）主要用于区别当经验样本数量超过经验池最大容量时，记录下当前经验池的大小和当前插入到经验池中的索引位置。

经验回放中的核心函数为采样函数sample()，用于智能体从经验池中随机抽取小批量经验样本数据（32条样本记录），并返回如式（10.5）中的五元组数据(s,a,r,s',T)给后续训练学习阶段。

【代码清单 10.4】　　DQN算法的经验池类

```
class Memory(object):
    def __init__(self):
        # 定义经验池中的动作
        self.actions = np.empty(FLAGS.memory_size, dtype=np.uint8)
        # 定义经验池中的奖励
```

```python
        self.rewards = np.empty(FLAGS.memory_size, dtype=np.int8)
        # 定义经验池中的状态
        self.states = np.empty([FLAGS.memory_size,
                                FLAGS.frame_width,
                                FLAGS.frame_height],
                               dtype=np.float32)
        # 定义经验池中的游戏标志位
        self.dones = np.empty(FLAGS.memory_size, dtype=np.bool)

        state_shape = [FLAGS.batch_size, FLAGS.history_length,
        FLAGS.frame_width, FLAGS.frame_height]
        # 当前时刻状态
        self.pre_states = np.empty(state_shape, dtype=np.float32)
        # 下一时刻的状态
        self.post_states = np.empty(state_shape, dtype=np.float32)
        # 经验池大小
        self.size = 0
        # 当前索引位置
        self.current_idx = 0

    def push(self, state, reward, action, done):
        # 把状态、奖励、动作和游戏标志位添加到经验池中
        self.actions[self.current_idx] = action
        self.rewards[self.current_idx] = reward
        self.states[self.current_idx, ...] = state
        self.dones[self.current_idx] = done

        self.size = max(self.size, self.current_idx + 1)
        self.current_idx = (self.current_idx + 1) % FLAGS.memory_size

    def sample(self):
        # 根据batch_size参数进行随机采样
        indexes = []

        # 迭代batch_size次
        while len(indexes) < FLAGS.batch_size:
            while True:
                # 随机抽样样本
                index = random.randint(FLAGS.history_length, self.size - 1)
                # 边界条件
                if index >= self.current_idx and index - FLAGS.history_length &&
                index < self.current:
                continue
                if self.dones[(index - FLAGS.history_length):index].any():
                continue break
```

```
        # 获取index上一时间步的状态
        self.pre_states[len(indexes), ...] = self.__get_states(index - 1)
        # 获取index的当前时间步的状态
        self.post_states[len(indexes), ...] = self.__get_states(index)
        # 记录采样样本索引号
        indexes.append(index)

    actions = self.actions[indexes]
    rewards = self.rewards[indexes]
    dones = self.dones[indexes]

    # 返回式 (10.5) 中的五元组
    return self.pre_states, actions, rewards, self.post_states, dones


def __get_states(self, index):
    index = index % self.size
    if index >= FLAGS.history_length - 1:
        return self.states[(index - (FLAGS.history_length - 1)):(index + 1), ...]
    else:
        indexes = [ (index - i) % self.size for i in reversed(range(FLAGS.
history_length))]
        return self.states[indexes, ...]
```

代码清单10.2~代码清单10.4实现了游戏环境的模拟、经验池的定义、经验回放机制以及历史游戏帧的记录，接下来正式进入DQN算法的整体核心流程。

首先给出DQN算法中卷积神经网络定义函数的实现，主要用于定义网络的初始化参数，如网络模型的激活函数、特征层的输入输出大小、权重参数和偏置参数等，如代码清单10.5所示。

【代码清单 10.5】 DQN算法卷积神经网络的定义类

```
class CNN(object):
    def __init__(self, sess, name, trainable, FLAGS):
        # tensorflow session
        self.sess = sess
        # 存储网络中的权重参数和偏置参数
        self.var = {}
        # 网络输出神经元个数
        self.output_size = FLAGS.output_size
        # 神经网络的名字
        self.name = name
        # 网络是否可训练
        self.trainable = trainable

        # 网络模型的激活函数
```

```
self.hidden_acti_fun = tf.nn.relu
# 输出层的激活函数
self.output_acti_fun = None
# 权重参数初始化
self.weights_init = tf.contrib.layers.xavier_initializer()
# 偏置参数初始化
self.biases_init = tf.constant_initializer(0.1)

# 定义网络模型的输入
# [?,84,84,4] 输入向量
input_shape = [None] + state_dim + [history_length]
self.input = tf.placeholder(tf.float32, shape=input_shape, name="input")

# 建立神经网络
self.__build_network()
```

DQN算法的卷积神经网络构建函数如代码清单10.6所示（为代码清单10.1中CNN类的私有函数），主要输出有self.output（输出层的直接输出）、self.output_and_idx（输出动作概率对应的索引位置）和self.max_output（动作值函数的最大值输出）。

【代码清单 10.6 】　构建DQN算法的卷积神经网络

```
def __build_network(self):
    """
    构建一个五层的神经网络：前三层为卷积层，最后两层为全连接层
    """
    with tf.variable_scope(self.name):
        # layer 1: conv layer 卷积层
        self.layer1, self.var["l1_w"], self.var["l1_b"] = \
            self.conv2d(self.input, 32, [8, 8], [4, 4], self.weights_init,
                    self.biases_init, self.hidden_acti_fun, name="l1_conv")

        # layer 2: conv layer 卷积层
        self.layer2, self.var["l2_w"], self.var["l2_b"] = \
            self.conv2d(self.layer1, 64, [4, 4], [2, 2], self.weights_init,
                    self.biases_init, self.hidden_acti_fun, name="l2_conv")

        # layer 3: conv layer 卷积层
        self.layer3, self.var["l3_w"], self.var["l3_b"] = \
            self.conv2d(self.layer2, 64, [3, 3], [1, 1], self.weights_init,
                    self.biases_init, self.hidden_acti_fun, name="l3_conv")

        # layer 4: flaten layer 全连接层
        self.layer4, self.var["l4_w"], self.var["l4_b"] = \
            self.linear(self.layer3, 512, self.weights_init, self.biases_init,
                    self.hidden_acti_fun, name="l4_flat")
```

10

```
logging.debug("Layer:{}".format(self.layer4))

# layer 5: output layer 输出层
self.output, self.var['out_w'], self.var["out_b"] = \
    self.linear(self.layer4, self.output_size, self.weights_init,
            self.biases_init, self.output_acti_fun, name="l5_output")

# 输出动作概率
self.output_idx = tf.placeholder(tf.int32, [None, None], "output_idx")
self.output_and_idx = tf.gather_nd(self.output, self.output_idx)

# 输出确定性动作
self.actions = tf.argmax(self.output, axis=1)

self.max_output = tf.reduce_max(self.output, reduction_indices=1)
```

接下来给出CNN类中get_acitons()、get_max_output()和get_output_and_idx()这3个函数的具体实现，如代码清单10.7所示。它们的实现逻辑大致相同，区别在于网络模型的输出索引不同，get_actions()获得网络模型的动作状态空间输出、get_max_output()获得网络模型的最大动作值，get_output_and_idx()按索引方式获得网络模型的动作状态输出。

需要注意的是deep_copy()和create_deep_copy()函数，其主要作用是建立目标网络和预测网络之间的关系，执行算法10.2中的步骤（13）：每经过C次迭代后，更新目标网络的参数θ^-为当前动作值函数Q的预测网络参数θ。

【代码清单 10.7】　CNN类的剩余函数

```
def get_actions(self, state):
    return self.actions.eval({self.input: state}, session=self.sess)

def get_max_output(self, state):
    return self.max_output.eval({self.input: state}, session=self.sess)

def get_output_and_idx(self, state):
    return self.output_and_idx.eval({self.input: state}, session=self.sess)

def deep_copy(self):
    self.sess.run(self.copy_op)

def create_deep_copy(self, network):
    with tf.variable_scope(self.name):
        copy_ops = []

        for name in self.var.keys():
```

```
              copy_op = self.var[name].assign(network.var[name])
              copy_ops.append(copy_op)

         self.copy_op = tf.group(*copy_ops, name="copy_op")
```

```
CNN.get_actions()
CNN.get_max_output()
CNN.get_output_and_idx()
CNN.deep_copy()
CNN.create_deep_copy()
```

DQN网络模型的训练代码如代码清单10.8所示。首先初始化环境并将最后连续4帧记录在history对象中，随后执行循环操作。这里并没有如算法10.2所示使用两个循环操作，实际代码中只有一个for循环，作用是方便经验池进行历史样本采样和历史样本回放。其中，epsilon为ε-贪婪算法中的参数，用于平衡预测网络中动作选择的探索与利用。

在循环操作中，通过predict()函数获得预测网络Q的输出动作，然后环境执行输出的动作，并获得环境的反馈信息（状态、动作、游戏情况）。算法10.2中DQN算法的剩余步骤流程通过智能体类Agent的子函数observe()实现。

【代码清单 10.8】 DQN网络模型训练

```
class DQN(object):

    def train(self):
        self.stat.load_model()
        self.target_network.deep_copy()

        history = self.env.random_start()

        for step in range(FLAGS.start_step, FLAGS.max_step):
            epsilon = max(0.01, max(0., (1 - 0.01)
                                * (FLAGS.epsilon_end_step - max(0., step -
FLAGS.learn_start_step))
                                / FLAGS.epsilon_end_step))

            self.agent.step = step
            # predict 预测
            action = self.agent.predict(history.get(), epsilon)
            # action 执行动作
            state, reward, done, _ = self.env.step(action)
            # observe 更新网络
            # target = reward + gamma * np.amax(model.predict(next_state))
            q, loss, is_update = self.agent.observe(state, reward, action, done)

            if done: history = self.env.random_start()
```

需要注意的是，在代码清单10.8的训练过程中出现了Agent类，事实上该类实现了DQN算法的大部分核心流程代码（如代码清单10.9所示）。其中，核心函数为observe()，主要用于训练预测网络和更新目标网络。

observe()函数的输入为状态游戏帧state、奖励信号reward、预测网络输出的动作action和游戏状态done。首先，函数对奖励值进行归一化，将奖励限定在[-1,+1]。随后，使用history和memory对象记录当前游戏反馈的信息：如果当前时间步在学习范围内，即没遇到train_freq时间步时更新一次预测网络，如果遇到target_q_update_freq时间步则更新一次目标网络。通过设置不同的时间步对预测网络和目标网络的模型参数进行针对性的更新，从而有效地实现了算法10.2中的步骤（12）和步骤（13）。

【代码清单 10.9】　DQN算法的观察函数

```
def Agent(object):
    def observe(self, state, reward, action, done):
        # 把奖励值限制在 [min, max] 范围内.
        reward = max(FLAGS.min_reward, min(FLAGS.max_reward, reward))

        self.history.push(state)
        self.memory.push(state, reward, action, done)

        result = [], 0, False   # q, loss, is_update

        if self.step > FLAGS.learn_start_step:
            # 训练预测网络
            if self.step % FLAGS.train_freq == 0:
                result = self.train_pred_network()

            # 更新目标网络
            if self.step % FLAGS.target_q_update_freq == 0:
                self.update_target_network()

        return result
```

在代码清单10.9中调用了预测网络的训练函数和目标网络的更新函数，具体实现见代码清单10.10。

目标网络的更新函数update_target_network()实现较为简单，只需调用target_network对象的deep_copy()函数对代码清单10.6中Q网络模型的var对象进行复制即可。

对于预测网络的训练函数tarin_pred_network()，主要用于实现算法10.2的步骤（10）~（12）。首先调用函数memory.sample()从经验池中随机抽取小批量样本。随后，根据式（10.4）利用目标网络模型的输出最大Q值max_qvalue_plus计算目标Q值target_qvalue。最后，利用小批量随机梯度下降算法更新网络参数。

【代码清单 10.10】 DQN算法的网络更新函数

```python
def update_target_network(self):
    """
    更新目标网络
    """
    self.target_network.deep_copy()



def train_pred_network(self):
    """
    训练预测网络
    """
    # 边界检查
    if self.memory.size < self.history.size:
        return [], 0, False    # qvalue, loss, is_update

    # 经验回放
    state, action, reward, state_plus, done = self.memory.sample()    # S,A,R,S'
    done_ = np.array(done) + 0.

    # 根据式 (10.4) 获得目标Q值
    # target = reward + gamma * np.amax(model.predict(next_state))
    max_qvalue_plus = self.target_network.get_max_output(state_plus)
    target_qvalue = (1. - done_) * FLAGS.discount_reward * max_qvalue_plus + reward

    # 使用随机梯度下降算法实现DQN算法步骤 (12)，更新网络参数
    _, qvalue, loss = self.sess.run(
    [self.optimize, self.pred_network.output, self.loss],
    feed_dict={self.targets: target_qvalue, self.actions: action,
    self.pred_ network.input: state})
    return qvalue, loss, True
```

到现在为止，DQN算法的所有相关细节都已得到实现。接下来给出DQN算法的总入口，主要用于初始化状态历史self.state_history、经验池self.state_memory、游戏环境self.env、预测网络self.pred_network和目标网络self.target_network及其智能体对象self.agent，如代码清单10.11所示。

【代码清单 10.11】 DQN算法的构造函数

```python
class DQN(object):
    """
    Deep Q-learning(DQN)
    """

    def __init__(self):
        # figure out error: Variable already exists, disallowed
```

```
        tf.reset_default_graph()
        self.sess = tf.Session()

        # state history for remember 4 frames
        self.state_history = History(FLAGS)
        # state memory for remeber all state
        self.state_memory = Memory(FLAGS)

        # reinforcement learning Environment
        self.env = Environment(FLAGS, self.state_history)

        # DQN requre two network one is prediction network and target network
        self.pred_network = CNN(sess=self.sess,
                                state_dim=[FLAGS.frame_width,
                                FLAGS.frame_height],
                                history_length=FLAGS.history_length,
                                output_size=self.env.nA,
                                name="pred_network",
                                trainable=True, FLAGS=FLAGS)

        self.target_network = CNN(sess=self.sess,
                                state_dim=[FLAGS.frame_width,
FLAGS.frame_height],
                                history_length=FLAGS.history_length,
                                output_size=self.env.nA,
                                name="target_network",
                                trainable=False, FLAGS=FLAGS)

        self.agent = Agent(sess=self.sess, env=self.env, stat=self.stat,
                            pred_network=self.pred_network,
                            target_network=self.target_network,
                            history=self.state_history,
                            memory=self.state_memory,
                            FLAGS=FLAGS)
```

2. 实验结果

在完成DQN算法所有代码后，执行代码清单10.8中的DQN类train()函数，在作者的训练服务器上智能体迭代计算执行了200万次游戏左右。最终预测网络模型的损失值如图10.5所示，在迭代到20万次时，损失值降幅较为明显。当迭代次数继续增加，损失值的波动反而开始增加，直到60万次迭代时，算法趋于稳定。从上述观察结果可以看出，最终DQN算法经过上百万次的迭代训练后开始收敛，这意味着经过上百万次的训练，智能体能够学会如何更好地操作Atari游戏，并赢得更多的奖励。

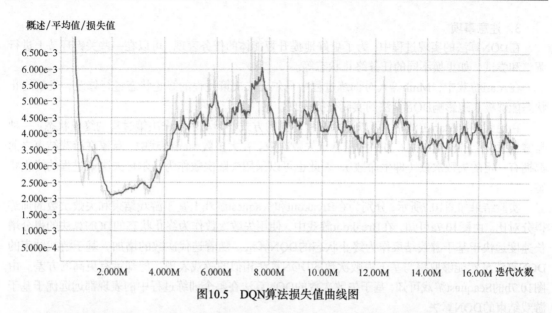

图10.5 DQN算法损失值曲线图

图10.6为DQN算法执行时的一些变量统计曲线图。其中，较有代表性的为图10.6b，DQN算法的平均奖励随着迭代次数的增加而增加，在达到60万次之后奖励开始减缓，表明此时智能体已经学习到一定的策略，并且每次游戏都得到相对稳定的奖励。另外由图10.6f可知，智能体刚开始玩Atari游戏时，需要较多的游戏次数。但随着迭代次数的增加，游戏次数开始减少，奖励却在增加，表明随着迭代次数的增加，智能体能够通过更少的游戏次数赢得更多的奖励。

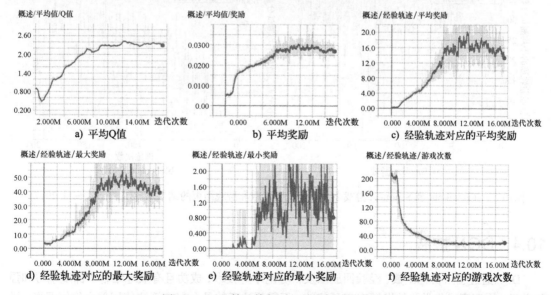

图10.6 DQN算法执行时相关变量统计曲线图

3. 注意事项

在DQN算法的实现过程中,为了更好地提升智能体的任务表现,可以在一些关键环节上进行调整和尝试,如更换不同的任务终止状态等。

在Atari游戏中,Mnih等人对训练过程中马尔可夫决策过程的终止状态进行修改,发现终止状态能够极大地影响DQN算法的实际任务表现。

在绝大多数Atari游戏中,可以采用两种不同的方式作为马尔可夫决策过程的终止状态:一种是常规意义上的游戏结束;另一种是基于失败次数。在大多数Atari游戏中,玩家在游戏结束之前都拥有一定的失败次数(即生命数),因此也可以采用失败次数作为马尔可夫决策过程的终止状态。

实验结果如图10.7所示,分别为在Breakout和Seaquest游戏上基于游戏结束和失败次数的训练得分对比。由图10.7a可知,在Breakout游戏中,使用失败次数作为终止状态的DQN算法的得分增长速度远快于基于游戏结束作为终止状态的DQN算法。随着迭代次数的增加,基于游戏结束的DQN算法虽然能够取得与基于失败次数的DQN算法相似的游戏表现,但却带有更高的方差。由图10.7b的Seaquest游戏可知,基于失败次数的DQN算法在整个训练过程中的表现都远远优于基于游戏结束的DQN算法。

该实验结果有力证明了在实际环境中,马尔可夫决策过程中终止状态不同,会极大地影响DQN算法的任务表现。因此,在形式化强化学习任务时,需要选取合适的马尔可夫决策过程终止状态。

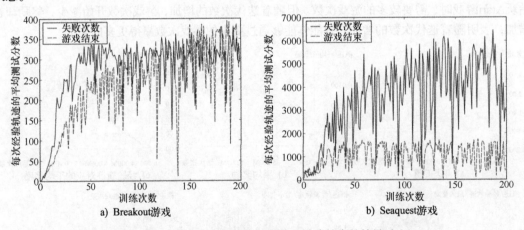

图10.7   在Breakout 和 Seaquest 游戏中,基于失败次数和游戏结束的结果对比[Roderick et al. 2017]

10.4 DQN 扩展

DQN通过引入目标函数、经验回放以及目标网络等技术,成功且有效地结合了深度学习和强化学习,为深度强化学习的发展夯实了基础。但需要注意的是,DQN算法使用单个价值网络,导致其训练效率低，极大地限制了DQN算法的应用范围。为了解决DQN算法本身所存在的不足，后续研究者对DQN算法做了大量的改进，提出了更为先进的DQN改良版本，如Double DQN、Prioritized DQN、Dueling DQN、Dueling DDQN、Distributional DQN、Noisy DQN等。

下面简单介绍其中3个具有代表性的DQN改良版本，即Double DQN、Prioritized DQN和Dueling DQN。

10.4.1 Double DQN

在DQN算法中，通过经验池存储历史样本数据，经验池中的每一条采样样本的结构为(s, a, r, s', T)。将该时间步的奖励r以及新获得的状态s'输入目标网络，取最大Q值得到式（10.7）中新的目标Q值。具体的计算过程如下：

$$Y_t^{\text{DQN}} \equiv R_{t+1} + \gamma \max_a Q\left(S_{t+1}, a, \theta_t^-\right) \quad (10.9)$$

由于在DQN算法中根据下一时间步的状态s'选择动作a'的过程，与预测下一时间步的Q值（即$Q(s', a')$）使用的是同一个网络模型参数，可能会导致选择过高的估计值，进而导致过于乐观的值函数估计。

为了避免出现上述情况，Double DQN算法对动作的选择和动作状态值估计进行解耦，使用两个Q网络分别进行学习。基于Double DQN的目标Q值计算如下：

$$Y_t^{\text{Double DQN}} \equiv R_{t+1} + \gamma Q\left(S_{t+1}, \max_a Q(S_{t+1}, a, \theta_t), \theta_t^-\right) \quad (10.10)$$

由式（10.10）可知，Double DQN在计算目标Q值时使用两个不同的网络模型参数，分别来自当前Q网络的参数θ_t以及目标Q网络的参数θ_t^-。当前Q网络负责动作的选择，目标Q网络则用来计算目标Q值。基于此，在实际训练过程中，可以根据一个Q网络来选择下一时间步的动作a'，再使用另一个Q网络获得估计Q值$Q(s', a')$，从而实现了动作选择和动作状态值估计的解耦。

10.4.2 Prioritized DQN

相较于早期的DQN算法，Prioritized DQN通过引入优先级回放（Prioritized replay）技术，极大地提升了网络模型的训练速度。

优先级回放机制基于优先级进行经验回放，其核心在于进行小批量样本采样时并不是基于随机采样，而是按照经验池中样本的优先级进行采样，能够更加有效地找到所需要学习的样本。经验池中的样本优先级主要基于DQN中的时间差分误差（目标Q值减去预测Q值），即：

$$\delta_j = R_j + \gamma_j \max_a \hat{Q}(S', a) - Q(S, A) \quad (10.11)$$

时间差分误差越大，预测精度的上升空间就越大，表明基于该样本的学习能够更好地提升模型效果，即其优先级P应当越高。基于此观察，样本优先级的计算公式如下：

$$j \sim P(j) = p_j^a / \sum_i p_i^a \qquad (10.12)$$

其中，变量p为时间差分误差。

10.4.3 Dueling DQN

在许多基于视觉感知的深度强化学习任务中，不同状态动作对的值函数不尽相同。但是在某些状态下，值函数的大小与动作无关。根据以上思想，Wang等人提出了一种竞争网络（Dueling network）模型取代DQN算法中的网络模型。其核心思想是在神经网络内部把动作状态值$Q(s,a)$分解成状态值函数$V(s)$和动作优势函数$A(s,a)$（Advantage function）。其中，状态值函数$V(s)$与动作无关。动作优势函数$A(s,a)$与动作相关，为动作a相对状态s的平均回报的好坏程度，用以解决奖励偏见（Reward-bias）的问题。

Dueling DQN网络模型架构如图10.8b所示。Dueling DQN首先将网络的全连接层分成一个输出状态值$V(s)$和一个输出动作优势值$A(s,a)$，最后通过全连接又合并成动作状态值$Q(s,a)$。

DQN网络模型（如图10.8a所示）的输入层接3个卷积层后，再接两个全连接层，最后输出每个动作的Q值。而Dueling DQN网络模型将卷积层提取的抽象特征分流到两个支路：上路代表状态值函数$V(s)$，表示静态的状态环境本身具有的价值；下路代表依赖状态的动作优势函数$A(a)$，表示选择某个动作额外带来的价值。最后，将两路特征聚合到一起得到每个动作的Q值。基于上述竞争型的网络结构，智能体最终能学到在没有动作影响的环境状态中更加真实的价值$V(s)$。

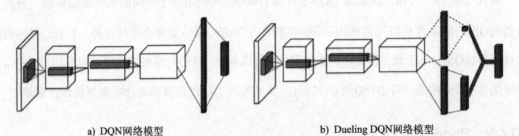

a) DQN网络模型

b) Dueling DQN网络模型

图10.8 网络对比图

其中，竞争网络中的状态价值函数$V(s)$表示为：

$$V(s) \cong V(s;\theta,\beta) \qquad (10.13)$$

动作优势函数$A(s,a)$表示为：

$$A(s,a) \cong A(s,a;\theta,\alpha) \qquad (10.14)$$

最终动作Q值为两者相加之和表示为：

$$Q(s,a) \cong Q(s,a;\theta,\alpha,\beta) = V(s;\theta,\beta) + A(s,a;\theta,\alpha) \qquad (10.15)$$

其中，θ是卷积层参数，β 和 α 是两支路的全连接层参数。

在实际应用中，一般会将动作优势设置为单独动作优势函数减去某状态下所有动作优势函数的平均值。

$$Q(s,a;\theta,\alpha,\beta) = V(s;\theta,\beta) + \left(A(s,a;\theta,\alpha) - \frac{1}{|A|}\sum_{a'} A(s,a';\theta,\alpha) \right) \qquad (10.16)$$

其好处是能够保证该状态下各动作的优势函数相对排序不变，并且可以缩小Q值范围，去除多余的自由度，进而提高算法稳定性。

10.5 小结

DQN为第一个深度强化学习算法，通过引入目标函数、目标网络以及回放策略等技术，有效地解决了深度学习和强化学习融合过程中所存在的挑战，如训练数据和学习过程存在较大差异等，最终实现了一种端到端的深度强化学习框架。DQN算法能够解决实际环境中更为复杂的决策控制任务，极大地扩展了强化学习的应用范围。

不可否认的是，DQN算法在实际应用中也存在一定的限制，如只能面向离散控制强化学习任务等。为了解决DQN算法本身所存在的限制，后续研究者提出了众多DQN的改进版本，如Double DQN等。

- ❑ DQN算法：通过Q-learning算法设计出当前Q值和目标Q值，用以构建价值网络的目标函数，随后使用梯度下降算法和反向传播算法计算该价值网络的权重参数，最终输出基于当前状态的策略评估或价值评估，实现了深度学习和强化学习的有机融合。
- ❑ DQN算法三大核心思想：目标函数、目标网络、经验回放机制。
- ❑ 经验回放：把每一时间步智能体和环境交互得到的经验样本数据存储到经验池中，当需要进行网络训练时，从经验池中随机抽取小批量的数据进行训练。
- ❑ Double DQN：使用两个Q网络分别进行学习，从而实现动作选择和动作状态值估计的解耦。
- ❑ Prioritized DQN：引入优先级回放技术，极大地提升了网络模型的训练速度。
- ❑ 优先级回放技术：基于优先级进行经验回放，其核心在于进行小批量样本采样时并非基于随机采样，而是按照经验池中样本的优先级进行采样，能够更加有效地找到所需要的学习样本。
- ❑ Dueling DQN：首先将网络的全连接层分为两部分，一部分输出状态值 $V(s)$，另一部分输出动作优势值 $A(s,a)$。随后，再次通过全连接层将状态值 $V(s)$ 和动作优势值 $A(s,a)$ 合并成一个动作状态值 $Q(s,a)$。最终，使得智能体能够学习到更加真实的价值。

10

## 第 11 章

深度强化学习算法框架

11

本章内容：

☐ 深度确定性策略梯度（DDPG）算法

☐ 异步深度强化学习（A3C、GA3C）算法

☐ 彩虹深度强化学习（Rainbow）算法

☐ 分布式优先经验回放（Ape-X）算法

使用强化学习解决人工智能问题，让世界变得更美好。

—— Google DeepMind

第10章介绍的DQN算法首次实现了强化学习与深度学习的有机结合，并在实际应用（如Atari游戏）中取得了令人瞩目的成就。尤其是DQN开创性地引入目标函数、目标网络和经验回放等技术，为后续深度强化学习的发展夯实了基础。

虽然DQN算法取得了一系列的优异表现，但其在实际应用中也存在一些限制，如算法模型容易过估计、无法处理连续动作控制任务等。尤其是DQN无法处理连续动作控制任务，极大地限制了DQN算法的应用范围。

考虑到DQN算法的不足，研究者们相继提出了功能更强的深度强化学习框架，如用于处理连续动作控制任务的DDPG算法、使用异步方式提高学习性能和缩短训练时间的A3C算法、采用GPU并行加速的GA3C算法、用以解决DQN算法过估计问题的Double DQN算法、采用优先级经验回放技术提升网络模型学习能力的Prioritized DQN，以及基于竞争网络结构使得智能体能够学到更加真实价值的Dueling DQN等。

由于篇幅限制，本章将会重点介绍具有代表性的DDPG算法、A3C算法、Rainbow算法和Ape-X算法。其中，DDPG算法用以解决连续强化学习任务，A3C算法为第一个采用分布式的深度强化学习算法，Rainbow算法较好地融合了DQN算法的各种改进版本，而Ape-X算法基于Rainbow算法提出了表现更加优异的深度强化学习结构。

11.1 DDPG算法

由于DQN算法只能用于动作离散的强化学习任务，为了将深度强化学习算法应用到连续动作空间中，TP Lillicrap等人提出了深度确定性策略梯度算法（Deep Deterministic Policy Gradient Algorithms，DDPG）[TP Lillicrap et al. 2015]。

11.1.1 背景介绍

在强化学习任务中，动作的类型主要分为连续型动作和离散型动作。

- **连续型动作**：在一定动作空间内，当前时间步与下一时间步的动作取值具有相关性。如自动驾驶中汽车的方向盘角度、油门、刹车等控制信号，又如机器人的关节伺服电机等控制信号。
- **离散型动作**：在一定动作空间内，动作变量域是离散的，该动作变量称为离散变量。如围棋落子行为、贪吃蛇游戏中的动作，属于典型的离散型动作。

值得注意的是，DQN算法虽然能够处理高维可观察的状态空间，但却只能处理离散、低维的动作空间。在[Mnih et al. 2013]论文中，DQN算法的输入为$84 \times 84 \times 84$的游戏帧，输出有效的动作在4~18个游戏手柄对应的可选择操作。

然而，DQN算法难以在庞大的连续型动作空间中计算每个动作的概率或者对应的Q值。例如，在具有7个空间自由度（DOF）的机器臂上（假设机器臂上具有7个步进电机），每一个空间自由度具有3种动作$a_i \in \{-k, 0, +k\}$状态可供选择，那么对应整个机器臂的可能动作值共有$3^7 = 2187$个。上述例子中的可选动作值过于庞大，DQN算法难以处理，如果算法能够给定输入状态直接输出其对应的动作值，那么将会使得算法能够处理连续型动作。

基于DQN算法的缺陷，David Sliver等人在2014年提出确定性策略梯度（Deterministic Policy Gradient，DPG）算法[David Sliver et al. 2014]，并证明了该算法对连续型动作任务的有效性。该算法在策略梯度（PG）算法的基础上，算法模型的输入为状态空间，输出不再是每个动作的概率，而是该状态空间对应的具体动作。该思路有助于智能体在连续型动作空间中进行学习。

接着，TP Lillicrap等人利用DPG算法能够解决高维连续型动作空间的优点，同时结合DQN算法能够把高维的状态空间作为输入的优点，提出了基于演员-评论家（Actor-Critic，AC）框架的DDPG算法。

下面按照DDPG算法的发展历程，按顺序从策略梯度（PG）、确定性策略梯度（DPG）到深度决定性策略梯度（DDPG），简述其涉及的相关知识与概念。

1. 策略梯度（PG）

R.Sutton等人于1999年提出了策略梯度算法，该算法已经成为强化学习任务中能够处理连续型动作的经典算法（有关策略梯度的更多细节请参考第7章）。

策略梯度算法通过策略概率分布函数$\pi_\theta(s_t | \theta^\pi)$来表示每一时间步的最优策略，智能体在每

一时间步根据该概率分布进行动作采样，获得当前时间步的最优动作值 a_t^*：

$$a_t^* \sim \pi_\theta(s_t \mid \theta^\pi) \tag{11.1}$$

生成最优动作的过程，本质为随机过程，因此该算法最后学习到的策略分布函数 $\pi_\theta(s_t \mid \theta^\pi)$ 属于随机性策略（Stochastic policy）。

2. 确定性策略梯度（DPG）

策略梯度算法最大的缺点是策略评估通常效率低下：通过策略梯度算法学习得到随机策略后，每一时间步智能体需要根据该最优策略概率分布函数进行动作采样，从而获得具体的动作值。针对每一时间步智能体对高维的动作空间进行采样将会耗费大量的计算资源。

在此之前，业界普遍认为免模型的确定性策略并不存在。在[D.Silver et al. 2014]论文中，通过严密的数学推导，证明了确定性策略梯度是存在的（对具体数学推理过程有兴趣的读者可以参考原论文）。基于确定性策略梯度，能够快速有效地求解连续型动作的强化学习任务。

其中，每一时间步的动作通过函数 μ 获得确定的动作值。

$$a_t \sim \mu_\theta\left(s_t \mid \theta^\mu\right) \tag{11.2}$$

式（11.2）中的函数 μ 为最优动作策略，而不需要进行采样的随机策略。

3. 深度确定性策略梯度（DDPG）

TP Lillicrap等人在2016年提出DDPG算法[TP Lillicrap et al. 2016]，将深度神经网络与DPG算法进行融合，并使用演员-评论家算法作为该算法的基本架构。

相对于DPG算法，DDPG算法的核心改进如下。

❑ **深度神经网络作为函数近似**：采用卷积神经网络作为策略函数 $\mu(s;\theta^\mu)$ 和动作值函数 $Q(s,a;\theta^Q)$（对应于策略网络和价值网络）的近似，使用随机梯度下降算法训练上述两个神经网络模型中的参数。其利用非线性近似策略函数的准确性、高效性和可收敛性，使得深度强化学习可以处理确定性策略问题。

❑ **引入经验回放机制**：演员与环境进行交互时产生的状态转换样本数据具有时序关联性。通过学习DQN算法的经验回放机制，去除样本间的相关性和依赖性，减少函数近似后进行值函数估计所产生的偏差，从而解决了数据间相关性及其非静态分布问题，使得算法更加容易收敛。

❑ **使用双网络架构**：对于策略函数和价值函数均使用双重神经网络模型架构（即目标网络和在线网络），使得算法的学习过程更加稳定，收敛更快。

11.1.2   基本概念及算法原理

DDPG算法涉及了多个网络和相关概念，下面对部分概念进行定义。

❑ **确定性动作策略 μ**：智能体每一时间步的动作 a_t 通过式 $a_t = \mu(s_t)$ 计算获得。

- **策略网络**（Policy network）：使用卷积神经网络对确定性动作策略函数μ进行近似，该网络称为策略网络，参数为$\boldsymbol{\theta}^\mu$。

- **行为策略**（Behavior policy）β：智能体进行探索，其目的是寻找更多潜在的更优策略，因此在网络模型的训练过程中，引入随机噪声影响动作的选择。DDPG算法中使用了Uhlenbeck-Ornstein随机过程（简称UO随机过程）作为引入的随机噪声，原因是UO过程与强化学习任务类似为一种序列相关的过程。

- **行为策略分布**ρ^β：基于智能体在行为策略β下产生的状态集，其分布函数为ρ^β。

- **价值函数**（Value function）：在状态s_t下采取动作a_t，按照确定性动作策略μ执行，所获得的价值期望使用贝尔曼方程来定义：

$$Q^\mu\left(s_t,a_t\right)=\mathbb{E}\Big[r\left(s_t,a_t\right)+\gamma Q^\mu\left(s_{t+1},\mu\left(s_{t+1}\right)\right)\Big]$$

（11.3）

- **价值网络**（Value network）：根据式（11.3）可知价值函数为递归函数，为了避免递归计算价值$Q^\mu\left(s_t,a_t\right)$，DDPG算法使用卷积神经网络对价值函数进行近似，称该网络为价值网络（亦称Q网络，得到的价值称为Q值），参数为$\boldsymbol{\theta}^Q$。

在DDPG算法中，分别使用参数为$\boldsymbol{\theta}^\mu$的策略网络来表示确定性策略$a=\mu(s\,|\,\boldsymbol{\theta}^\mu)$，输入为当前的状态$s$，输出为确定性的动作值$a$；使用参数为$\boldsymbol{\theta}^Q$的价值网络来表示动作值函数$Q(s,a\,|\,\boldsymbol{\theta}^q)$，用于求解贝尔曼方程。其中，策略网络用于更新策略，对应演员-评论家算法框架中的演员；价值网络用来逼近状态动作对的值函数，并提供梯度信息，对应演员-评论家算法框架中的评论家。

DDPG算法的目标函数被定义为折扣累积奖励的期望，即：

$$J_\beta\left(\mu\right)=\mathbb{E}_\mu\Big[r_1+\gamma r_2+\gamma^2 r_2+\cdots+\gamma^n r_n\Big]$$

（11.4）

为了找到最优确定性行为策略μ^*，等价于最大化目标函数$J_\beta\left(\mu\right)$中的策略。

$$\mu^*=\underset{\mu}{\operatorname{argmax}}\,J\left(\mu\right)$$

（11.5）

在论文[Silver et al. 2014]中，证明了目标函数$J_\beta\left(\mu\right)$关于策略网络参数$\boldsymbol{\theta}^\mu$的梯度，等价于动作值函数$Q\left(s,a;\boldsymbol{\theta}^Q\right)$关于$\boldsymbol{\theta}^\mu$的期望梯度。因此遵循链式求导法则对目标函数进行求导，得到演员网络的更新方式。

$$\nabla_{\boldsymbol{\theta}^\mu}J\approx\mathbb{E}_{s_t\sim\rho^\beta}\Big[\nabla_{\boldsymbol{\theta}^\mu}Q_\mu\left(s_t,\mu(s_t)\right)\Big]$$

$$=\mathbb{E}_{s_t\sim\rho^\beta}\left[\nabla_{\boldsymbol{\theta}^\mu}Q\left(s,a;\boldsymbol{\theta}^Q\right)\Big|_{s=s_t,a=\mu\left(s_t;\boldsymbol{\theta}^\mu\right)}\right]$$

（11.6）

其中，$Q_\mu\left(s;\mu(s)\right)$表示在状态$s$下，按照确定性策略$\mu$选择动作时，能够产生的动作状

11

态值Q；$\mathbb{E}_{s\sim\rho^{\beta}}$ 表示状态s符合分布 ρ^{β} 的情况下Q值的期望。

又因为确定性策略为 $a=\mu\left(s;\theta^{\mu}\right)$，式（11.7）可以改写为：

$$\nabla_{\theta^{\mu}}J=\mathbb{E}_{s_{t}\sim\rho^{\beta}}\left[\nabla_{a}Q\left(s,a;\theta^{Q}\right)\Big|_{s=s_{t},a=\mu(s_{t})}\nabla_{\theta^{\mu}}\mu\left(s_{t};\theta^{\mu}\right)\Big|_{s=s_{t}}\right] \quad (11.7)$$

对式（11.7）使用梯度上升算法的目标函数进行优化计算，使用梯度上升的目标是提高折扣累积奖励的期望。最终使得算法沿着提升动作值 $Q\left(s,a;\theta^{Q}\right)$ 的方向更新策略网络的参数 θ^{μ}。

通过DQN更新价值网络的方法来更新评论家网络，价值网络的梯度表示为：

$$\nabla_{\theta^{Q}}=\mathbb{E}_{s,a,r,s'\sim R}\left[\left(\text{Target }Q-Q\left(s,a;\theta^{Q}\right)\right)\nabla_{\theta^{Q}}Q\left(s,a;\theta^{Q}\right)\right] \quad (11.8)$$

其中：

$$\text{Target }Q=r+\nabla_{\theta^{Q'}}\gamma Q'\left(s',\mu\left(s';\theta^{\mu'}\right)\right) \quad (11.9)$$

目标Q值中的神经网络参数 $\theta^{\mu'}$ 和 θ^{Q}，分别表示目标策略网络（Target policy network）和目标价值网络（Target value network）的参数，并使用梯度下降算法更新网络模型中的参数。训练价值网络的过程，就是寻找价值网络中参数 θ^{Q} 的最优解过程。

综上，DDPG算法训练的目标是最大化目标函数 $J_{\beta}\left(\mu\right)$，同时最小化价值网络Q的损失。

11.1.3　DDPG 实现框架及流程

本节将会讲述DDPG算法中使用到的在线网络和目标网络，通过在线网络和目标网络与环境交互相结合，引出DDPG的算法框架及其流程。

1. 在线网络和目标网络

根据实践证明，在只使用单个神经网络算法的强化学习算法中，动作值（Q值）的学习过程可能会出现不稳定，因为价值网络的参数在频繁梯度更新的同时，又用于计算策略网络的梯度。

基于上述问题，DDPG算法分别为策略网络和价值网络各自创建两个神经网络，一个为在线网络（Online network），另一个为目标网络（Target network），如下所示。

$$策略网络\begin{cases}online:\mu\left(s;\theta^{\mu}\right),更新\theta^{\mu}\\target:\mu'\left(s;\theta^{\mu'}\right),更新\theta^{\mu'}\end{cases} \quad (11.10)$$

$$价值网络 \begin{cases} \text{online}: Q\left(s;\boldsymbol{\theta}^{Q}\right),\text{更新}\,\boldsymbol{\theta}^{Q} \\ \text{target}: Q'\left(s;\boldsymbol{\theta}^{Q'}\right),\text{更新}\,\boldsymbol{\theta}^{Q'} \end{cases} \tag{11.11}$$

如式（11.10）和式（11.11）所示，DDPG算法使用了4个网络模型，其更新关系是在结束一次小批量（Min-batch）样本数据的训练后，通过梯度上升或梯度下降算法更新在线网络的参数，然后再通过软更新（Soft update）算法更新目标网络的参数。

值得注意的是，DQN算法中网络的更新采用硬更新（Hard update）方式，即每隔固定时间步数更新一次目标网络；而DDPG算法的网络更新采用软更新方式，即每一时间步都会更新目标网络，只不过更新的幅度较小。

采取软更新方式的优点在于目标网络参数变化小，用于在训练过程中计算在线网络的梯度较为稳定，训练容易收敛。随之带来的代价是网络学习过程中每次迭代的参数变化很小，学习过程漫长。表11.1所示为DDPG算法使用到的网络模型。

表11.1 DDPG算法使用到的网络模型

算法框架	算法网络	双网络模型	公 式	输 入
演员 （Actor）	策略网络 （Policy network）	在线网络 μ	$\mu\left(s;\theta^{\mu}\right)$	当前状态
		目标网络 μ'	$\mu'\left(s;\theta^{\mu'}\right)$	下一状态
评论家 （Critic）	价值网络 （Value network）	在线网络 Q	$Q\left(s;\theta^{Q}\right)$	当前状态 实际执行动作
		目标网络 Q'	$Q'\left(s;\theta^{Q'}\right)$	下一状态 目标网络 μ' 的输出动作

2. 算法框架及流程

图11.1所示为DDPG算法的流程框架，图中的序号对应算法11.1中DDPG算法流程的步骤。

从图11.1中可以看出，DDPG算法框架满足强化学习的马尔可夫决策过程，虚线框中包含了演员和评论家，为智能体的内容。演员和评论家均包含在线策略和目标策略两个网络模型，其中演员负责策略网络，评论家负责价值网络。通过演员与环境进行交互的过程，把交互所产生的样本存储在经验池（Experience memory）中，下一时间步中经验池把小批量样本数据传递给演员和评论家进行计算。

11

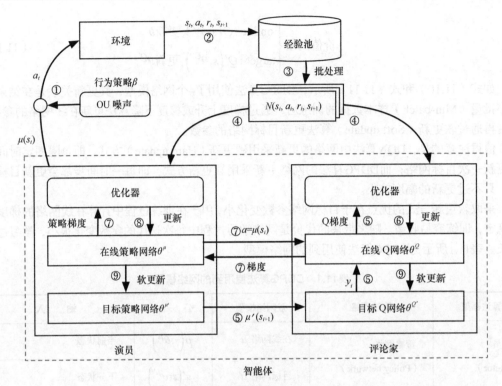

图11.1   DDPG算法流程框架[Lillicrap et al. 2016]

算法11.1   DDPG算法流程 [Lillicrap et al. 2016]

初始化：

随机初始化评论家网络 $Q\left(s,a;\theta^{Q}\right)$ 和演员网络 $\mu\left(s;\theta^{\mu}\right)$ 的权重参数 θ^{Q}、θ^{μ}

初始化目标网络 Q' 和 μ'，其中网络的权重参数为 $\theta^{Q'}\leftarrow\theta^{Q}$、$\theta^{\mu'}\leftarrow\theta^{\mu}$

初始化经验回放池 $\mathcal{R}$

重复 经验轨迹（episode）：

随机初始化过程 $\mathcal{N}$ 以进行动作探索

获得初始状态值 s_0

重复 t 到 T（step）：

(1)根据当前带有噪声的策略计算当前时间步的动作 $a_t = \mu\left(s_t;\theta^{\mu}\right) + \mathcal{N}_t$。

(2)执行动作 a_t ，并记录奖励 r_t 和新的状态 s_{t+1} 。

(3)存储转换经验 (s_t, a_t, r_t, s_{t+1}) 在经验池 $\mathcal{R}$ 中。

(4)从经验池 R 中随机采样小批量的 N 个转换经验样本 (s_i, a_i, r_i, s_{i+1}) 。

设 $y_i = r_i + \gamma Q'\Big(s_{i+1}, \mu'\big(s_{i+1}; \theta^\mu\big); \theta^Q\Big)$ 。

(5)最小化损失函数更新评论家网络。

$$L = \frac{1}{N}\sum_i \Big(y_i - Q\big(s_i, a_i; \theta^Q\big)\Big)^2$$

(6)使用梯度策略算法更新演员网络。

$$\nabla_{\theta^\mu} J \approx \frac{1}{N}\sum_i \nabla_a Q\big(s, a; \theta^Q\big)|_{s=s_i, a=\mu(s_i)} \nabla_{\theta^\mu} \mu\big(s; \theta^\mu\big)|_{s_i}$$

(7)更新目标网络。

$$\theta^{Q'} \leftarrow \tau\theta^Q + (1-\tau)\theta^{Q'}$$

$$\theta^{\mu'} \leftarrow \tau\theta^\mu + (1-\tau)\theta^{\mu'}$$

下面对算法11.1的DDPG算法流程进行详细介绍。

（1）初始化阶段

□ 进入实际算法之前，需要初始化策略在线网络 $\mu(s; \theta^\mu)$ 和价值在线网络 $Q(s, a; \theta^Q)$ 。其中，策略网络模型的参数为 θ^μ ，价值网络模型的参数为 θ^Q 。

□ 初始化策略目标网络和价值目标网络。将在线网络的参数复制给其相对应的目标网络参数，即 $\theta^{\mu'} \leftarrow \theta^\mu$ 和 $\theta^{Q'} \leftarrow \theta^Q$ 。

□ 初始化经验回放缓冲池 $\mathcal{R}$ ，简称经验池。

（2）经验轨迹重复（循环）阶段

□ 初始化UO随机过程。

（3）单次经验轨迹循环阶段

□ **步骤1**：演员根据行为策略式（11.13）选择一个动作 a_t 。其中行为策略根据当前在线策略网络 μ 和随机UO噪声生成的随机过程，并从该随机过程进行采样获得动作值 a_t 。

$$a_t = \mu\big(s_t; \theta^\mu\big) + \mathcal{N}_t \tag{11.12}$$

□ **步骤2**：环境执行步骤1中产生的动作 a_t ，并返回奖励 r_t 和新的状态 s_{t+1} 。

□ **步骤3**：智能体将环境的状态转换过程产生的信号 (s_t, a_t, r_t, s_{t+1}) 存储在经验池 $\mathcal{R}$ 中，作为在线网络模型的训练数据集。需要注意的是，前面章节使用的为经验轨迹数据，本章采用"转换经验"来指代从状态 s_t 转换到状态 s_{t+1} 之间产生的信号。

❑ **步骤4**：智能体从经验池中随机采样 N 个转换经验样本，作为在线策略网络、在线价值网络的小批量训练样本数据，这里使用 $N(s_i, a_i, r_i, s_{i+1})$ 表示该小批量数据。

❑ **步骤5**：计算在线价值网络 Q 的梯度，其中该在线价值网络 Q 的损失函数使用均方误差。

$$L = \frac{1}{N}\sum_i \left(\underbrace{y_i}_{target\ Q} - Q\left(s_i, a_i; \theta^Q\right) \right)^2 \tag{11.13}$$

其中，y_i 为目标Q值。

$$y_i = r_i + \gamma Q'\left(s_i + 1, \mu'\left(s_i + 1; \theta^{\mu'}\right); \theta^{Q'}\right) \tag{11.14}$$

值得注意的是，对于目标Q值 y_i 的计算，使用到了目标策略网络 μ' 和目标价值网络 Q'，作用是使得 Q 网络在学习过程更加稳定，更容易收敛。

❑ **步骤6**：使用随机梯度下降算法更新在线价值网络 Q 的参数 θ^Q。

计算策略网络的梯度：根据式（11.8）对于策略梯度的计算，是求目标函数关于策略网络的参数 θ^μ 求其梯度。即在状态 s 服从 ρ^β 分布时，$\nabla_a Q \cdot \nabla_{\theta^\mu} \mu$ 的期望值。

经验池中存储的状态转换样本为 (s_i, a_i, r_i, s_{i+1})，该状态转换样本是基于智能体的行为策略 β 所产生的，其分布函数为 ρ^β。从经验池中随机采样获得的小批量数据时，代入式（11.8）进行求解，可以作为对期望值的无偏估计（Un-biased estimate）。因此最后策略梯度公式为：

$$\nabla_{\theta^\mu} J_\beta(\mu) \approx \frac{1}{N}\sum_i \left(\nabla_a Q\left(s, a; \theta^Q\right)\Big|_{s=s_i, a=\mu(s_i)} \cdot \nabla_{\theta^\mu} \mu\left(s; \theta^\mu\right)\Big|_{s=s_i} \right) \tag{11.15}$$

❑ **步骤7**：使用随机梯度下降算法更新在线策略网络的参数 θ^μ。

按照式（11.17），使用软更新方法更新目标策略网络 μ' 和目标价值网络 Q'：

$$软更新: \begin{cases} \theta^{Q'} \leftarrow \tau\theta^Q + (1-\tau)\theta^{Q'} \\ \theta^{\mu'} \leftarrow \tau\theta^\mu + (1-\tau)\theta^{\mu'} \end{cases} \tag{11.16}$$

其中，参数 τ 的默认取值为0.001。

11.2   A3C 算法

Mnih等人基于异步强化学习（Asynchronous Reinforcement Learning，ARL）的思想[Mnih et al. 2016]，提出了一种轻量级的深度强化学习框架——异步优势的演员-评论家算法（Asynchronous

Advantage Actor-Critic，A3C），该框架使用异步的梯度下降算法优化深度网络模型，并结合多种强化学习算法，能够使深度强化学习算法基于CPU快速地进行策略学习。

11.2.1　背景介绍

深度神经网络为深度强化学习中策略优化任务提供了强大的表征能力。为了缓解传统策略梯度法与神经网络结合时整体算法的不稳定性，并消除训练数据集间的相关性，DQN等深度强化学习算法采用了经验回放机制，解决深度强化学习中数据样本独立同分布的问题。

类似于DQN的深度强化学习算法存在以下3个问题。

- 经验回放带来内存资源的消耗，经验池需要存放大量的历史转换经验样本数据。
- 不能实时更新网络模型参数，因为经验回放机制要求智能体采用离线策略的学习方式，即只能基于历史策略生成的数据更新网络模型。
- 依赖于并行计算能力强的图像计算单元（GPU）。

因此，Mnih等人提出了A3C算法，其优点如下。

- **异步去相关性**：异步执行多个智能体，通过并行且不同的智能体执行不同的策略，进一步去除网络模型在训练过程中产生的状态转移样本之间的关联性。
- **减少资源消耗**：执行在多核CPU上，效果、时间和资源消耗上都优于传统强化学习方法。
- **离散连续动作**：能够处理离散、连续型动作的强化学习任务。

11.2.2　A3C 算法原理

A3C算法全称为"异步优势演员-评论家算法"。本节将会对该算法进行拆分，分别介绍"优势演员-评论家算法"和"异步算法"，最后通过结合上述两种方法得到A3C算法。

1. 优势演员-评论家算法

基于价值的强化学习（如Q-learning算法）作为评论家，基于策略的强化学习（如策略梯度法）作为演员，结合两种算法的优势得到演员-评论家算法。在对评论家网络模型进行更新时，引入优势函数的概念，以确定其网络模型输出动作的好坏程度，使得对策略梯度的评估偏差更少。

A3C算法结合了优势函数和基于演员-评论家算法，使用两个网络模型分别近似价值函数 $V(s)$ 和策略函数 $\pi(s)$。其中，前者用于判断某状态的好坏程度，后者用于估计一组输出动作的概率。

（1）基于价值的学习（评论家）

在基于值函数近似的强化学习中，可以使用神经网络作为价值函数的近似函数，其中参数 w 为网络模型的权重参数。

$$Q(s,a) \approx Q(s,a;w) \tag{11.17}$$

DQN算法的损失函数为：

$$L(w_i) = \mathbb{E}\left[\left(\text{Target } Q - Q(s,a;w_i)\right)^2\right] \qquad (11.18)$$

其中，Target Q 为目标动作值，有：

$$\text{Target } Q = r + \gamma \max_{a'} Q\left(s',a';w_i^-\right) \qquad (11.19)$$

式（11.19）的损失函数实际上是基于单步Q-learning算法（One-step Q-learning），即计算目标动作值时只注意下一时间步的状态。缺点是只直接影响产生奖励 r 的<状态-动作>对的价值，其余<状态-动作>对只能通过动作值函数进行间接的影响，从而导致算法学习速率慢。

一个快速传播奖励 r 的方法是使用多步Q-learning算法（N-step Q-learning），多步是指包括计算后续 n 步的状态。

$$\text{Target } Q = r_t + \gamma r_{t+1} + ... + \gamma^{n-1} r_{t+n-1} + \max_a \gamma^n Q\left(s_{t+n},a\right) \qquad (11.20)$$

优点在于一个奖励 r 可以直接影响先前 n 个<状态-动作>对，能够更好地模拟历史经验，明显提高算法学习的有效性。

（2）基于策略的学习（演员）

基于策略的强化学习中，使用神经网络作为策略函数的近似函数，参数 θ 为策略网络模型的权重参数。

$$\pi(s,a) \approx \pi(a \mid s;\theta) \qquad (11.21)$$

A3C算法使用策略迭代更新网络中的权重参数 θ。由于策略函数的目标是最大化奖励，因此可以使用梯度上升算法计算关于奖励的期望 $\mathbb{E}[R_t]$。

策略梯度的更新公式为：

$$\nabla_\theta \mathbb{E}[R_t] = \nabla_\theta \log \pi(a_t \mid s_t;\theta) R_t \qquad (11.22)$$

上式表示奖励期望越高的动作，应该提高其概率。

其中，式（11.22）中 $\pi(a_t \mid s_t;\theta)$ 表示在状态 s_t 下选择动作 a_t 的概率；$\nabla_\theta \log \pi(a_t \mid s_t;\theta) R_t$ 表示概率的对数乘以该动作的奖励 R_t，并以梯度上升的方式更新权重参数 θ；另外，$\nabla_\theta \log \pi(a_t \mid s_t;\theta) R_t$ 为对 $\nabla_\theta \mathbb{E}[R_t]$ 的无偏估计。

实际上，假设每个动作的奖励 R_t 均为正（即所有的梯度值均大于或等于零时），每个动作出现的概率将会随着梯度上升算法不断地被提高，上述操作很大程度上会减缓学习速率，同时使得梯度方差增大。因此对式（11.22）增加标准化操作，从而降低梯度的方差。

$$\nabla_\theta \log \pi(a_t \mid s_t;\theta)\left(R_t - b_t(s_t)\right) \qquad (11.23)$$

通过奖励 R_t 减去基线函数 $b_t(s_t)$ 的方式学习策略函数，可以减小该估计的方差，同时保持其无偏性。其中，基线函数 b_t 常设为奖励 R_t 的期望估计，通过求其梯度更新参数 θ，当总奖励超过基线的动作，其概率将会提高，反之则降低，同时还可以降低梯度方差。

（3）优势函数

A3C算法中的演员-评论家算法，策略函数 π 作为演员，基线函数 b_t 作为评论家。优势函数基于演员-评论家算法的损失函数进行修改，以更好地根据奖励对动作值进行估计。

在式（11.12）策略梯度更新的过程中，更新规则使用了折扣奖励 R_t 用于通知智能体哪些动作是"好"的，哪些动作是"不好"的。接着进行网络更新，以确定该动作的好坏程度。上述方式为使用优势进行估计，其好处是折扣奖励能够使智能体评估该行为的好坏程度，并可以评估执行该动作比预期的结果要好多少。

参考竞争网络的模型架构，现定义一个函数 $A(s_t, a_t)$，并称该函数为优势函数（Advantage function）。

$$A(s_t, a_t) = Q(s_t, a_t) - V(s_t) \qquad (11.24)$$

在式（11.23）中，$R_t - b_t(s_t)$ 使用动作优势函数代替，因为奖励 R_t 可视为动作值函数 $Q(s_t, a_t)$ 的估计，基线 $b_t(s_t)$ 可视为对状态值函数 $V(s_t)$ 的估计。即：

$$R_t \approx Q^\pi(s_t, a_t), b_t(s_t) \approx V^\pi(s_t) \qquad (11.25)$$

状态值函数 $V(s_t)$ 是在时间步 t 的状态下，所有动作值函数关于动作概率的期望；而动作值函数 $Q(s_t, a_t)$ 是单个动作所对应的价值，因此式（11.24）中 $Q(s_t, a_t) - V(s_t)$ 能评价当前动作值函数相对于平均值的大小。

A3C算法中不直接确定动作值 Q，而使用折扣奖励 R 作为动作值 Q 的估计值，最终优势函数为：

$$A(s_t, a_t) = R(s_t, a_t) - V(s_t) \qquad (11.26)$$

2. 异步算法

到目前为止，我们学习了异步优势演员-评论家算法中的优势、演员和评论家对应的算法原理，本节将全面讲述如何执行异步操作。

DQN算法由单个神经网络代表的单个智能体与单个环境交互，与DQN算法不同，A3C算法则利用多个智能体与多个环境进行交互，便于更有效地学习。A3C异步架构如图11.2所示，主要由环境（Environment）、工人（Worker）和全局网络（Global Network）组成，其中每个工人作为一个智能体与一个独立的环境进行交互，并有属于自身的网络模型。图中不同的工人同时与环境进行交互，其执行的策略和学习到的经验都独立于其他工人。因此该多智能体异步探索的方式能够比使用单个工人进行探索的方式更好、更快、更多样性地工作。

A3C具体的异步算法流程如图11.3所示。首先，工人智能体复制全局网络的参数，作为自身的网络模型参数。随后，智能体在CPU多个线程上分配任务（工人智能体与环境进行交互），不同的工人使用不同参数的贪婪策略，因此得到不同的转换经验。接下来，独立的工人计算自身价值和策略的损失。然后基于计算出的价值和损失，工人通过损失函数计算梯度，即式（11.23）所示。最后，工人更新全局网络的参数，即每个线程将自己学习到的参数更新到全局网络中。如此重复迭代，直到学习出理想的网络参数为止。

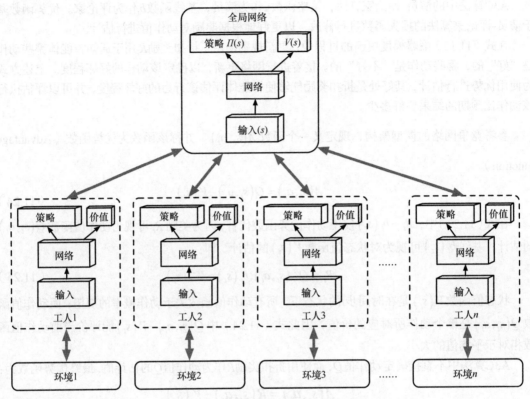

图11.2   A3C异步架构图[Mnih et al. 2016]

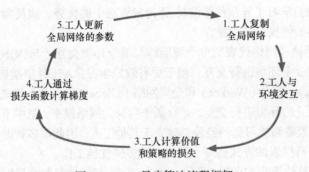

图11.3   A3C异步算法流程框架

11.2.3   异步实现框架及流程

Mnih等人在原论文上实现了4种不同的异步训练强化学习算法，分别是单步Q-learning算法、单步Sarsa算法、多步Q-learning和优势演员评论家（A3C）算法。

不同线程上的智能体，使用不同的探索策略以保证其探索的多样性，并且无须采用经验回放机制，通过各个并行的智能体各自收集到的转换经验样本，进行独立的训练学习，从而降低了样本相关性。

算法11.2为A3C算法中单个智能体的工作流程。其中对网络模型参数的更新公式分为两部分，其一为梯度上升更新策略π的参数θ（演员），其二为梯度下降更新状态值V的参数w（评论家）。

算法11.2 A3C算法流程[Mnih et al.2016]

// 假设全局网络的参数为θ和w，全局共享计数器为$T=0$

// 假设独立工人的参数为θ'和w'

初始化 线程计算器$t \leftarrow 1$

重复

    重置梯度，即使得$d\theta \leftarrow 0$、$dw \leftarrow 0$

    同步特定线程上的参数，即使得$\theta' = \theta$、$w' = w$

    $t_{target} = t$

    获得状态s_t

    # 收集训练网络用的经验序列数据(a_t, r_t, s_{t+1})

    重复

        根据确定性策略函数$\pi(a_t \mid s_t; \theta')$ 获得动作a_t

        记录环境的反馈，奖励r_t和新的状态s_{t+1}

        $t \leftarrow t+1$

        $T \leftarrow T+1$

    直到 遇到结束状态s_t或达到截断长度$t - t_{start} = t_{max}$

    $R = \begin{cases} 0 & \text{结束状态} s_t \\ V(s_t, w') & \text{非结束状态} s_t \end{cases}$

    重复 $i \in \{t-1, \cdots, t_{start}\}$

11

$$R \leftarrow r_i + \gamma R$$

累积梯度 $\boldsymbol{\theta}' : d\theta \leftarrow d\theta + \nabla_{\theta'} \log \pi(a_i \mid s_i; \boldsymbol{\theta}')\left(R - V\left(s_i; \boldsymbol{w}'\right)\right)$

累积梯度 $\boldsymbol{w}' : dw \leftarrow d\theta_v + \delta\left(R - V\left(s_i; \boldsymbol{w}'\right)\right)^2 / \delta\boldsymbol{w}'$

使用 $d\theta$、dw 执行异步更新参数 $\boldsymbol{\theta}$、$\boldsymbol{w}$

直到 $T > T_{max}$

如11.2.2节和第7章介绍的演员评论家算法，智能体使用梯度上升算法更新策略 π 的参数。

$$\nabla_{\theta'} \log \pi(a_t \mid s_t; \boldsymbol{\theta}') A\left(s_t, a_t; \boldsymbol{\theta}', \boldsymbol{w}'\right) \tag{11.27}$$

其中，$A\left(s_t, a_t; \boldsymbol{\theta}', \boldsymbol{w}'\right)$ 是优势函数的估计，在算法11.2中使用 $\left(R - V\left(s_i; \boldsymbol{w}'\right)\right)$ 进行标识。具体而言，优势函数的计算为：

$$A\left(s_t, a_t; \boldsymbol{\theta}', \boldsymbol{w}'\right) = \sum_{i=0}^{k-1} \gamma^i r_{t+i} + \gamma^k V\left(s_{t+k}; \boldsymbol{w}'\right) - V\left(s_t; \boldsymbol{w}'\right) \tag{11.28}$$

式（11.28）中，$\boldsymbol{\theta}'$ 为策略 π 的参数，$\boldsymbol{w}'$ 为状态值函数 V 的参数，$k \in \mathfrak{R}^+$ 为常数，其数值由多步算法中的步数 n 决定。在实际计算过程中，Mnih 等人在式（11.27）的基础上为策略 π 加入熵项（Entropy）$\beta\nabla_{\theta'} H\left(\pi\left(s_t; \boldsymbol{\theta}'\right)\right)$，目的是防止过早进入次优化策略。最终式（11.27）更新为：

$$\nabla_{\theta'} \log \pi(a_t \mid s_t; \boldsymbol{\theta}') A\left(s_t, a_t; \boldsymbol{\theta}', \boldsymbol{w}'\right) + \beta\nabla_{\theta'} H\left(\pi\left(s_t; \boldsymbol{\theta}'\right)\right) \tag{11.29}$$

对于梯度下降更新状态值 v 的参数 w，其利用时间差分法的方式通过梯度下降更新状态值函数的参数。

$$\partial\left(R - V\left(s_i; \boldsymbol{w}'\right)\right)^2 / \partial\boldsymbol{w}' \tag{11.30}$$

值得注意的是，A3C 算法11.2流程中并没有使用目标 Q 值，对于控制离散动作的策略函数 $\pi(a_t \mid s_t; \boldsymbol{\theta})$ 和价值函数 $V_\pi\left(s_t; \boldsymbol{w}\right)$ 使用同一个网络。如图11.3所示，Policy 和 Value 基于同一个网络模型不同的输出流，其在网络的输出层分别表示为 π 和 V_π。

11.2.4   实验效果

图11.4所示为 A3C 算法与基线算法在 Atari 游戏中的实验结果对比图。从图中可以看出，在相同的训练时间内，由于引入了异步机制，A3C 算法能够在游戏中取得较好的成绩，超越了基线算法。

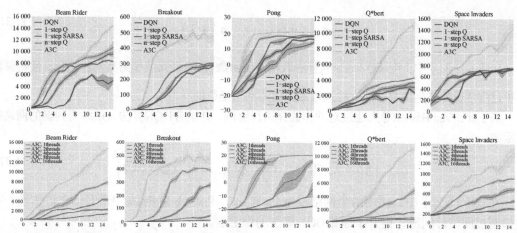

注：各图横坐标为训练时间（单位：小时），纵坐标为得分。

图11.4   A3C算法实验对比图[Mnih et al. 2016]

11.3   Rainbow 算法

自DQN算法被提出以后，后续研究者为了提升DQN算法应用范围，设计了大量的DQN算法扩展版本，如DDPG和A3C算法等。但这些DQN的扩展版本大多数是为解决某个特定问题而设计的，不具有通用性。本节将要介绍的由Matteo等人提出的Rainbow算法，能够对已有的众多DQN扩展版本进行整合，最终学习出一个通用性更强的智能体。

11.3.1   背景介绍

相较于已有的DQN扩展版本，Rainbow算法主要有两个方面的改进：一是能够对多个DQN扩展版本的结果进行融合；二是将神经网络中的原有损失函数修改为基于KL散度的损失函数，增加了模型的学习能力。

接下来首先介绍Rainbow算法中参考的DQN扩展算法，并对Rainbow算法KL损失函数进行具体介绍。

1．DQN扩展版本

Rainbow算法对现有众多的DQN扩展版本进行了整合，为了更好地理解Rainbow算法所拥有的优势，下面简要介绍DQN扩展版本。

（1）Double DQN

Double DQN算法通过对动作的选择和动作状态值估计进行解耦，使用两个Q网络分别进行学习，解决了Q-learning算法中由于过度估计而产生偏差的问题。

Q-learning的更新公式如下。

$$\left(r_{t+1} + \gamma_{t+1} \max_{a'} Q_{\theta}^{-} \left(s_{t+1}, a' \right) - Q_{\theta} \left(s_t, a_t \right) \right)^2 \tag{11.31}$$

在式（11.31）中，传统Q-learning算法取动作值函数 Q_{θ}^{-} 的最大值作为其动作估计，使得算法由于过度估计而产生偏差，即直接选取最大值不利于函数的学习。

基于此，Van Hasselt等人通过对动作选择进行解耦，并结合DQN算法，最终得到新的网络损失函数：

$$\left(r_{t+1} + \gamma_{t+1} Q_{\theta}^{-} \left(s_{t+1}, \max_{a'} Q_{\theta} \left(s_{t+1}, a' \right) \right) - Q_{\theta} \left(s_t, a_t \right) \right)^2 \tag{11.32}$$

在式（11.32）中，使用两个网络模型 Q_{θ}^{-} 和 Q_{θ}，利用 Q_{θ}^{-} 解耦 Q_{θ} 中最大动作值估计，有效抑制过度估计问题，提升了原始DQN算法的稳定性。

（2）Prioritized DQN

在DQN算法中，智能体统一从经验池中进行历史经验轨迹采样。实际上，对学习有帮助的历史经验轨迹可以增加采样频率，而对学习没有帮助的则可以减少采样频率，进而提高智能体的学习效率。基于此，Schaul等人提出了具有优先级经验回放机制的DQN网络结构（Prioritized DQN）。

优先级回放机制，将最近的时间差分误差绝对值作为对历史经验轨迹进行采样的概率p_t。

$$p_t \propto \left| r_{t+1} + \gamma_{t+1} \max_{a'} Q_{\theta}^{-} \left(s_{t+1}, a' \right) - Q_{\theta} \left(s_t, a_t \right) \right|^{\omega} \tag{11.33}$$

其中，超参数 ω 决定概率分布的形状。

（3）Dueling DQN

相比于DQN算法，Dueling DQN通过引入竞争网络，解决了DQN算法中的奖励偏见（Reward-bias）问题。

竞争网络首先将卷积层提取的抽象特征分流到两个支路：价值流（Value stream）和优势流（Advanced stream），随后将两个支路聚合到一起得到每个动作的Q值。具体的网络模型动作值函数计算公式为：

$$Q_{\theta} \left(s, a \right) = v_{\eta} \left(f_{\xi}(s) \right) + a_{\psi} \left(f_{\xi}(s), a \right) - \frac{\sum_{a'} a_{\psi} \left(f_{\xi}(s), a' \right)}{N_{\text{actions}}} \tag{11.34}$$

其中，v_{η} 为价值流，a_{ψ} 为优势流，f_{ξ} 为共享卷积编码层，η、ψ、ξ 为对应的参数。

（4）分布式强化学习算法

事实上，除了学习价值或策略近似之外，还可以利用网络学习奖励的近似分布。Bellemare等人设计了分布式强化学习算法，用于学习近似奖励分布的概率。

假设现有大小为 $N \in \mathbb{N}^+$ 的向量z。其中，向量z中元素的计算方式如下。

$$z^i = v_{\min} + (i-1)\frac{v_{\max} - v_{\min}}{N-1} \quad i \in \{1, \cdots, N\} \tag{11.35}$$

假设时间步t的近似奖励分布为d_t，分布投影在向量z。其中，z上每一个元素i上奖励分布对应的概率为$p_\theta^i(s_t, a_t)$。该近似奖励分布d_t定义为：

$$d_t = \left(z, \boldsymbol{p_\theta}(s_t, a_t)\right) \tag{11.36}$$

目标奖励分布的定义为：

$$d_t' \equiv \left(r_{t+1} + \gamma_{t+1}z, \boldsymbol{p_\theta^-}\left(s_{t+1}, \vec{a}_{t+1}^*\right)\right) \tag{11.37}$$

其中，$\vec{a}_{t+1}^* = \max_a Q_\theta(s_{t+1}, a)$ 为使用贪婪策略选择的最优确定性动作，而 $Q_\theta(s_{t+1}, a) = z^{\mathrm{T}}\boldsymbol{p_\theta^-}(s_{t+1}, a)$ 为在状态 s_{t+1} 下的平均动作值。由于算法目标是更新参数 $\boldsymbol{\theta}$，使得近似奖励分布 d_t 与目标奖励分布 d_t' 更加接近，因此可通过KL散度最小化近似分布和目标分布。

$$D_{KL}\left(\Phi_z d_t' \parallel d_t\right) \tag{11.38}$$

在式（11.38）中，Φ_z 为目标奖励分布在向量z上的投影参数。

（5）噪声网络（Noisy Nets）

为了得到初始奖励值，智能体必须执行大量的动作在环境中进行"探索"，导致使用ε-贪婪算法进行"探索"具有明显的局限性。为了增加智能体的探索频率，Fortunato等人提出了一种结合确定性和噪声流的噪声线性隐层，代替神经网络中一般隐层的基本线性表达式 $\boldsymbol{y} = \boldsymbol{b} + \boldsymbol{Wx}$，该网络隐层定义如下。

$$\boldsymbol{y} = \left(\boldsymbol{b} + \boldsymbol{Wx}\right) + \left(\boldsymbol{b_{noisy}} \odot \epsilon^b + \left(\boldsymbol{W_{noisy}} \odot \epsilon^w\right)\boldsymbol{x}\right) \tag{11.39}$$

其中，参数 ϵ^b 和 ϵ^w 为随机变量。

实践证明，随着训练时间的增加，引入随机噪声的网络模型能够在不同的状态空间中学会忽略带噪声的数据流，使得智能体能够进行更加合理的"探索"。

2. KL散度

Rainbow算法除了能对已有的DQN扩展版本进行深度融合以产生通用性更强的智能体之外，还能将神经网络中的既有损失函数替换为基于KL散度的损失函数（简称KL损失）。基于KL散度，Rainbow算法能够学习到更为复杂的函数。尤其在多个并行的神经网络中，KL散度能够准确衡量多个并行网络输出结果属于某个分布的相近程度。

接下来，给出KL散度的具体定义及其优势。

（1）KL散度的定义

KL散度，又称为相对熵，主要用于描述两个概率分布之间的差异。KL散度的计算公式为：

$$D_{KL}(P \parallel Q) \qquad (11.40)$$

其中，P和Q分别为两个不同的概率分布。需要注意的是，由于KL散度非对称，因此$D_{KL}(P \parallel Q) \neq D_{KL}(Q \parallel P)$。

特别地，在信息论中，$D_{KL}(P \parallel Q)$表示用概率分布Q来拟合真实分布P所产生的信息损耗。其中，P表示真实的分布，Q表示P的拟合分布。

设$P(x)$和$Q(x)$为X取值的两个离散概率分布，则P对Q的相对熵为：

$$D_{KL}(P \parallel Q) = -\sum_i P(i) \log\left(\frac{Q(i)}{P(i)}\right) \qquad (11.41)$$

$$= \sum_i P(i) \log\left(\frac{P(i)}{Q(i)}\right)$$

对于连续型的随机变量，KL散度为：

$$(11.42)$$

$$D_{KL}(P \parallel Q) = \int_{-\infty}^{\infty} p(x) \log\left(\frac{p(x)}{q(x)}\right) \mathrm{d}x$$

其中，p和q分别表示P和Q概率分布的概率密度。

不断改变拟合分布Q的参数，可以得到不同的KL散度值。在某变化范围内，KL散度取得最小值时，对应的参数为目标优化参数，该过程即为基于KL散度的优化过程。

（2）KL散度的优势

在DQN算法中，神经网络使用函数近似法模拟复杂的数学函数，其训练学习过程的关键是设定一个合适的目标函数用以衡量学习效果，即通过最小化目标函数的损失来训练网络。将神经网络中常用的损失函数替换为KL散度来最小化近似分布时的信息损失，可使网络模型学习到更为复杂的函数。在神经网络中引入KL散度作为损失函数的主要优势如下。

❑ 不同的数据映射到一个相同的语义空间时，KL散度能够更好地衡量两个映射空间处于相同分布的差异。

❑ 当神经网络中存在多个并行网络时，KL散度能够准确评估出多个并行网络输出结果属于同一个分布的相近程度。

11.3.2 Rainbow 算法流程

已有的DQN扩展版本主要用以提升DQN算法某方面的性能，不具有通用性。事实上，这些扩展算法在性能和功能上相互补充，如果能够充分地结合各个DQN版本的相应优势，将极大提升智能体的通用性。而Rainbow算法正是基于此思路，通过对已有DQN扩展算法进行有机融合，实现了更为通用的深度强化学习框架。下面具体介绍Rainbow算法的整合思路。

Rainbow算法首先使用多步奖励分布代替单步奖励分布，即 $d_t' \rightarrow d_t^{(n)}$。根据累积折扣奖励在状态 s_{t+n} 的价值分布，使用截断式n-步方法构建目标奖励分布，则目标奖励分布的定义如下。

$$d_t^{(n)} = \left(r_t^{(n)} + \gamma_t^{(n)} z, \ \boldsymbol{p}_{\bar{\theta}}^{-} \left(s_{t+n}, a_{t+n}^* \right) \right) \tag{11.43}$$

损失函数使用分布式强化学习中的KL散度，并替代原单步奖励分布。

$$D_{KL} \left(\Phi_z d_t^{(n)} \| d_t \right) \tag{11.44}$$

其中，Φ_z 为目标奖励分布在向量z上的投影参数。

随后，Rainbow算法借鉴了优先级经验回放机制的思想，通过KL损失设定所有分布变量的优先级，从而提升了算法的求解效率。引入优先级经验回放机制的Rainbow算法的目标转化为：

$$p_t \propto \left(D_{KL} \left(\Phi_z d_t^{(n)} \| d_t \right) \right)^{\omega} \tag{11.45}$$

在式（11.45）中，使用KL损失值作为分布变量的优先级权重，理论证明了其在带有噪声的环境中也能够具有很好的稳健性。即使在奖励回报不确定的情况下，由于损失值基于KL损失函数，保证了Rainbow的学习过程仍然会持续下降。

接下来，Rainbow算法的网络模型结构借鉴了Dueling DQN中的竞争网络理念。其中，竞争网络的共享层参数为 $f_\xi(s)$，价值流为 v_η 且输出 N_{atoms}，优势流为 a_ψ 且输出为 $N_{atoms} \times N_{actions}$。向量z中的每一个元素 z^i 为竞争网络中的价值流和优势流的结合。随后，通过softmax层输出归一化参数分布，用于预测奖励分布。

$$p_\theta^i(s,a) = \frac{\exp\left(v_\eta^i(\phi) + a_\psi^i(\phi,a) - \bar{a}_\psi^i(s) \right)}{\sum_j \exp\left(v_\eta^j(\phi) + a_\psi^j(\phi,a) - \bar{a}_\psi^j(s) \right)} \tag{11.46}$$

其中，$\phi = f_\xi(s)$，$\bar{a}_\psi^i(s) = \frac{1}{N_{actions}} \sum_{a'} a_\psi^i(\phi,a')$。

最后，Rainbow算法使用噪声线性层替换神经网络中的原有线性层，使得智能体能够进行更加合理的探索。

综上可知，Rainbow算法通过引入多步奖励分布、经验回放机制、竞争网络以及噪声线性层等技术，极大地提升了深度强化学习的应用范围，最终为智能体输出更好的行动策略。

11.3.3   实验效果

在实际实验中，Rainbow算法在57场的Atari游戏中有40场游戏的表现超越了人类平均水平，具体实验结果如图11.5所示。其中，纵轴为经过标准化的人类表现的中值得分。为了便于比较，假设人类的平均表现为100%。智能体表现的计算方式如下，通过为57个Atari游戏的每一个训练一个专属的算法模型，随后将每个智能体的得分进行标准化计算。实验中分别给出57款游戏上7个DQN扩展算法（对比算法）和Rainbow算法的具体中值得分。

由图11.5可知，Rainbow算法的表现一直优于其他DQN算法。在运行到700万帧后，能够达到DQN算法的最佳表现。当运行到4400万帧时，Rainbow算法能够超越任何一种对比算法的最佳表现。并且随着训练帧数的增加，Rainbow算法的性能仍在持续提升，而其他算法的性能无法继续提升，这表明Rainbow算法能够更好地发挥多样本数据的训练优势。

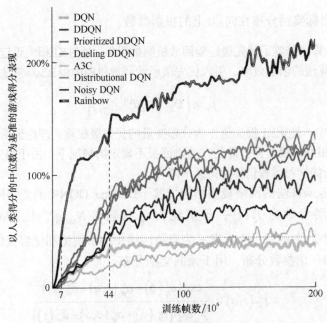

图11.5   Rainbow模型测试结果[Matteo et al. 2017]

11.4   Ape-X 算法

由11.3节介绍可知，Rainbow算法通过融合多个DQN改良版本，实现了通用性更强的深度强化学习框架。为了进一步提升Rainbow算法的性能，Dan Horgan等人提出了在实际强化学习任务中表现更加优异的Ape-X算法。

本节将从背景、算法架构及流程等方面对Ape-X算法进行全面介绍。

11.4.1 背景介绍

Dan Horgan等人通过对Rainbow算法进行详细分析发现：在组合Rainbow中使用不同技术时，样本优先级对Rainbow算法的最终表现影响最大。

实验主要采用去除Rainbow算法某一项影响因素之后与DQN算法的结果进行比较的方法，基于比较结果评估出该项影响因素的重要程度，具体实验结果如图11.6所示。其中，灰线为DQN算法基线，黑线为Rainbow算法基线。由图11.6可知，第5行（即不采用优先级经验回放机制）方框对应的表现下降得最多，表明去除优先级后对智能体的表现影响最大。

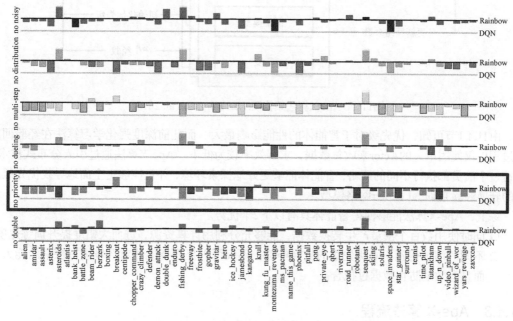

图11.6　Rainbow元素对比图[Matteo et al. 2017]

基于此，Dan Horgan等人设计了使用大量分布式Actor进行探索的Ape-X算法，以增加转换数据的多样性，进一步提升Rainbow算法的实际表现。

11.4.2 Ape-X 算法架构

图11.7所示为Ape-X算法的架构。由图11.7可知，Ape-X算法拥有多个演员（Actor），一个学习者（Learner）和一个共享经验池（Replay）。需要注意的是，每个演员都拥有各自的网络模型（Network）和环境（Environment）。首先演员基于自身环境生成转换经验，并将转换经验添加到共享经验池中，同时计算转换经验的初始化优先级。随后，单个学习者从共享经验池中采样转换

经验，并不断学习并更新转换经验的优先级。最后，演员网络（Actor Network）定期从来自学习者的最新网络中更新其网络参数。

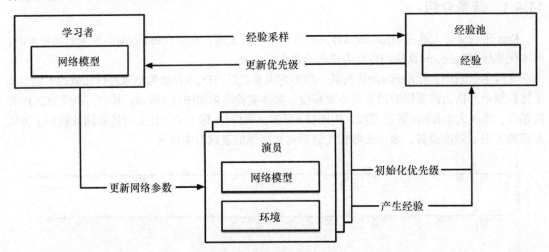

图11.7　Ape-X算法架构图[Dan Horgan et al. 2018]

由11.4.1节可知，优先级对于智能体的性能影响最大。而此前深度强化学习算法在经验回放的过程中仅使用单一的Actor来收集数据，求解效率较为低下。Ape-X算法通过引入分布式技术，让每一个演员都执行不同的策略，智能体能够更好地探索环境，并且能够更全面地寻找优先级最高的转换经验来训练Learner网络模型。

综上，Ape-X算法能够使得智能体具有以下2个优势。

□ 同时使用数百个演员产生转换数据，能够充分利用计算资源，进而大幅度提升训练速度。
□ 不同的演员得到不同优先级的转换经验，不仅可以提升智能体对环境进行探索的能力，而且有效地防止数据过拟合。

11.4.3　Ape-X 算法流程

图11.7给出了Ape-X算法架构，其主要由演员和学习者组成。本节对演员和学习者网络模型的具体算法流程进行介绍，并给出网络的更新算法。

1.　算法流程

Actor算法流程如算法11.3所示。演员在Ape-X架构中主要用于产生转换经验 $(s_{t-1}, a_{t-1}, r_t, \gamma_t)$，并将转化经验写入共享经验回放池中，同时计算转换经验的优先级参数p。需要注意的是，每个演员网络模型会定期地从学习者网络中获取最新的网络参数 θ_t。

算法11.3　Ape-X Actor算法流程[Dan Horgan et al. 2018]

Actor

(1)**执行** $Actor(B,T)$，智能体在环境中行动，并存储转换经验

(2)　　获取最新的网络参数并赋值给 θ_0

(3)　　从环境中获取初始状态 s_0

(4)　　**循环** t从1到T:

(5)　　　　$a_{t-1} \leftarrow \pi_{\theta_{t-1}}(s_{t-1})$，根据当前策略选择动作

(6)　　　　执行动作a_{t-1}，获得(r_t, γ_t, s_t)，环境执行该动作

(7)　　　　将转换经验$(s_{t-1}, a_{t-1}, r_t, \gamma_t)$放入本地缓冲区中

(8)　　　　如果本地缓冲池尺寸大于给定的阈值B

(9)　　　　　　获取缓冲区的数据τ

(10)　　　　　计算经验的优先级p

(11)　　　　　将转换经验(τ, p)加入经验池

(12)　　　　周期性地从学习者网络获取最新的网络参数 θ_t

　　Learner算法流程如算法11.4所示。学习者在Ape-X架构中的主要工作是从经验回放池中采样转换经验（id, τ）。该转换经验会作为深度强化学习算法的输入，用以计算学习者网络模型的参数 θ_{t+1}。另外，学习者网络会更新经验回放池中对应转换经验的优先级参数p，并定期整理经验池中的旧数据，以保证经验池中的数据质量。

算法11.4　Ape-X Learner算法流程[Dan Horgan et al. 2018]

Learner

(1)**执行** $Learner(T)$，使用从经验池中采样的小批量数据更新网络参数

(2)　　获取最新的网络参数并赋值给 θ_0

(3)　　**循环** t从1到T(更新参数T次)

(4)　　　　从经验池中采样训练数据id, τ

(5)　　　　基于$\tau; \theta_t$，计算损失函数l_t，采样学习规则，如Double Q-learning或DDPG

(6)   基于 l_t, θ_t，更新网络参数 θ_{t+1}

(7)   计算转换经验优先级 p

(8)   更新转换经验优先级 (id, p)

(9)   周期性地从经验池中删除旧的转换经验

2. 网络更新算法

Ape-X算法中学习者和演员网络模型的更新可以基于DQN算法。需要注意的是，由于Ape-X使用了经验回放机制，因此Ape-X算法属于离线策略的强化学习任务。

Ape-X的网络模型主要由DQN的变体A3C算法与Rainbow算法结合而来。Double Q-learning和多步自启目标[Sutton. 1988，Sutton et al. 2017，Mnih et al. 2016]作为学习算法，竞争网络作为近似函数的估计 $Q(s, a, \theta)$。Ape-X的损失函数为：

$$l_t(\boldsymbol{\theta}) = \frac{1}{2} \left(G_t - Q(s_t, a_t, \boldsymbol{\theta}) \right)^2 \tag{11.47}$$

其中，未来折扣奖励 G_t 的计算公式如下。

$$G_t = \underbrace{r_{t+1} + \gamma r_{t+2} + \cdots + \gamma^{n-1} r_{t+n} + \gamma^n \overbrace{Q\left(s_{t+n}, \max_a q(s_{t+n}, a, \theta), \theta^-\right)}^{double-Q\ bootstrap\ value}}_{multi-step\ return} \tag{11.48}$$

其中，参数 θ^- 为[Minh et al. 2015]中目标网络的权重参数，n 为多步经验轨迹长度截断参数。

在实际经验中，由于动作策略的选择对探索和近似函数的影响较大，因此Ape-X算法通过多个智能体执行不同的策略，产生了大量差异化的转换经验样本，有助于智能体基于优先级机制选择最有效的转换经验样本，以更好地进行模型的学习和训练。

11.4.4   实验效果

Ape-X算法的实验结果如图11.8所示，对比的实验方法有Rainbow算法、C51、Prioritized DQN、Gorila和DQN算法。其中，Ape-X DQN算法使用了3个不同的训练时间：20小时、70小时、120小时。

由图11.8的左图可知，在实际任务中，Ape-X的算法性能远大于对比算法。由图11.8的右图可以发现，随着训练时间的增加，Ape-X能够持续提升智能体在Atari游戏中的任务表现。

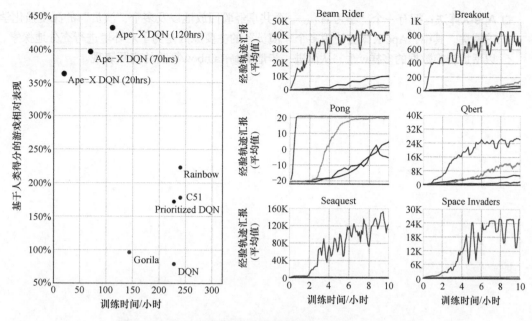

图11.8 Ape-X DQN算法效果实验图[Dan Horgan et al. 2018]

需要注意的是，Ape-X算法由于使用了分布式架构，比对比算法需要更多的计算资源，即更多的CPU核。虽然Ape-X算法需要更多的计算资源，但其性能提升非常明显，能够使用数百倍于对比算法的游戏帧，从而极大地拓展了智能体的探索边界。

11.5 小结

虽然DQN算法在实际应用中取得了令人瞩目的成就，但其同样面临一些限制，如算法模型容易过估计、无法处理连续动作控制任务等。为了应对DQN算法所存在的不足，后续研究者提出了大量的DQN改进版。本章对其中的4个具有代表性的DQN改进版本做了详细介绍，即用于处理连续动作控制任务的DDPG算法、第一个采用分布式方式架构的A3C算法、能够有机融合多个DQN改进版本的Rainbow算法以及功能更强的Ape-X算法。

- □ **DDPG算法**：在策略梯度算法的基础上，DDPG算法将状态空间输入网络模型，输出不再是每个动作的概率，而是该状态空间对应的具体动作，从而使得智能体能够在连续动作空间中进行学习。
- □ **A3C算法**：基于演员-评论家算法框架，引入异步训练的思想，提升性能的同时也加快了训练速度。
- □ **KL散度**：又称相对熵，主要用于刻画两个概率分布P和Q之间的差异。
- □ **Rainbow算法**：对Double Q-learning、优先回放、竞争网络、多步学习、分布式强化学习、噪声网络6种技术进行融合而成的单智能体深度强化学习算法。

□ **Ape-X算法**：拥有一个"学习者"、一个共享经验回放池以及多个"演员"的深度强化学习算法。其中，Ape-X算法使用多个"演员"的主要原因是为了对环境进行充分地探索，以增加转换数据的多样w性，从而进一步地提高Rainbow算法的实际表现。

## 第 12 章

从围棋AlphaGo到 AlphaGo Zero

本章内容：

❑ 人工智能与围棋

❑ AlphaGo算法详解

❑ AlphaGo Zero算法详解

❑ 思考与总结

在我看来，它（AlphaGo）就是围棋上帝，能够打败一切。

——柯洁

深度强化学习巧妙地结合了深度学习和强化学习的优势，能够高效地解决智能体在高维复杂状态空间中的感知决策问题。近年来，深度强化学习在机器人、游戏等领域取得了突破性的进展。尤其是DeepMind团队研发的AlphaGo程序，先后分别战胜了围棋职业棋手欧洲冠军樊麾、世界围棋冠军李世石以及当今世界围棋等级分排名第一的柯洁，是第一款战胜人类职业选手的围棋程序。

AlphaGo的获胜是人工智能界的里程碑事件之一，比专家预计的人工智能软件攻克围棋的时间至少提前了10年。尤为重要的是，从2016年DeepMind在*Nature*杂志上正式公开AlphaGo程序开始，AlphaGo程序就一直处在进化的过程中：从需要人类棋谱进行有监督学习的AlphaGo Lee（战胜李世石的版本），到无需任何专家知识、只需经过短短3天的自我对弈就能以100∶0的成绩轻松赢取AlphaGo Lee的AlphaGo Zero。完成上述过程，DeepMind只用了不到两年的时间。

虽然在进化的过程中，AlphaGo的棋力得到大幅提升，但所使用到的主要技术一直是围绕深度学习、强化学习和蒙特卡洛树搜索（MCTS）的深度融合来开展的。毫无疑问，AlphaGo的成功不仅证明了深度学习的强大表征能力，也将有力地推动深度强化学习在更多领域的进一步发展。

为了让读者能全面而细致地了解AlphaGo程序的设计思想与原理，本章首先会详细介绍AlphaGo程序的发展历程。随后，我们会深入AlphaGo和AlphaGo Zero程序的具体细节，一起去探究程序背后的深度强化学习的奥秘和蒙特卡洛树搜索等技术的原理。

12.1　人工智能与围棋

随着2016年李世石与AlphaGo以1∶4的战绩落幕（如图12.1所示），围棋这个号称人类智力的最后堡垒也被人工智能给攻陷了。相比于其他棋类，围棋具有无可比拟的状态空间，尤其是在下棋过程中需要棋手具有良好的直观、洞察力、大局观等难以量化的能力。也正因如此，围棋才一直被视为人类智力的最后堡垒。

在1997年，IBM的"深蓝"机器人战胜了当时世界排名第一的国际象棋大师卡斯帕罗夫，虽然给当时的人们带来了很大的震惊与不安，但远没有AlphaGo战胜李世石给人们所带来的震撼感强烈。因为围棋的变化空间和困难程度远远高于国际象棋，据"信息论之父"克劳德·香农所论证的国际象棋的变化总数在10^{120}量级左右，而一个19×19路的围棋变化总数却不少于10^{600}，远远大于目前可观测的宇宙原子总量10^{80}。这从一定程度上表明了想直接利用计算机程序在围棋上战胜人类顶尖职业棋手是如何之难，AlphaGo所面临的挑战是如何之大。

据DeepMind的首席执行官Demis Hassabis介绍，之所以启动AlphaGo研究项目，是因为围棋一直被认为是人工智能无法战胜人类的领域，而谷歌想要做的就是打破这个"不可能"。

图12.1　李世石与AlphaGo进行人机对战

12.1.1　强化学习与围棋

围棋虽然存在状态空间过于巨大的挑战，但同时也是一个非常"干净"的问题。"干净"主要体现在围棋规则清晰明了、求解过程相对直观。尤为重要的是，围棋易转化为计算机可以理解的感知决策问题。

一个19×19路的棋盘，一共有361个交叉点。每个交叉点可以有3种选择：黑子为1、白子为-1和无子为0。针对任何一个棋盘状态，可以用一个361维的向量s来表示，每一维的取值由落子状态而定（黑子、白字或无子）。针对走棋方而言，需要根据当前的棋盘状态来决定下一步的落子位置，也就是从棋盘的361个交叉点中选择一个最优的位置进行落子。假设选择的落子位置记为1，其余的360个交叉点记为0，可以用一个361维的向量a来表示下一步的走棋行为（如图12.2

所示）。

据此可知，围棋的后续走棋行为就转化成了我们所熟悉的强化学习问题。即任意给定一个棋盘状态 s，求解下一步的走棋策略，使得最终的获胜概率最大。围棋的状态空间比目前已知的宇宙原子数目还要多，想要根据当前的围棋状态求解接下来的走棋策略，是一件非常棘手的任务。

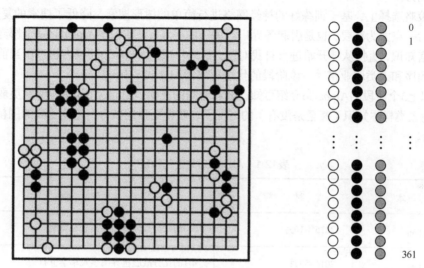

图12.2　强化学习的围棋问题转化

12.1.2　AlphaGo 进化阶段

AlphaGo不是第一个计算机围棋程序，也不是第一个基于神经网络的围棋程序。早在1996年，Enzenberger就提出了第一款基于神经网络的围棋程序，不过该围棋程序棋力并不高。2014年，Christopher Clark和Amos Storkey首先提出了基于深度卷积神经网络（DCNN）的围棋程序。

需要注意的是，虽然AlphaGo不是第一个基于神经网络的围棋程序，但却是所有围棋程序里面棋力最高，并且将深度学习、强化学习以及蒙特卡洛树搜索进行深度结合的程序。AlphaGo的进化主要分为3个阶段。

（1）**阶段1**：以大量人类棋谱为样本进行监督学习，构建了基于策略网络（Policy Network）和价值网络（Value Network）的蒙特卡洛树搜索的策略决策程序，代表程序为AlphaGo Fan和AlphaGo Lee。

（2）**阶段2**：与阶段1的主要不同在于将策略网络和价值网络合二为一，并直接从阶段1的AlphaGo版本生成的样本中学习。除此之外，新版的AlphaGo能够基于更少的计算资源生成棋力更强的围棋程序，代表程序为AlphaGo Master。

（3）**阶段3**：与阶段1相比，阶段3的AlphaGo程序主要存在4点不同。

12

❑ 在特征设计上，舍弃了围棋的领域知识（如棋盘上交叉点的气等），只采用了黑子与白子两种状态。

❑ 在模型上，与阶段2类似，将策略网络和价值网络合二为一，更为简洁、明了。需要注意的是，从阶段2开始，深度学习的主模型就开始采用残差网络（ResNet），具有更强的学习能力。

❑ 在策略选择上，基于训练好的神经网络进行简单的树形搜索，降低了搜索的复杂程度。

❑ 最后一点尤为重要，也是引起各界广泛关注的一点，该阶段的AlphaGo完全摒弃了人类的棋谱知识，直接从零开始进行自我对弈，最终生成的AlphaGo的棋力超过了当前最好的围棋程序和人类职业棋手。该阶段的代表程序为AlphaGo Zero。

根据以上3个阶段的AlphaGo介绍可知，随着时间的推移，AlphaGo程序能够在更弱的计算资源、更少的人类样本知识（甚至是没有）的情况下，获得更强的棋力，达到更高的围棋水平，如表12.1所示。

表12.1　AlphaGo的进化阶段

版　　本	时　　间	注　　释
AlphaGo Fan	2015年10月	5:0的比分战胜欧洲围棋冠军樊麾
AlphaGo Lee	2016年3月	4:1的比分战胜世界围棋冠军李世石
AlphaGo Master	2017年5月	3:0的比分战胜世界围棋等级分排名第一的柯洁
AlphaGo Zero	2017年10月	100:0的比分战胜AlphaGo Lee版本

12.1.3　AlphaGo 版本对比

接下来从算力和棋力上对3个阶段的AlphaGo程序分别进行对比介绍，以更为直观地呈现各阶段AlphaGo程序的水准。

图12.3给出了各个阶段AlphaGo的计算资源需求，阶段1的AlphaGo程序需要大量的计算资源。尤其是AlphaGo Fan版本需要176个GPU，对于大多数研究者或者公司而言，如此庞大的计算资源是难以想象的。而AlphaGo Master和AlphaGo Zero只需要4个TPU，大大降低了计算资源需求，在单机上就可以运行上述两个版本的程序。DeepMind团队给出的公开信息表明，AlphaGo Fan和AlphaGo Lee版本是采用分布式的方式运行的，这在另一个层面上也表明了阶段1版本的AlphaGo程序要远远复杂于阶段2和阶段3的AlphaGo程序。

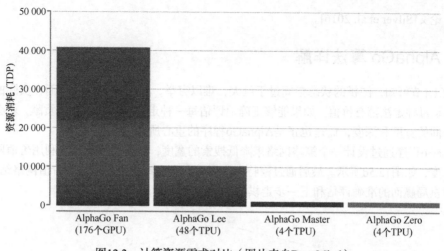

图12.3 计算资源需求对比（图片来自DeepMind）

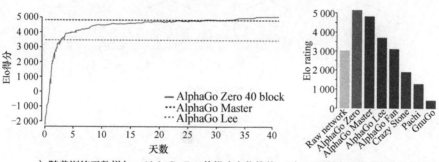

a）随着训练天数增加，AlphaGo Zero的棋力变化趋势　　b）不同版本围棋程序的棋力对比

图12.4 棋力对比[Silver et al. 2016]

　　虽然AlphaGo Master和AlphaGo Zero大大降低了计算资源的需求，但实际的棋力却大幅提升。由图12.4a可知，在AlphaGo Zero训练3天之后，便以100∶0的比分战胜AlphaGo Lee版本。在训练30天左右，以89∶11的比分战胜AlphaGo Master。这意味着利用更少的算力，AlphaGo Zero却能够获得更强的棋力。

　　图12.4b更为直观地给出了各个版本之间的棋力对比，AlphaGo Zero的棋力远高于阶段1的AlphaGo Fan和AlphaGo Lee版本，同时也高于AlphaGo Master的棋力。总而言之，AlphaGo Zero采用更少的算力与人类先验知识，获得了更高的围棋水平。不得不说，DeepMind团队在深度强化学习领域的耕耘与探索，使得深度强化学习能够更好地提高人工智能水准，并为其他具有挑战性的潜在领域的发展带来了启发。

　　在AlphaGo的所有版本中，阶段1的AlphaGo Fan和阶段3的AlphaGo Zero在技术上更具有代表意义，因此在接下来的章节中会重点介绍AlphaGo Fan和AlphaGo Zero的算法细节，包括其背后的设计理念和设计思想。为了表达的简洁，下文中的AlphaGo Fan都以AlphaGo来指代，且所用图片均出自论文[Silver et al. 2016]。

12.2　AlphaGo 算法详解

　　由12.1.1节可知，围棋的状态空间过于巨大，难以穷举，如图12.5a所示。而在实际的走棋过程中，不是每种走法都有价值。如果能够正确地评估每一种走法对最终取胜的贡献，就会大大降低搜索空间的宽度和深度，而这也正是AlphaGo程序的重心所在。

　　AlphaGo程序通过设计一个策略网络来降低搜索的宽度，如图12.5c所示；利用价值网络降低搜索的深度，如图12.5d所示。最后通过蒙特卡洛树搜索有机地将策略网络和价值网络结合起来，实现了对棋局赢面的准确评估和下一步走棋概率精准预测。

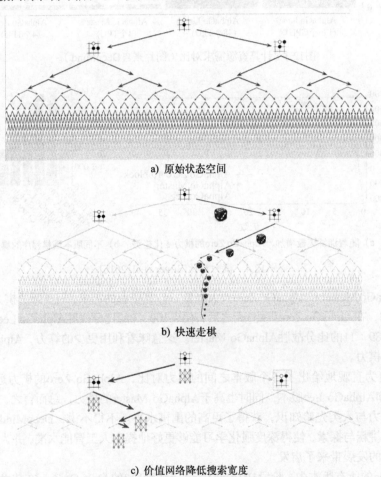

a) 原始状态空间

b) 快速走棋

c) 价值网络降低搜索宽度

图12.5　蒙特卡洛搜索状态空间

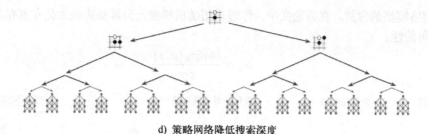

d) 策略网络降低搜索深度

图12.5 蒙特卡洛搜索状态空间（续）

图12.6给出了AlphaGo程序的算法流程。AlphaGo首先通过学习人类专家的走棋行为，获得有监督的策略网络。随后，通过强化学习进行自我对弈获得强化学习策略网络，并且通过自我对弈所产生的大量棋谱学习能评估棋局输赢大小的价值网络。

图12.6 AlphaGo程序的算法流程

需要注意的是，AlphaGo程序采用了监督学习和强化学习两种机器学习范式提升网络的预测和评估能力。接下来从策略网络、价值网络以及蒙特卡洛树搜索3个方面分别进行介绍，以直观而详细地呈现阶段1的AlphaGo程序的算法细节。

12.2.1 策略网络

策略网络主要用于评估接下来各种走棋行动的概率大小，帮助蒙特卡洛树搜索更好地决策下一步的落子位置。

Silver等人首先利用人类的棋谱训练两个有监督的策略网络：监督策略网络（p_σ）和快速走棋网络（p_π）。其中，p_σ主要用于学习专家的走棋行为，而p_π主要用在蒙特卡洛树搜索的评估（Evaluation）阶段，帮助搜索树更快地评估棋局。随后，在p_σ的基础上，算法通过自我对弈的方式获得强化学习策略网络（p_ρ）。

需要特别说明的是，p_σ通过监督学习的方式学习专家的走棋行为，而p_ρ主要用来最大化赢棋所对应的走棋行为，主要过程如图12.7所示。

1. 监督策略网络

p_σ主要用来模仿围棋专家的走棋行为，将构造的棋局状态s输入一个12层的卷积神经网络，输出层为常见的Softmax分类器，最终得到在当前棋局状态s下各个位置的落子概率$p_\sigma(a|s)$。其

12

中，σ 为网络模型的参数。在原论文中，作者采用随机梯度上升算法来最大化专家在状态s下选择动作a的可能性。

$$\Delta_{\sigma} \propto \frac{\partial \log p_{\sigma}(a \mid s)}{\partial \sigma} \tag{12.1}$$

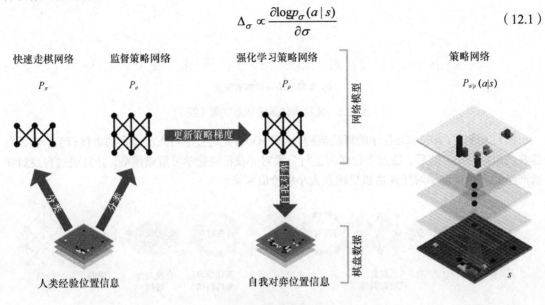

快速走棋网络　　　　监督策略网络　　　　强化学习策略网络　　　　　　　　　　策略网络

P_{π}　　　　　　　P_{σ}　　　　　　　P_{ρ}　　　　　　　　　　　$P_{\sigma/\rho}(a \mid s)$

更新策略梯度　　网络模型

自我对弈　棋盘数据

分类　　分类　　　自我对弈

人类经验位置信息　　　　　　自我对弈位置信息　　　　　　　　　　　　　　　　s

图12.7　策略网络

通过一个免费的围棋服务器（KGS）上3000万份棋局的训练后，p_{σ} 预测专家走棋的准确度达到了57%，超过同期的其他研究团队达到的最高精度44.4%。实验表明，哪怕是精确度的小幅提升，也能够带来棋力的大幅提升。

不可否认的是，更大规模的卷积神经网络能够带来更高精度的走棋预测，但不可避免地会降低算法的运行效率，进而拉低蒙特卡洛树搜索的评估速度。在实际的应用中，需要合理地平衡算法精度和运行速度。

2．快速走棋网络

虽然 p_{σ} 网络能够取得57%的专家走棋预测精度，但每步接近3ms的运算速度难以满足实际的蒙特卡洛树搜索中的策略随机（Rollout）需求，因此Silver等人基于小型模式特征训练了一个参数为π的线性分类器 $p_{\pi}(a \mid s)$。虽然该分类器的预测精确度（24.2%）远低于有监督策略网络 p_{σ}，但其运行速度却得到了大幅提升，选择一步棋的时间大概需要2μs，只有 p_{σ} 网络的1/1500，足以满足蒙特卡洛树搜索的搜索运行需求。

3．强化学习策略网络

为进一步提高策略网络的下棋能力，AlphaGo程序采用策略梯度强化学习方法训练新的策略网络 p_{ρ}，具体信息如下。

❑ **网络结构**：12层的卷积神经网络。

□ **训练数据**：自我对弈所产生的棋局用于训练。
□ **训练目标**：通过策略梯度强化学习方法最大化赢棋可能性。
□ **训练时间**：使用谷歌云在50个GPU上训练一周。
□ **网络效果**：与监督学习策略网络对弈的胜率为80%。

接下来对强化学习策略网络进行具体介绍。p_ρ 的网络结构与 p_σ 的网络结构一样，并直接采用 p_σ 的网络参数进行初始化，输出为给定棋局状态 s 下的棋盘各个位置的落子概率 $p_\rho(a \mid s)$。

需要注意的是，p_ρ 的学习目标是赢棋，而非最小化与人类走棋的差异。在强化学习的自我对弈过程中，使用奖励函数 $r(s)$ 对所有步骤的奖励进行计算。当处于非终止时间步 t 时（$t < T$），奖励值等于0；对弈结束时，终止奖励为 $z_t = \pm r(s_T)$，赢棋时为+1，输棋为−1。在每个时间步 t，权重同样采用随机梯度上升算法向着预期收益最大化的方向进行更新。

$$\Delta_\rho \propto \frac{\partial \log p_\rho(a_t \mid s_t)}{\partial \rho} z_t \qquad (12.2)$$

在实际评估中，强化学习策略网络对监督学习策略网络的胜率高于80%。与最强的开源围棋软件Pachi（采用随机的蒙特卡洛搜索程序）对弈，在没有使用任何搜索策略的情况下，强化学习策略网络的胜率达到了85%，这表明强化学习策略网络能够很好地对接下来的走棋行为进行决策。

12.2.2 价值网络

为了能够快速地预估棋局的输赢概率大小，Silver基于策略网络自我对弈产生的数据集，训练了一个价值网络（v_θ），如图12.8所示。

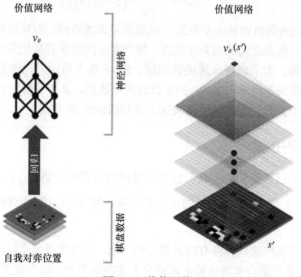

图12.8 价值网络

12

具体信息如下。

- ❑ **网络结构**：12层的卷积神经网络。
- ❑ **训练数据**：3000万盘自我对弈产生的棋局。
- ❑ **训练目标**：通过随机梯度下降算法最小化预测值与奖励值之间的差异。
- ❑ **训练时间**：使用谷歌云在50个GPU上训练一周。
- ❑ **网络效果**：远超快速走棋网络的预测精度。

接下来，对价值网络进行具体介绍。给定对弈策略p，从棋局状态s出发，快速预估最终的赢棋概率$v^p(s)$。

$$v^p(s) = \mathbb{E}[z_t \mid S_t = s, a_{t\ldots T} \sim p] \tag{12.3}$$

在理想情况下，当双方都采用最优策略时，能够获得最优的期望价值$v^*(s)$。但在现实中，最优策略是很难获得的。故而在实际应用中，Silver等人采用表现最好的强化学习策略函数p_ρ来计算棋局s的价值$v^{p_\rho}(s)$。接着，训练价值网络$v_\theta(s)$来逼近状态值函数。

$$v_\theta(s) \approx v^{p_\rho}(s) \approx v^*(s) \tag{12.4}$$

价值网络的模型结构与策略网络的模型结构类似，均采用12层的卷积神经网络。

其区别在于，策略网络输出的为棋盘上各个位置的落子概率（向量）；而价值网络输出的为一个单神经元的标量，表示赢棋的期望大小。通过〈状态-奖励〉对(s,z)来训练估值网络的权重，并使用随机梯度下降算法来最小化预测动作价值$v_\theta(s)$和相应的终止奖励z之间的差异。

$$\Delta\theta \propto \frac{\partial v_\theta(s)}{\partial\theta}(z - v_\theta(s)) \tag{12.5}$$

需要注意的是，从人类对弈的完整棋局中抽取足量训练数据，容易出现过拟合。其主要原因是同一轮棋局中的两个棋面之间的相关性很强，使得深度网络很容易记住棋面的最终结果，而对新棋面的泛化能力很弱。为了较好地解决该问题，Silver等人通过强化学习策略网络的自我对弈产生3000万个从不同棋局中提取出来的(s,z)组合的训练数据。基于该数据训练出的价值网络，在人类对弈结果的预测中，远远超过了使用快速走棋网络的预测准确度。

12.2.3　蒙特卡洛树搜索

到目前为止，我们已获得精确度高但速度较慢的监督策略网络(p_σ)、速度快但精度有待提升的快速走棋网络(p_π)、以赢棋为目标的强化学习策略网络(p_ρ)和能对棋局进行综合评估的价值网络(v_θ)。

接下来需要考虑如何将这些网络有机地整合到一起，以获得棋力卓越的围棋程序。与之前的工作类似，Silver等人采用蒙特卡洛树搜索来结合上述网络模型，以实现下棋过程中的策略决策。

蒙特卡洛树搜索每一轮模拟一般包含4个步骤：选择、扩展、评估和回溯。与传统的蒙特卡洛树搜索大同小异，如图12.9所示。接下来，分别介绍AlphaGo算法中蒙特卡洛树搜索的4个步骤的具体细节。

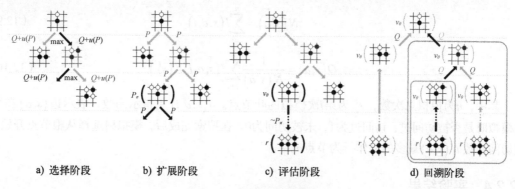

图12.9 蒙特卡洛树搜索

1. 选择

搜索树的每条边 (s,a) 都包含3个状态：动作状态价值 $Q(s,a)$、访问计数 $N(s,a)$ 和先验概率 $P(s,a)$。从搜索树的根节点开始，综合这3个值来模拟遍历。在具体的动作行为筛选中，根据下式来衡量各个动作行为选择的可能性。

$$A_t = \underset{a}{\arg\max}\left(Q(S_t,a)+u(S_t,a)\right) \qquad (12.6)$$

从所有的动作中选择最大的动作状态估值，同时附加一个额外的奖励函数 $u(S_t,a)$。该奖励函数正比于先验概率，而与重复访问次数 $N(s,a)$ 成反比，主要目的在于平衡"探索"和"利用"。

$$u(s,a) \sim \frac{P(s,a)}{1+N(s,a)} \qquad (12.7)$$

2. 扩展

节点选择会终止于搜索树的叶子节点，当抵达叶子节点时，需要对叶子节点进行扩展。具体而言，在抵达叶子节点L时，此时对应的棋局状态为 s_L。执行一次监督策略网络 p_σ 的前馈计算，获得每一个合法动作a的先验概率 $P(s,a)=p_\sigma(a\,|\,s)$，并将该概率存贮在相应的状态动作对 (s,a) 上。

3. 评估

叶节点的评估方式有两种：通过价值网络 $v_\theta(s_L)$ 计算当前节点棋局状态的输赢概率大小；通过快速走棋网络 p_π 随机走棋到达终止时间步T，并将获得的终止奖励 z_L 作为评估值。将价值 $v_\theta(s_L)$ 和终止奖励 z_L 结合在一起，获得该叶节点的评估函数 $V(s_L)$。

$$V(s_L)=(1-\lambda)v_\theta(s_L)+\lambda z_L \qquad (12.8)$$

其中，混合参数 λ 用来平衡两者的贡献比重。

12

4．回溯

最后，更新所有被访问过的边的状态上动作估值和访问次数。

$$N(s,a) = \sum_{i=1}^{n} l(s,a,i) \tag{12.9}$$

$$Q(s,a) = \frac{1}{N(s,a)} \sum_{i=1}^{n} l(s,a,i) V(s_L^i) \tag{12.10}$$

其中，n 为模拟总次数，s_L^i 为第 i 次模拟的叶节点。$l(s,a,i)$ 是指示函数，表示边 (s,a) 在第 i 次模拟时是否被访问过，访问过为 1，未被访问为 0。在搜索完成后，模拟树选择从根节点开始的被访问次数 $N(s,a)$ 最多的动作行为节点 a。

12.2.4　实验结果

在最终的实现版本上，AlphaGo 使用了 40 个搜索线程、48 个 CPU 和 8 个 GPU。AlphaGo 的具体实验结果如图 12.10 所示。由图 12.10a 可知，AlphaGo 的棋力远大于现有的围棋程序，如 Zen 和 Crazy Stone。除了赢取当前的围棋程序之外，AlphaGo 还战胜了当今最为顶尖的人类围棋职业选手，如欧洲冠军樊麾和世界冠军李世石。

除了评估 AlphaGo 的棋力之外，Silver 等人还综合评估了 AlphaGo 各个子模块的棋力大小，如图 12.10b 所示。由图可知，即使不使用快速走棋网络，AlphaGo 的性能依然超越了其他围棋程序，表明了价值网络的有效性。而当价值网络和快速走棋网络联合使用时，AlphaGo 的棋力达到最高，表明了两者之间存在强烈的互补作用，可以大幅度地提高 AlphaGo 围棋程序的棋力。

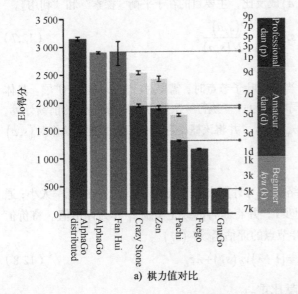

a）棋力值对比

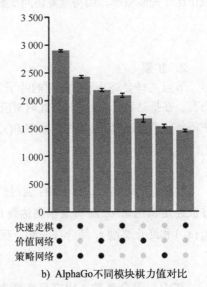

b）AlphaGo 不同模块棋力值对比

图 12.10　AlphaGo 实验结果

虽然AlphaGo已经取得了令人瞩目的比赛成绩，但仍然有可改进的空间，比如资源消耗过大、依赖于人类专家知识等。而DeepMind团队在AlphaGo的基础上继续前行，开发出了模型更为简洁但棋力更强的AlphaGo Zero。接下来对AlphaGo Zero的算法细节以及与AlphaGo的差异进行详细介绍。

12.3 AlphaGo Zero 算法详解

相比于AlphaGo初期版本，AlphaGo Zero有了很多新的突破。其中最为重要的是，AlphaGo Zero完全从零开始，无须任何人类专家棋谱数据，直接采用自我对弈的方式来提升自己的棋力，也就是"无师自通"。论文[Silver et al. 2016]披露AlphaGo Zero程序通过3天的自我训练学习，其棋力可轻松超越AlphaGo Lee版本；通过不到30天的自我训练学习，便可以超越AlphaGo Master。

除此之外，AlphaGo Zero所需要的计算资源远远小于早期的AlphaGo版本，可以直接运行在单台计算机上。是什么导致AlphaGo Zero有如此卓越的性能，是一个非常值得深入研究的问题。接下来，通过DeepMind提供的论文和相关细节来学习AlphaGo Zero背后的算法原理。

12.3.1 问题定义

与初期AlphaGo版本类似，AlphaGo Zero同样将围棋走棋过程当作策略选择的问题：给定当前棋盘状态向量s（黑子、白子和无子3种），选择下一步的走棋行为a。即任意给定一个棋盘状态，智能体寻找最优的走棋策略，使得最终赢棋的可能性最大。

12.3.2 联合网络

在AlphaGo版本中，策略网络与价值网络是分开单独训练的，通过监督学习和强化学习分别获得相应的策略网络模型参数和价值网络模型参数。这在无形之中增加了网络的复杂度，并需要消耗更多的计算资源。

新版的AlphaGo Zero将策略网络与价值网络合二为一（简称为**联合网络**）。仅使用一个深度神经网络结构f_θ，但是有两套输出，分别为362维的走棋概率和一个输赢评估值标量（位于[-1,1]之间）。下面来具体介绍联合网络的组成。

- ❑ **网络输入**：当前的棋盘状态s为$19 \times 19 \times 17$，其中每一个状态的取值为0或1。17维主要由8个黑子落子记录，8个白子落子以及一个表示当前走棋方的状态（0表示白子，1表示黑子）。

- ❑ **网络输出**：网络的输出包含两部分（$f_\theta(s) = (p, v)$），分别为走棋概率p（362个输出值），由361个棋盘落子位置概率和1个是否认输的概率组成；一个输赢标量评估值v（位于[-1,1]之间），主要用来评估当前棋面的输赢概率。

- ❑ **网络结构**：阶段1的AlphaGo版本所采用的主神经网络结构为12层的卷积神经网络，而在AlphaGo Zero版本中采用的是近年来在计算机视觉领域表现非常优异的残差网络

（ResNet），其包含20或40个残差模块。同时，加入批量归一化[Ioffe et al.2015]和非线性整流器模块[Hahnloser et al.2000]，使得深度神经网络具有更强的表征和预测能力。

12.3.3　强化学习过程

在AlphaGo Zero中，采用了新的强化学习方法进行自我对弈以提升程序的棋力。给定棋局状态s，在每个状态位置利用联合网络f_θ的输出作为蒙特卡洛树搜索的参考，最终获得当前状态s下的后续每个位置的动作概率值$\pi(a|s)$。

需要说明的是，虽然联合网络f_θ也能输出相应的落子概率p，但通过结合联合网络f_θ的输出值(p,v)的蒙特卡洛树搜索而获得的落子概率π，会使得预测和评估效果更强。该阶段可被视为强化学习中的策略改进过程。随后，利用基于蒙特卡洛树搜索提升后的走棋策略来走棋，用围棋程序自我对弈的最终输赢结果z作为参考，以评估策略的质量。该阶段为强化学习中典型的策略评估过程。最后，利用策略改进和策略评估的相应步骤，完成通用的策略迭代算法来更新神经网络的参数θ，使得神经网络的输出值(p,v)更加趋向于能赢棋的走棋方式。即最大化p与π的相似度，最小化预测的棋面评估值与最终奖励值z的差距来更新网络参数θ，具体的优化目标函数为：

$$l = (z-v)^2 - \pi_t \log(p) + c\|\theta\|^2 \tag{12.11}$$

其中，c是θ二范数的正则化系数，防止过拟合。在下一轮迭代过程中，采用上一轮学习出的新的θ来进行自我对弈。

通用策略迭代算法

(1)开始：从策略π_0开始行动。

(2)策略评估：计算策略π_0的价值$v(\pi_0)$。

(3)策略改善：根据价值$v(\pi_0)$，改进策略，以获得$v(\pi_1)$。

(4)迭代：通过迭代策略评估和策略改善，直到获得最优策略价值v^*，进而得到最优策略解π^*。

图12.11直观地展示了强化学习框架，其中上面部分表示自我对弈过程，$(S_1, S_2, \cdots, S_T)$为AlphaGo Zero自我对弈过程中的围棋状态序列。在位置S_t，利用最新联合网络f_θ输出当前状态下的落子概率p和输赢概率v，随后智能体根据蒙特卡洛树搜索获得动作概率π_t进行走棋。当达到终局s_T时，根据围棋规则计算奖励值z。图12.11下面部分表示AlphaGo Zero的神经网络训练过程（即参数θ的更新过程），使用原始落子状态作为输入，获得该棋盘状态下的选手赢棋可能性以及下一步所有落子位置的概率大小。与早期的AlphaGo的策略和价值网络分开不同，在AlphaGo Zero程序里面将策略网络和价值网络合二为一，共用一套网络结构（ResNet），通过式（12.11）优化目标，有效地降低了模型的复杂度和计算资源需求。

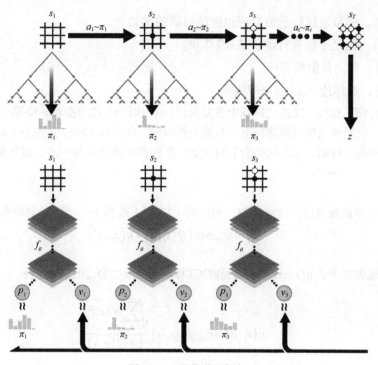

图12.11 强化学习框架

12.3.4 蒙特卡洛树搜索

接下来介绍AlphaGo Zero的蒙特卡洛树搜索算法。相比于早期AlphaGo版本中所使用的蒙特卡洛树搜索算法，新版的蒙特卡洛树搜索算法更为简洁、高效，具体如图12.12所示。

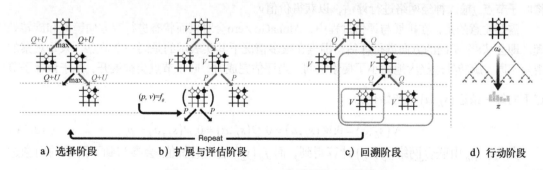

a）选择阶段　　　　b）扩展与评估阶段　　　　c）回溯阶段　　　　d）行动阶段

图12.12 AlphaGo Zero中的蒙特卡洛树搜索

基于当前棋盘状态s，其所有可能的落子行为为a。状态-动作对(s,a)在搜索树上为树中的一条边，每条边上存储4个值。

- $N(s,a)$，模拟走到叶子节点该边被访问到的次数。
- $W(s,a)$，路径上所有行动价值v的总和。
- $Q(s,a)$，行动价值的均值。
- $P(s,a)$，选择边(s,a)的先验概率。

据原论文介绍，在每一次迭代过程中重复执行1 600次图12.12的步骤a~步骤c，进而得出走棋动作的概率π，根据该动作概率选择下一步的走棋策略。在图12.12中，主要分为4个步骤：选择、扩展与评价、回溯、行动。与之前略为不同的是，扩展和评价被合为一步，而之前版本是分开进行的。

1. 选择

选择步骤与早期版本选择过程类似，利用式（12.12）选择下一步的行动动作。

$$a_t = \underset{a}{\operatorname{argmax}}\left(Q(s_t,a)+u(s_t,a)\right) \tag{12.12}$$

不一样的地方在于，$u(s_t,a)$采用的是PUCT算法[Rosin C. D. 2011]的变种。

$$u(s_t,a)=c_{puct}P(s,a)\frac{\sqrt{\sum_b N(s,b)}}{1+N(s,a)} \tag{12.13}$$

其中，c_{puct}为常数，由高斯过程[Shahriari et al. 2015]优化来确定，可以保证每条边都有被选择的可能。该搜索策略能够使得落子选择一开始趋向于高先验概率和低访问次数的边，但随着访问次数的增多，会更加倾向于选择有着高行动价值的落子行为。

2. 扩展与评估

与前代蒙特卡洛树搜索不同的是，AlphaGo Zero的扩展与评估会放到一起进行处理，也就是将叶子节点s_L输入神经网络进行评估，以获得价值v。

需要注意的是，在扩展与评估过程中，AlphaGo Zero会对棋面状态进行双方向镜面和旋转处理。即会从8个不同的方向进行评估，围棋在很多情况下其实表示的是同一个节点，只是观察的视角不同，旋转处理极大地缩小了搜索空间。当评估完成时，叶子节点会被展开，基于该叶子节点下的每一条边(s_L,a)被初始化为：

$$N(s_L,a)=0; W(s_L,a)=0; Q(s_L,a)=0; P(s_L,a)=p_a \tag{12.14}$$

其中，p_a由联合网络$f_\theta(s_L)$计算得到，而$f_\theta(s_L)$输出的价值v会参与到下阶段的回溯过程中。

3. 回溯

由扩展到叶子节点的路线进行回溯，并将边的信息按照式（12.15）进行同步更新。

$$N(s_t,a_t)=N(s_t,a_t)+1$$

$$W(s_t, a_t) = W(s_t, a_t) + v \qquad (12.15)$$
$$Q(s_t, a_t) = \frac{W(s_t, a_t)}{N(s_t, a_t)}$$

4．行动

重复选择、扩展与评估、回溯1600次，大约需要花费0.4秒。重复迭代之后，AlphaGo Zero按照式（12.16）从棋盘状态 s_0 选择第一步动作 a_0 来进行走棋。

$$\pi(a \mid s_0) = \frac{N(s_0, a)^{\frac{1}{\tau}}}{\sum_b N(s_0, b)^{\frac{1}{\tau}}} \qquad (12.16)$$

式（12.16）表明动作选择的概率与该边被访问的次数成幂指数正比关系。其中，τ 为用来控制探索等级的温度常数。当温度较高时，走棋行为的分布会更加均匀，此时走棋的多样性会更强，更偏向于**探索**；当温度较低时，走棋行为的分布会比较尖锐，此时的走棋会更加侧重于带来收益最大的走棋行为，也就是更偏向于利用。

需要额外说明的是，如果根节点的评价值和最优子节点的评价值都低于给定的阈值，此时AlphaGo Zero会投子认输。

综上所述，新版的蒙特卡洛搜索树与前代相比，不需要使用快速走棋网络，只使用一个联合的深度神经网络即可。同时，每一次蒙特卡洛树搜索的搜索线程需要等到神经网络评估完之后才会进行下一步，而之前版本的评估和回溯是可以分开进行的。

12.3.5　实验结果

在论文[Silver et al. 2016]中，作者一开始使用完全随机的落子方式训练AlphaGo Zero 3天。训练过程中产生了490万场自我对弈数据，训练的结果如图12.13所示。由图可知，AlphaGo Zero的棋力增长趋势比较平滑，表明模型的稳定性较好。图12.13a表明在训练24小时之后，不借助人工知识的强化学习方案就超越了通过模仿人类下棋的监督学习方法。

相比于前代的版本，AlphaGo Zero的创新是将策略网络和价值网络合二为一，接下来观察这样的改进对最终的结果究竟有多大提升。图12.14给出了AlphaGo Zero和AlphaGo Lee的网络结构对比。其中，dual-res表示AlphaGo Zero版本，sep-res表示策略网络和价值网络分开且使用的是20个残差网络的版本，dual-conv表示采用普通卷积神经网络的AlphaGo Zero版本，sep-conv为AlphaGo Lee版本。从图中可知，将策略网络和价值网络合二为一以及采用残差网络都能较大幅度地提升围棋程序的水平和能力。

最后，来看AlphaGo Zero在实际比赛中的成绩情况。终版的AlphaGo Zero使用了40个残差网络，训练时间约为40天。在自我对弈的过程中，产生了2900万盘的自我对弈棋谱。共使用4个TPU，在单机上运行。而AlphaGo Lee和AlphaGo Fan是被部署到分布式集群进行运算的，总共有176个

12

CPU和48个GPU。图12.14给出了不同版本的AlphaGo棋力,以及随着训练时间的增长AlphaGo Zero的棋力增长趋势。由图12.14a可知,AlphaGo Zero在不到30天的训练时间里,就轻松超过了AlphaGo Lee和AlphaGo Master,并且远远强于其他的围棋程序,如Crazy Stone和Pachi。

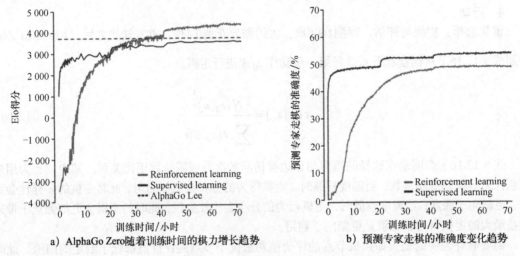

a) AlphaGo Zero随着训练时间的棋力增长趋势　　　b) 预测专家走棋的准确度变化趋势

图12.13　AlphaGo Zero训练结果

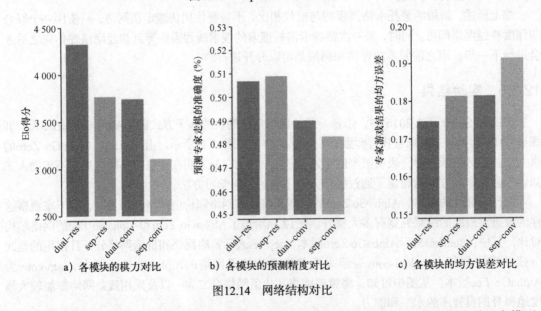

a) 各模块的棋力对比　　　b) 各模块的预测精度对比　　　c) 各模块的均方误差对比

图12.14　网络结构对比

通过上述实验可知,AlphaGo Zero在网络结构上的创新,即采用ResNet作为深度学习主模型、策略网络和价值网络合二为一、更简洁的蒙特卡洛树搜索过程,有力地提升了围棋程序的棋力和性能,也为进一步探索更加简洁、优美的深度强化学习模型指明了方向。

12.4　思考

近年来，深度强化学习在感知决策领域的落地，尤其是在游戏、自动驾驶和围棋领域所取得的重大成就，大大提升了深度强化学习的应用范围。尤为重要的是，吸引了越来越多的研究者投入深度强化学习领域，为解决深度强化学习理论和实践上的不足与瓶颈带来了更多可能。

从1956年的达特茅斯会议开始，人工智能领域的发展起起伏伏。到今天，随着计算力的提升、深度学习的成熟，计算机的智能化水平达到了一个新的阶段。但不可否认的是，目前的人工智能还属于专一型的人工智能，只能用来解决特定的问题，难以迁移和扩展，通用性还有待提升。人工智能的下一步该如何发展，我想AlphaGo的发展历程可以为我们带来一定的启发。

2016年，AlphaGo Fan，取得了超乎公众想象的对弈成绩，是第一个赢了人类最为顶尖围棋职业选手的围棋程序。虽然AlphaGo Fan所用到的技术都不是独创的，但它却是将深度学习、强化学习和蒙特卡洛树搜索融合得最为巧妙、最为优美的围棋程序。这也在一定程度表明，哪怕难如围棋这样的决策求解问题，都能利用已有的技术进行解决。虽然AlphaGo Fan的效果如此卓越，但这并不代表它就是完美无缺的，它依然存在着一定的不足，如依赖于人类专家棋谱知识、模型不够简洁、需要大量的计算资源等。而这些不足都一定程度上束缚了AlphaGo Fan的应用范围，使其只能成为博物馆的观赏品，而无法满足大众的实际需求。

幸运的是，DeepMind团队并没有止步于AlphaGo Fan所取得的成绩，而是继续前行，又推出了棋力更强的AlphaGo Master，轻松赢取了AlphaGo Lee和柯洁。紧接着推出的AlphaGo Zero，完全打破了人类的固有认知，大大超出了人们的想象与期待。AlphaGo Zero可以在不使用任何人类专家棋谱知识的前提下，用更简洁的网络结构、更少的计算资源，完全从零开始自我学习，只用3天左右的训练时间就轻松超过了当今人类最顶尖的围棋高手，让人叹为观止。

AlphaGo的成功让我们看到，深度强化学习的能力如此强大。而目前还只是开始，相信随着越来越多的人关注深度强化学习，该技术能够解决的问题将会更多。AlphaGo的成功也给人们带来了一定程度的不安和危机感，各种"人工智能威胁论"一时甚嚣尘上。很多时候，质疑与不安都来源于未知。相信通过本章对AlphaGo各个版本背后的设计思想和算法原理的深度剖析，读者可以更好地了解深度强化学习和人工智能的发展现状。

12.5　小结

本章主要介绍了AlphaGo的发展历程，以及AlphaGo和AlphaGo Zero背后的设计思想和算法原理，主要知识点如下。

❑ AlphaGo程序主要技术：深度学习、强化学习和蒙特卡洛树搜索。

❑ AlphaGo各阶段典型代表：AlphaGo Fan、AlphaGo Lee、AlphaGo Master和AlphaGo Zero。

❑ AlphaGo主要组成：策略网络、价值网络和蒙特卡洛树搜索。

❑ AlphaGo Zero主要组成：结合策略网络与价值网络的联合网络，简洁版的蒙特卡洛树搜索。

□ AlphaGo Zero 与早期 AlphaGo 的主要区别：在进行围棋状态构建时舍弃围棋领域知识；策略网络和价值网络合二为一；深度学习主网络模型架构采用残差网络（ResNet）；蒙特卡洛树搜索更为简洁；完全摒弃人类专家的棋谱知识，直接从零开始进行自我对弈与学习。

附录部分

激活函数

如图A-1a所示，激活函数的位置位于神经网络模型中的连接线上。其中，图A-1a为单个神经元模型，激活函数用 f 表示；图A-1b为神经网络的第 l 层和第 $l+1$ 层，每个圆圈表示一个激活函数。对于神经网络模型，连接线主要包括输入矩阵与权值矩阵相乘的过程，以及激活函数对数据进行激活的过程。

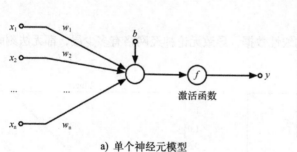

a) 单个神经元模型

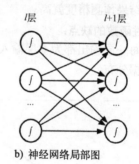

b) 神经网络局部图

图A-1 激活函数

激活函数的一般性质如下。

□ **单调可微**

一般情况下，使用梯度下降算法更新神经网络中的参数时，要求激活函数单调可微。原因是当函数单调时，网络层输出参数随着输入参数递增而递增，反之亦然，从而便于计算。此外，单调性能够保证单层网络模型是凸函数，从而对网络参数进行优化求解。

□ **限制输出值的范围**

神经元上激活函数对输入数据进行计算以确定输出数值的大小，该输出数值为一个非线性值。尤为重要的是，激活函数能够将输出数值限定在特定范围内，便于后续的运算与处理。

□ **非线性**

由于线性模型表达能力不足（从数据输入到与权值求和加偏置，为线性函数执行权重与输入数据加权求和的过程，如 $z = WX + b$ ），因此引入激活函数以拓展神经网络模型非线性计算的能力。

显而易见，没有激活函数的神经网络为一个线性回归模型，无法刻画复杂的数据分布。而在

A

神经网络中引入激活函数后，相当于为神经网络增加了非线性计算因子，使得神经网络能够刻画复杂的非线性数据分布。

选择不同的激活函数对神经网络的训练和预测有着不同程度的影响。下面阐述神经网络中常用的激活函数及其优缺点。

1. 线性函数

线性函数（见图A-2）为最基本的激活函数，其变量与自变量之间有直接的比例关系，因此线性变换类似于线性回归。实际上，在神经网络中使用线性激活函数，意味着节点通过数据信号与单层神经网络进行线性运算。

线性函数的表达式如下。

$$f(x) = ax + b \tag{A.1}$$

线性函数的优点：

- ❑ 实现简单，计算量小且计算速度快；
- ❑ 由线性函数组成的单层神经网络，等同于回归模型，只要采用的模型和数据相同，计算结果预测精度就高。

线性函数的缺点：

- ❑ 每一层输出都为上层输入的线性数据，导致无论神经网络有多少层，都无法刻画复杂数据分布。

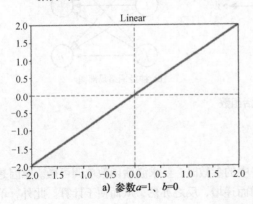
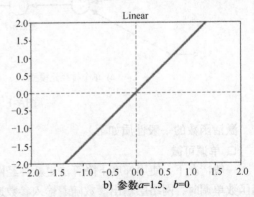

a) 参数a=1、b=0   b) 参数a=1.5、b=0

图A-2   线性函数

2. Sigmoid函数

Sigmoid函数（见图A-3）是一种能够在不删除数据的情况下，减少数据极值或异常值对运算结果带来负面影响的函数。在具体的运算过程中，Sigmoid激活函数为每个输出信号量提供独立的概率分布。

Sigmoid函数的表达式如下。

$$s(x) = \frac{1}{1 + e^{-ax}} \tag{A.2}$$

Sigmoid函数的优点：

☐ Sigmoid函数单调连续，且输出范围有限制（0~1），性能稳定；
☐ 输出值为独立概率，可用在输出层；
☐ 易于求导。

Sigmoid函数的缺点：

☐ Sigmoid函数易饱和，导致训练结果不佳；
☐ 由于输出数据并非零均值，导致数据存在偏差、分布不均衡等问题。

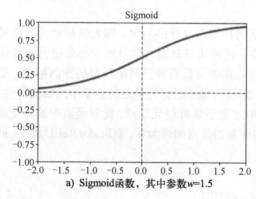 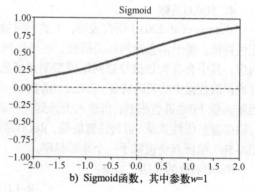

a) Sigmoid函数，其中参数w=1.5   b) Sigmoid函数，其中参数w=1

图A-3　Sigmoid函数

3. 双曲正切函数

双曲正切函数（见图A-4）与Sigmoid函数类似，二者的区别在于双曲正切函数的输出范围为-1~1，而非Sigmoid函数的0~1，因此双曲正切函数可以更容易地处理负数。同时，由于双曲正切函数拥有零均值的特性，解决了Sigmoid函数非零均值的缺点，使得在实际应用中双曲正切函数比Sigmoid函数更为常用。

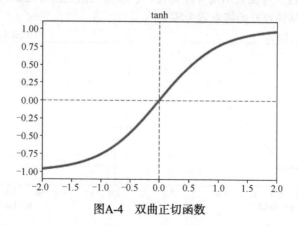

图A-4　双曲正切函数

双曲正切函数的表达式如下。

$$\tanh\left(x\right)=\frac{\sinh\left(x\right)}{\cosh\left(x\right)}=\frac{\mathrm{e}^x-\mathrm{e}^{-x}}{\mathrm{e}^x+\mathrm{e}^{-x}} \tag{A.3}$$

双曲正切函数的优点：

❑ 双曲正切函数比Sigmoid函数收敛速度更快，易于训练；

❑ 输出数据以零为中心，数据分布均衡。

双曲正切函数的缺点：

❑ 与Sigmoid函数类似，双曲正切函数同样由于饱和性而在训练过程中会引起梯度消失问题。

4．ReLU函数

（Lennie et al. 2003）研究表明，大脑同时被激活的神经元只有1%~4%，即大脑神经元具有稀疏性特征。基于信息论的相关研究，在神经网络中，神经元只对输入信号的少部分进行选择性响应，其中会有大量信号被网络模型刻意屏蔽。好处在于可提高神经网络模型的预测精度，更好地提取数据中的稀疏特征。而ReLU函数（如图A-5所示）能够很好地满足仿生学中的稀疏特性：当输入低于0时进行限制，当输入上升到某一阈值时才激活该神经元节点，此时函数中的自变量与因变量呈线性关系。值得注意的是，ReLU函数将所有的负值都设为零，而Leaky ReLU函数（见图A-5b）给所有负值赋予一个非零斜率。

ReLU函数的表达式如下。

$$\mathrm{ReLU}\left(x\right)=\max\left(0,x\right) \tag{A.4}$$

ReLU函数的优点：

❑ 相比Sigmoid函数和双曲正切函数，ReLU函数在随机梯度下降算法中能够更快地收敛；

❑ ReLU函数的梯度为0或常数，因此可以有效缓解梯度消散问题；

❑ ReLU函数引入稀疏激活性，在无监督预训练时也能有较好的表现。

ReLU函数的缺点：

❑ 随着训练的进行，可能会出现神经元死亡、权重无法更新等现象，出现上述情况时流经神经元的梯度从该点开始将永远为零。

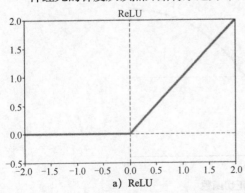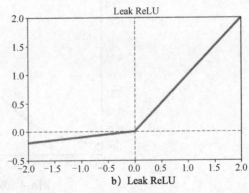

图A-5　ReLU函数

5. Softmax函数

Softmax函数的本质是将一个K维的任意实数向量压缩（映射）成另一个K维的实数向量。其中，向量的每个元素取值位于0~1。

实际上，Softmax为逻辑回归（Logistic Regression，LR）推广，逻辑回归用于处理二分类问题，其推广Softmax回归可用于处理多分类问题。在数学上，Softmax函数（见图A-6）返回输出的互斥概率分布，因此通常把Softmax作为输出层的激活函数。

Softmax函数的表达式如下。

$$\text{softmax}\left(x_j\right) = \frac{\mathrm{e}^{x_j}}{\sum\limits_{k=1}^{K}\mathrm{e}^{x_k}} \tag{A.5}$$

Softmax函数的优点：

- 与Sigmoid函数相比，Softmax函数将k维向量映射到区间[0,1]，并且神经元输出值之和为1，因此k维向量中每个元素等同于概率值，根据该概率值的大小可完成多分类任务；
- 输出值为概率分布，可用在输出层。

Softmax函数的缺点：

- Softmax激活函数的分类性质导致最后的输出为概率分布向量，难以用在神经网络模型的隐层；
- 输出数据并非零均值，导致数据存在偏差、分布不均衡等问题；
- Softmax激活函数会引入梯度消散问题。

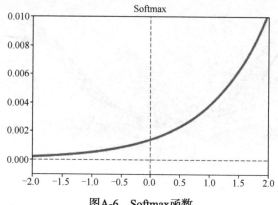

图A-6　Softmax函数

附录 B

损失函数

机器学习中的监督学习方法都会有一个目标函数（Objective Function），算法对该目标函数进行优化，称为算法优化过程。例如，在分类或者回归任务中，使用损失函数（Loss Function）作为算法的目标函数。

不同的损失函数在梯度下降过程中的收敛速度和性能不尽相同。如图B-1所示，均方误差损失函数收敛速度慢，可能会陷入局部最优解；而交叉熵损失函数的收敛速度快于均方误差，且较为容易找到函数最优解。针对自定义的神经网络模型，神经网络的输出结果包括分类和回归问题，损失函数模型会变得更加复杂。因此，了解损失函数的类型并掌握损失函数的使用技巧，将有助于加深对深度学习的认识。

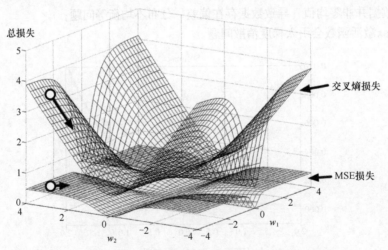

图B-1 均方误差损失函数和交叉熵损失函数对比曲线图

1. 损失函数定义

在神经网络中，损失函数用于评价网络模型输出的预测值 $\hat{Y} = f(X)$ 与真实值 Y 之间的差异。采用 $L(Y, \hat{Y})$ 来表示损失函数，损失函数一般属于非负实值函数。损失值越小，网络模型的性能越好，因此优化算法的目标是让损失函数的值尽可能小。

假设网络模型有 N 个样本，样本的输入和输出向量为 $(\boldsymbol{X}, \boldsymbol{Y}) = (x_i, y_i), i \in [1, N]$，总损失函数 $L(\boldsymbol{Y}, \hat{\boldsymbol{Y}})$ 为每一个输出预测值与真实值的误差总和。

$$L(\boldsymbol{Y}, \hat{\boldsymbol{Y}}) = \sum_{i=0}^{N} l(y_i, \hat{y}_i) \qquad (\text{B.1})$$

需要注意的是，机器学习任务主要分为回归任务和分类任务两种。

- ❑ **回归任务**：输入的是连续数据，目的是找到最优的拟合方法，如预测明天的气温度数属于回归任务。
- ❑ **分类任务**：输入的是离散数据，目的是寻找决策边界，对输入的数据进行有效的分类，如预测明天是雨天还是晴天为分类任务。

对分类模型和回归模型进行评估时会使用不同的损失函数。下面将分别对回归模型和分类模型的损失函数进行详细介绍。

2. 回归损失函数

回归损失函数主要有均方误差损失函数、平均绝对误差损失函数、均方误差对数损失函数、平均绝对百分比误差损失函数等4种。

（1）均方误差损失函数

在线性回归中，常用均方误差（Mean Squared Error Loss，MSE）作为损失函数，均方误差损失函数的定义如下。

$$\text{loss}(\boldsymbol{Y}, \hat{\boldsymbol{Y}}) = \frac{1}{N} \sum_{i=1}^{N} (\hat{y}_i - y_i)^2 \qquad (\text{B.2})$$

实际上，均方误差损失函数的计算公式可以看作欧式距离的计算公式。欧式距离的计算简单、方便，而且是一种很好的相似性度量标准，因此通常使用均方误差损失函数作为算法基准衡量指标。

另外，由于均方误差损失函数对异常值较为敏感，平方操作会放大异常值，于是研究者相继提出了平均绝对误差损失、均方误差对数损失、平均绝对百分比误差损失等损失函数以避免该问题。

（2）平均绝对误差损失函数

平均绝对误差损失（Mean Absolute Error Loss，MAE），是对数据的绝对误差求平均，具体定义如下。

$$\text{loss}(\boldsymbol{Y}, \hat{\boldsymbol{Y}}) = \frac{1}{N} \sum_{i=1}^{N} |\hat{y}_i - y_i| \qquad (\text{B.3})$$

（3）均方误差对数损失函数

均方误差对数损失（Mean Squared Log Error Loss，MSLE）的定义如下。

$$\text{loss}(\boldsymbol{Y}, \hat{\boldsymbol{Y}}) = \frac{1}{N} \sum_{i=1}^{N} (\log \hat{y}_i - \log y_i)^2 \qquad (\text{B.4})$$

B

需要注意的是，均方误差对数损失函数的实现代码中涉及对数计算，为了避免出现log0，通常在计算时加入一个很小的常数 $\varepsilon = 10^{-6}$ 作为计算补偿。

（4）平均绝对百分比误差损失函数

平均绝对百分比误差损失（Mean Absolute Percentage Error Loss，MAPE）的定义如下。

$$\text{loss}\left(Y, \hat{Y}\right) = \frac{1}{N} \sum_{i=1}^{N} \frac{100 \times |\hat{y}_i - y_i|}{y_i} \tag{B.5}$$

尽管针对回归模型的损失函数有多种，但均方误差损失函数仍然是使用最为广泛的回归损失函数。在大部分情况下，均方误差有着较好的表现，因此也被用作损失函数的基本衡量指标。均方误差损失函数不能有效地惩罚异常值，如果数据异常值较多，需要考虑使用平均绝对误差损失作为损失函数。一般而言，为了减少数据中的异常值，可先对数据进行预处理。

均方误差对数损失与均方误差的计算过程类似，多了对每个输出数据进行对数计算，目的是缩小函数输出的范围值。平均绝对百分比误差损失则计算预测值与真实值的相对误差。实际上，均方误差对数损失与平均绝对百分比误差损失主要用来处理大范围数据（如$[-10^5, 10^5]$）。

在神经网络中，常把输入数据归一化到一个合理范围（如$[-1, 1]$），随后再使用均方误差或者平均绝对误差损失来计算损失。

3. 分类损失函数

常见的分类损失函数有Logistic损失函数、负对数似然损失函数、交叉熵损失函数、Hinge损失函数以及指数损失函数等5种，具体介绍如下。

（1）Logistic损失函数

神经网络中涉及多分类问题时常用Logistic损失函数，为每一个分类产生一个有效的概率。在实际应用中，为了使得某一分类概率最大，引入最大似然估计函数。在最大似然估计函数中，定义一个损失函数为：

$$\text{Loss}(Y, P(Y \mid X)) \tag{B.6}$$

式（B.6）表示样本X在分类Y的情况下，使概率$P(Y \mid X)$达到最大值。即利用已知样本X分布，找到最有可能的参数，使样本X属于Y的概率$P(Y \mid X)$最大。

假设二分类有$P(Y = 1 \mid X) = Y$、$P(Y = 0 \mid X) = 1 - Y$，则对于多分类有：

$$P(Y \mid X) = \hat{y}_i^{\,y_i} \times \left(1 - \hat{y}_i\right)^{1 - y_i} \tag{B.7}$$

对式（B.7）取似然函数，得到Logistic损失函数为：

$$\text{loss}\left(Y, \hat{Y}\right) = \prod_{i=0}^{N} \hat{y}_i^{\,y_i} \times \left(1 - \hat{y}_i\right)^{1 - y_i} \tag{B.8}$$

（2）负对数似然损失函数

为了方便数学运算，处理概率乘积时通常把最大似然函数转化为概率的对数，进而把最大似然函数中的连乘转化为求和。最后，Logistic损失函数变成了常见的负对数似然函数（Negative Log Likelihood Loss）。

$$\text{loss}\left(\boldsymbol{Y},\hat{\boldsymbol{Y}}\right) = -\sum_{i=0}^{N} y_i \times \log \hat{y}_i + \left(1-y_i\right) \times \log\left(1-\hat{y}_i\right) \tag{B.9}$$

式（B.9）加入负号的目的是最大化概率 $P(\boldsymbol{Y}\,|\,\boldsymbol{X})$，即等价于寻找最小损失。

（3）交叉熵损失函数

Logistic损失函数和负对数似然损失函数都只能处理二分类问题，为了从两个类别扩展到 M 个类别，于是有了交叉熵损失函数（Cross Entropy Loss）。

$$\text{loss}\left(\boldsymbol{Y},\hat{\boldsymbol{Y}}\right) = -\sum_{i=1}^{N}\sum_{j=1}^{M} y_{ij} \times \log \hat{y}_{ij} \tag{B.10}$$

（4）Hinge损失函数

运用Hinge损失的典型分类器是SVM算法，Hinge损失的最大优势是可以解决间隔最大化问题。当分类模型需要硬分类结果时，例如分类结果是0或1、-1或1的二分类数据，Hinge损失无疑是最好的选择。

Hinge损失函数的定义如下。

$$\text{loss}\left(\boldsymbol{Y},\hat{\boldsymbol{Y}}\right) = \frac{1}{N}\sum_{i=1}^{N}\max\left(0, 1-\hat{y}_i \times y_i\right) \tag{B.11}$$

（5）指数损失函数

指数损失函数具有良好的可计算性和更新权重分布时形式简单等优点，能够很好地应用于需要损失函数形式简单但性能较好的分类器算法中，如AdaBoost算法。

指数损失函数的定义如下。

$$\text{loss}\left(\boldsymbol{Y},\hat{\boldsymbol{Y}}\right) = \sum_{i=1}^{N} e^{-y_i \times \hat{y}_i} \tag{B.12}$$

4．神经网络常用的损失函数

神经网络中的损失函数可以自定义，前提是需要考虑输入的数据形式和对损失函数求导的算法。但自定义损失函数存在一定的难度，在实际任务中，常用的方法是综合考虑激活函数和损失函数，常用组合方式有以下3种。

（1）ReLU+MSE

均方误差损失函数无法处理梯度消失问题，而使用Leak ReLU激活函数能够减少计算时梯度消失的问题，因此在神经网络中如果需要使用均方误差损失函数，可采用ReLU作为激活函数。

（2）Sigmoid+Logistic

Sigmoid函数会引起梯度消失问题：根据链式求导法，Sigmoid函数求导后由多个[0,1]范围的数进行连乘，如其导数形式为 $s(x)\left[1-s(x)\right]$，当其中一个数很小时，连成后会无限趋近于零直至最后消失。而Logistic损失函数加上对数后，可将连乘操作转化为求和操作，在一定程度上缓解了梯度消失问题。因此，在实际项目中，Sigmoid激活函数+交叉熵损失函数的组合形式较为

B

常见。

（3）Softmax+Logisitc

在数学上，Softmax激活函数会返回输出类的互斥概率分布，即能把离散的输出转换为一个同分布互斥的概率。另外，由于Logisitc损失函数是基于概率的最大似然估计函数，输出概率化能够更加方便地优化算法以进行求导和计算。因此，输出层常使用Softmax激活函数+交叉熵损失函数的组合。

深度学习的超参数

深度学习中有两种类型参数。

❑ 与神经网络模型相关的参数，如权重参数W和偏置b。

❑ 与神经网络模型调优训练相关的参数，又称为超参数，主要是使模型训练的效果更好、收敛速度更快。

超参数选择的目标是：保证神经网络模型在训练阶段既不会欠拟合，也不会过拟合，同时让神经网络尽可能快地学习到数据中的高维特征。

下面对网络模型中最重要的两个超参数（学习率和动量）进行详细阐述。

1. 学习率

梯度下降算法是被广泛应用于最小化模型误差的参数优化算法，其公式如下。

$$\theta \leftarrow \theta - \eta \frac{\partial L}{\partial \theta} \tag{C.1}$$

其中，$\eta \in \mathbb{R}$ 为学习率，θ 为网络模型的参数，$L = L(\theta)$ 为关于 θ 的损失函数，$\partial L(\theta)/\partial \theta$ 为损失函数对参数 θ 的一阶导数（即梯度误差）。

在神经网络训练阶段，调整梯度下降算法的学习率可以改变网络权重参数的更新幅度。当误差很大且梯度较为陡峭时，下一时间步对权重参数的更新幅度将会增大；当误差很小且梯度比较平坦时，下一时间步对权重参数的更新幅度将会减少。

为了使梯度下降算法具有更优的性能，需要把学习率设定在合适的范围内。如果学习率过大，此时权重参数很可能会越过最优值，最后在误差最小的一侧来回波动（见图C-1a）。反之，如果学习率过小，网络可能需要很长的优化时间，导致算法长时间无法收敛（见图C-1b）。

在设定学习率时，可以选择一个合适的值如 0.001，然后多次尝试不同的学习率，检查在最开始时网络误差梯度下降的趋势，及其在网络训练初期获得最佳的速度和准确性，最后在微调网络时再次调整网络的学习率。此外，也可以让学习率随迭代次数分阶段衰减：在网络训练初期使用较大的学习率，当误差下降的幅度减少时转而采用较小的学习率，目的是让误差值继续平滑下降。上述做法可以使模型的训练阶段得到更好的结果。例如将学习率的初始值设为 0.001，若在验证集上误差性能不再提高，可以减小学习率（如将学习率除以 2 或者 5），如此循环，直至算法收敛。

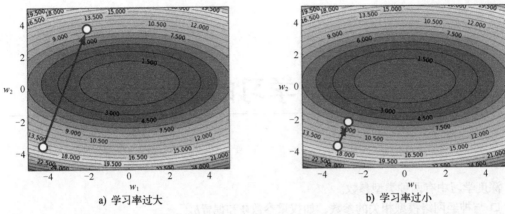

a) 学习率过大   b) 学习率过小

图C-1   a)中学习率过大，越过最优值；b)中学习率过小，训练时间长（图中坐标原点为最优值）

2. 动量

可借助一个实例直观地了解动量的物理含义：当把球推下山时，球不断累积动量，速度会越来越快（直到最大速度）；当球在上坡时，其动量就会减少。

参数更新时也可以模仿物理中的动量原理：当梯度保持相同方向更新时，动量不断增大；当梯度方向在不停变化时，动量持续减少。基于此，引入动量的参数更新方法可以加快网络的收敛速度并减少震荡（见图C-2），具体更新公式为：

$$\theta \leftarrow \mathrm{mu} * \theta - \eta \frac{\partial L}{\partial \theta} \qquad\qquad (\text{C.2})$$

其中，$\mathrm{mu} \in \Re$ 为动量系数，并介于0~1。该公式表明在当前梯度方向与前一时间步的梯度方向一致时，增加当前时间步的权值更新，否则减少参数更新。

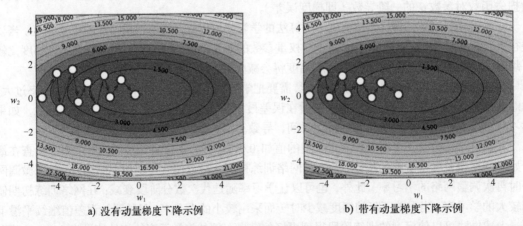

a) 没有动量梯度下降示例   b) 带有动量梯度下降示例

图C-2   动量示例图。图中更新参数的方法均为小批量随机梯度下降算法，其中a)为只有学习率没有动量的情况下，梯度持续波动最终走向收敛；b)为带有动量和学习率，梯度波动幅度减少并且加快了收敛速度

　　对于动量的设置，常用的取值为0.5、0.9、0.95或者0.99。在网络训练初期，梯度变化较大，可将动量初始值设定为0.5；当梯度下降到一定程度时，梯度变化变小，此时可以增加动量值，如设为0.9。

1. 数据集准备

原始数据集在深度学习中一般划分为3个部分：训练集（Training Data）、测试集（Testing Data）和验证集（Validation Data）（见图D-1）。训练集为网络模型训练阶段使用到的数据集合；测试集为测试网络模型效果的数据集合；验证集则是在网络模型训练过程中，通过验证集来观察模型的训练效果，例如发现网络模型出现过拟合情况，则及时停止训练。此外，还可以通过验证集来确定网络模型的超参数，如根据验证集的精确率来确定迭代次数，根据验证集的收敛情况确定学习率等。

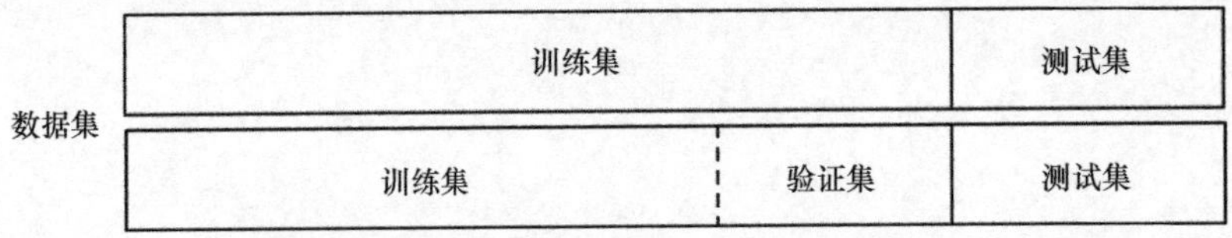

数据集	训练集		测试集
	训练集	验证集	测试集

图D-1　数据集准备：上为把数据集划分为训练集和测试集；下为把数据集划分为训练集、验证集和测试集

单独使用验证集而非训练集，是由于随着神经网络的训练，网络模型可能会对测试集的数据过度拟合，使得最后基于测试集的验证效果没有参考价值。

在划分训练集、验证集和测试集时，如果训练数据较少，最后得到的估计参数会存在较大偏差；如果测试数据较少，最后的统计值会存在较大偏差。针对该问题，需要对数据集中的数据进行合理划分，使得不同数据集之间的方差尽可能小。

下面的一些方法可用于更好地划分不同集合之间的数据量。

（1）将数据分为训练集和测试集，划分比例可为8:2。

（2）对训练集随机抽样出小型数据集用于验证，并在验证集上记录其性能。

（3）将训练集、测试集、验证集中数据进行随机排列，并重新训练。

（4）从训练集中随机抽取80%的数据进行多次训练，将训练集中剩余数据作为验证集。随后观察不同抽样结果在测试集中的性能，把最好的一次训练结果作为确定性模型。

2. 数据集扩展

对图像数据集进行扩展的常用方法包括对图像进行角度偏移、左右偏移、上下偏移、随机放大、随机缩小、水平翻转等。如将上述方法组合排列起来，将会产生更多的衍生扩展方法。除了对图像进行简单的几何形变之外，还可以对图像饱和度、亮度、色彩进行小范围的幂次缩放或乘法缩放等数学操作，以及在不破坏图像质量的前提下，对图像的每个像素进行整体加减法等操作。

如图D-2所示，左上角第一张图片为原始图像，其余为通过组合角度偏移、左右上下偏移、随机放大缩小所产生的新图像。已有研究表明，使用了数据扩展方法之后的ImageNet图像，可以使得分类模型的准确度提升2% ~ 5%，并且有效降低过拟合。

图D-2　左上角第一张图为原图，余下的图片均为通过旋转、扭曲、拉伸等操作形成的新图

3. 数据预处理

假设在数据矩阵中通过不同的提取方式获得不同列的数据，可能会出现部分数据值较大或较小的情况。如np.array([1024,222,0.0216,0.0412,19566])，此时由于数据高度不对称，算法无法处理不在同一维度的数据，最终可能会导致网络模型训练失败。因此获得海量数据集后，需要对数据进行预处理操作，使得数据分布无偏、低方差（见图D-3）。

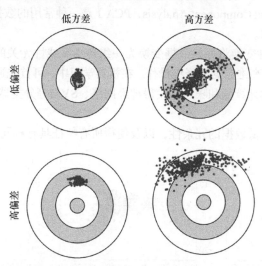

图D-3　数据分布示例图。左上角所示数据无偏、低方差，右上角数据无偏、高方差，
左下角数据高偏、低方差，右下角数据高偏、高方差

接下来，详细阐述4种常用的预处理方法：零均值、归一化、主成分分析和白化。

（1）零均值

零均值是最为常用的数据预处理方法，将数据集中的每一维数据减去所在维度的数据均值，最后得到零均值数据集。

在深度学习中，数据输入神经网络之前常用零均值方法进行处理。如图像数据，可以将每一个像素值减去同一通道的像素均值，即对彩色图像RGB的3个通道分别进行零均值操作。

（2）归一化

归一化是指将数据归一化到相同尺度，常用的方法有2种：第一种方法将零均值后的数据每一维除以每一维的标准差；第二种方法把数据集中的每一维归一化到区间[a,b]中。第二种归一化方法只适用于每一维度数据的重要性相同的数据集，如图D-4所示。

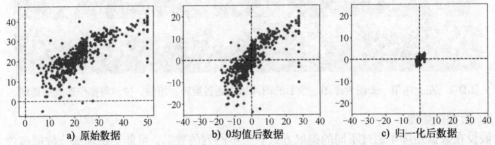

a) 原始数据　　　　　b) 0均值后数据　　　　　c) 归一化后数据

图D-4　a)中的数据来自sklean的boston数据集，大部分数据都分布在0以上；b)为经过零均值处理后的数；c)为归一化处理后的数据，每一维度的数据根据标准差进行缩放

（3）主成分分析

主成分分析（Principal Component Analysis，PCA）是一种常用的数据分析方法，可用于寻找有效表示数据主轴的方向。

主成分分析通过线性变换将原始数据变换为一组各维度线性无关的数据，可用于提取数据的主要特征分量，常用于高维数据的降维操作。在机器学习中，可首先通过主成分分析降低数据维度，进而有效降低后续计算量和噪声，使得神经网络、SVM等分类器获得更好的运算结果。

（4）白化

白化的主要目的是降低数据的冗余性，以及使得所有特征具有相同的方差，如图D-5所示。

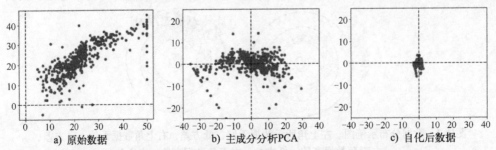

a) 原始数据　　　　　b) 主成分分析PCA　　　　　c) 白化后数据

图D-5　a)为原始数据，b)为PCA处理后的数据，c)为白化操作后的数据

从理论上讲，使用主成分分析算法对数据降维后，可以有效地消除原始数据之间的相关性。因此，白化过程只需把通过主成分分析法处理过的数据，从对角矩阵再变成单位矩阵，使得数据具有相同的方差即可。

值得注意的是，在深度学习的图像处理中，较少用到主成分分析和白化操作。因为主成分分析和白化是为了对数据进行完整性操作，而图像中的像素值已经包含了丰富且关联的完整信息。

4．初始化网络模型

在定义完神经网络模型后，需要对网络的权重参数 W 和偏置参数 b 进行初始化。由于大部分深度学习框架已经内置网络初始化步骤，但值得注意的是初始化网络参数时并不是简单地把参数初始化为0。假设所有权重初始化为0，那么网络中每个神经元输出都将相同，利用反向传播算法计算得到的梯度以及所有的参数更新都会相同，最终使得整个网络模型的训练失去意义。因此，将模型的权重和偏置参数初始化为0并不是合理的初始化方式。

为了使得初始化的权重参数尽可能小，但又不为0，可以参考高斯分布函数，使用独立高斯随机变量来选择初始化模型的权重和偏置（见图D-6）。

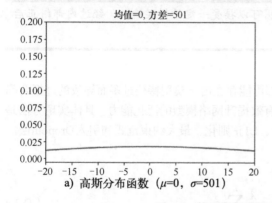
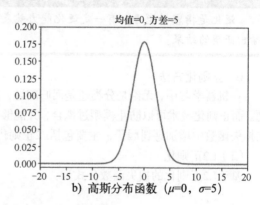

a）高斯分布函数（$\mu=0$，$\sigma=501$）　　　　b）高斯分布函数（$\mu=0$，$\sigma=5$）

图D-6　使用高斯函数生成的正态分布曲线模型

另外，在实际项目中，为了避免重新训练网络模型参数花费大量的时间，可以直接使用基于已有数据集训练好的模型参数作为新网络的初始化值。预先训练好的模型参数已经根据既有数据集经过一定程度的优化，直接使用该优化参数可以有效节省网络模型的训练时间。

5．网络模型过拟合

当模型从样本中学习到的特征不能够推广到其他新数据时，直接使用该模型对新数据进行预测有可能出现过拟合的情况（见图D-7）。当出现过拟合时，模型试图使用与新数据无关的特征进行预测，最终导致预测结果出错。

出现过拟合时，较为简单的解决方法是增加训练集数据，并且丰富数据的多样性。上述方法虽然简单，但在实际过程中经过提升后的数据仍然会出现数据间高度相关的问题。

为了更好地解决模型过拟合的问题，需要关注网络模型的"熵容量"，即网络模型能够存储的信息量。网络如果能够存储更多信息,那么也能够存储和利用更多的特征,并获得更好的性能,但同时也会带来存储不相关特征的风险。因此,如果使得网络模型存储的信息集中在真正相关的特征上,神经网络就可以拥有更好的泛化性能。

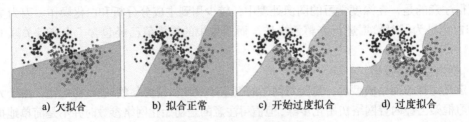

a) 欠拟合   b) 拟合正常   c) 开始过度拟合   d) 过度拟合

图D-7   数据过拟合示例

在调整网络模型"熵容量"的方法中,较为常用的一种方法是调整模型的参数数量,即模型的层数和每层的神经元规模;另一种方法是在网络权重更新时进行正则化约束。

泛化(Generalization)

泛化是指容错能力,有一定泛化能力就表明可以接受一定的错误输入,经过内部纠正后输出正确的结果。

6. 正则化方法

在机器学习中,无论是分类还是回归问题,都可能存在由于模型特征过多而导致的过拟合问题。而正则化技术可以防止模型过拟合,并能够有效提升网络模型的泛化能力。具体实现方法是在损失函数中增加惩罚因子,主要包括L2正则化、L1正则化、最大约束范式和引入Dropout层。

(1)L2正则化

基于L2正则化的损失函数公式为:

$$L = L_0 + \frac{\lambda}{2n}\sum_{i}^{n}w_i^2 \qquad\qquad (D.1)$$

其中,L_0 为原始损失函数,$\frac{\lambda}{2n}\sum_{i}^{n}w_i^2$ 为L2正则化项。L2正则化项为所有权值的平方和

($\sum_{i}^{n}w_i^2$)除以训练集中的样本大小 n。$\lambda \in \Re$ 为引入的正则项系数,用于调节正则项和原始损失值 L_0 的比重。

对L2正则化公式进行求导后得到:

$$\frac{\partial L}{\partial w} = \frac{\partial L_0}{\partial w} + \frac{\lambda}{n}w \qquad\qquad (D.2)$$

将式(D.2)代入梯度下降公式,L2正则化后权值 w 的更新为:

$$w \leftarrow \left(1 - \eta \frac{\lambda}{n}\right)w - \eta \frac{\partial L_0}{\partial w} \tag{D.3}$$

没有使用L2正则化时权值w前面的系数为1，使用L2正则化后权值w前面的系数为$1 - \eta \frac{\lambda}{n}$。其中，$\eta$、$\lambda$、$n$为正数，使得权值$w$的系数恒小于1。由式（D.3）可知，L2正则化主要用来惩罚特征的权值w，学术上称为权值衰减。

L2正则化能够防止过拟合的原因在于L2正则化能够使得网络模型相对简单，而越简单的网络模型引起过拟合的可能性越小。

（2）L1正则化

基于L1正则化的损失函数公式为：

$$L = L_0 + \frac{\lambda}{n} \sum_i^n |w_i| \tag{D.4}$$

其中，$\frac{\lambda}{n} \sum_i^n |w_i|$为L1正则化项。

当权值为正时，更新后的权值变小；当权值为负时，更新后的权值变大。因此，L1正则化能够让权值趋向于0，使得神经网络中的权值尽可能小，即减小了网络复杂度，进而防止了过拟合。

实际应用中，一般使用L2正则化，因为L2正则化能够更好地防止模型过拟合。

（3）最大约束范式

最大约束范式比L1、L2正则化更易理解，即对每个神经元的权重绝对值给予限制。实际操作中先对所有权重参数进行更新，随后通过限制每个神经元的权重矢量使其满足以下关系式。

$$\|\vec{w}\|_2 < c \tag{D.5}$$

其中，$c \in \Re$一般取值为3或者4。最大约束范式的特点是对权值的更新进行了约束，即使学习率很大，也不会因网络参数过多而导致模型过拟合。

输入神经网络中的训练集数据越多，正则化系数的作用就越少。因为训练数据越多，出现过度拟合的可能性就会降低，需要正则化系数去纠正的参数量就会降低。

（4）引入Dropout层

在防止模拟过拟合过程中，L1、L2正则化主要通过修改损失函数，而Dropout层则是直接通过修改神经网络的模型。

图D-8a为普通神经网络模型，其神经元之间使用全连接的方式。Dropout层则是在神经网络训练时随机地让部分隐层神经元失效，进而不对其权重参数和偏置进行更新，如图D-8b所示。

Dropout层能够在一定程度上防止模型过拟合，原因在于过拟合可以通过阻止某些特征的协同作用来缓解。在每次训练时，Dropout层通过随机地移除部分神经元，降低了神经元之间的依赖性，进而减少了错误信息的传递，有效防止了模型过拟合。

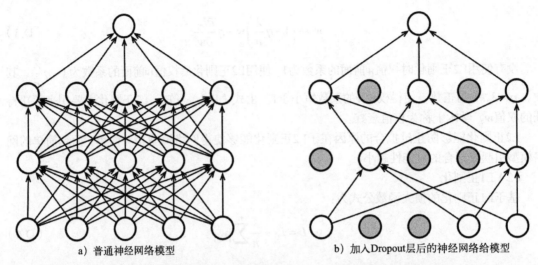

a）普通神经网络模型   b）加入Dropout层后的神经网络给模型

图D-8   全连接的神经网络模型与带有 Dropout 的神经网络模型对比图

7．使用图像加速器

在实际训练过程中，可以充分利用图像加速器的并行能力，以提升网络模型的运算效率。一方面，使用多GPU可提高网络模型的训练速度；另一方面，可以分别在每个GPU上运行多个模型，如针对同一个网络模型设置不同参数，或者对同一网络模型的相同参数输入不同数据，从而获得更多关于该网络模型的反馈信息。

8．精确率曲线和损失曲线

深度神经网络模型的训练时间比SVM、AdaBoost等传统机器学习算法的训练时间要长，不应等到训练结束时才观察实验结果，应持续观察精确率曲线和损失值曲线的变化趋势。当精确率曲线不满足期望时，应立即停止训练并分析原因，采取相应动作，如修改网络模型参数或者调整网络模型后重新训练。

附录E

反向传播算法

如图E-1 所示，假设神经网络中参数 $w_{2,4}^l$（第l层第2个输入神经元与第4个输出神经元连接的权重参数）发生了小幅度改变，那么该改变将会影响后续激活函数的输出（激活值），下一层根据该激活值继续往后传递该改变信号。如上所述，改变信号一层一层地向后传递，直至损失函数接受到该改变信号为止。最终，该小幅度的改变信号影响了整个神经网络。

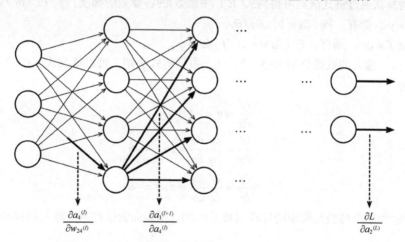

$$\frac{\partial a_4^{(l)}}{\partial w_{24}^{(l)}} \qquad \frac{\partial a_1^{(l+1)}}{\partial a_4^{(l)}} \qquad \frac{\partial L}{\partial a_2^{(L)}}$$

图E-1 反向传播算法中使用到的变量示例[Chen et al. 2018]

为了明确该改变的幅度，从网络模型的最后一层（输出层）开始，利用损失函数向前求得每一层中每一个神经元的误差，从而获得改变参数的梯度（原始小幅度的改变值）。

由于神经网络的结构复杂，如何合理、快速、有效地计算损失函数梯度是一个严峻的挑战，目前最为常用的求解方法是反向传播算法。

假设神经网络模型的参数为 $\theta = \{w_1, w_2, \cdots, w_n, b_1, b_2, \cdots, b_n\}$，反向传播算法通过链式求导法则，可求出网络模型中每个参数的导数，即相应的 $\partial L / \partial w_i$ 和 $\partial L / \partial b_i$。

随着网络层数和节点数的增加，网络中的参数也会呈指数增加。为了便于计算机对神经网络中的参数进行跟踪和存储，可通过计算图来对反向传播算法进行初步理解。

1. 计算图

计算图是一种用于描述计算函数的语言，图中的节点代表函数的操作，边代表函数的输入。下面给出两个具体示例，以加深对计算图的理解。

基于图E-2的计算图所表示的函数为：

$$f(x, y, z) = (x + y) \times z \tag{E.1}$$

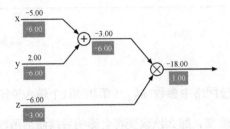

图E-2　公式 $(x+y) \times z$ 的计算图

反向传播算法通过链式法则可得到式（E.1）中函数 f 的各参数的梯度：$\partial f / \partial z$，$\partial f / \partial x$，$\partial f / \partial y$。设 $q = x + y$，则有：$\partial q / \partial x = 1$，$\partial q / \partial y = 1$。

同理，设 $f = qz$，则有：$\partial f / \partial q = z$，$\partial f / \partial z = q$。

假设 x、y、z 输入的数据分别为-5、2、-6。根据链式法则，可以得到式（E.1）中的各个参数的梯度值为：

$$\frac{\partial f}{\partial z} = q = -3$$

$$\frac{\partial f}{\partial x} = \frac{\partial f}{\partial q} \frac{\partial q}{\partial x} = z \times 1 = -6 \tag{E.2}$$

$$\frac{\partial f}{\partial y} = \frac{\partial f}{\partial q} \frac{\partial q}{\partial y} = z \times 1 = -6$$

图E-3所示为单个神经元模型的计算图展开示例，图E-3a为带有两个输入的神经元模型，图E-3b为该神经元模型展开的图计算公式 $y = f\left(\sum_i w_i x_i + b\right)$。其中，激活函数为 $f(z) = z$，$z > 0$，z 为求和节点；L 为神经元的输出，x_0 和 x_1 分别为该神经元的输入；具体对应图中的参数为 $w = \{-2, 2\}$，$x = \{2, 3\}$，$b = 1.5$。

由图E-3可知，神经网络的反向传播算法利用了计算图原理。从网络输出层开始，反向计算神经网络中每一个参数的梯度。随后利用梯度下降算法，以一定的学习率根据式（E.2）对神经网络中的参数进行更新。接着运行一次向前传播算法，得到新的损失值。对上述步骤不断迭代，直到权重参数收敛为止。

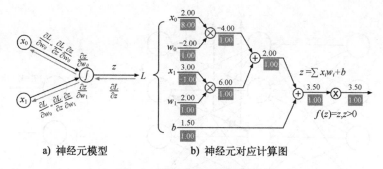

a) 神经元模型   b) 神经元对应计算图

图E-3 神经元展开计算图示例

2. 反向传播算法推导

本节给出反向传播算法的具体推导过程。

（1）基础概念

首先给出反向传播算法主要用到的数学符号（如表E-1所示）和基本公式。

表E-1 数学符号

符　　号	概　　念
n_l	网络层数，n_l 为输入层，n_L 为输出层
s_l	第l层网络神经元的个数
f	神经元的激活函数
$w^{(l)}$	第l层到第$l+1$层的权重矩阵。其中，$w_{i,j}^{(l)} \in R$ 表示从l层第i个神经元到第$l+1$层第j个神经元之间的权重
$b^{(l)}$	第l层的偏置向量。其中，$b_i^{(l)}$ 表示l层第i个神经元的偏置
$z^{(l)}$	第l层的输入向量。其中，$z_i^{(l)}$ 为l层第i个神经元的输入
$a^{(l)}$	第l层的输出向量。其中，$a_i^{(l)}$ 为l层第i个神经元的输出

其中，l代表第l层神经网络，i代表当前所在第i个神经元或者输入为第i个神经元，j代表输出到第j个神经元上（见图E-4）。

当前层神经网络的前向传播公式为：

$$a^l = f\left(w^{l-1}a^{l-1} + b^l\right) \tag{E.3}$$

将式（E.3）的中间变量 $w^{l-1}a^{l-1} + b^l$ 独立出来，并命名为加权输入 z^l，得到：

$$z^l = w^{l-1}a^{l-1} + b^l \tag{E.4}$$

$$a^l = f\left(z^l\right) \tag{E.5}$$

在后续反向传播算法推导过程中，式（E.4）和式（E.5）将起着重要表示作用。

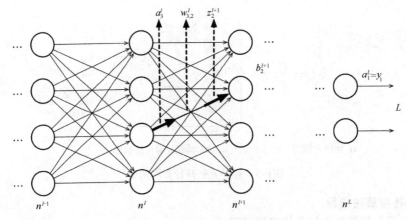

图E-4　符号定义说明示例

（2）损失函数

假设神经网络损失函数为L，根据表E-1中的符号定义有：

$$L\left(\boldsymbol{w},\boldsymbol{b}\right)=\frac{1}{2}\left(\boldsymbol{y}-\boldsymbol{a}^L\right)^2 \tag{E.6}$$

其中，$\boldsymbol{y}$为期望的输出值，$\boldsymbol{a}^L$为该神经网络的预测输出值，上标L为网络最后一层（输出层）。反向传播算法通过改变网络中的权重参数$\boldsymbol{w}$和偏置$\boldsymbol{b}$来改变损失函数的方法，来计算损失函数L在神经网络中的所有权重$\boldsymbol{w}$以及偏置$\boldsymbol{b}$的梯度，即计算$\partial L/\partial w_i$和$\partial L/\partial b_i$。

（3）反向传播4个基本方程

首先定义第l层的第i个神经元的误差为δ_i^l：

$$\delta_i^l=\frac{\partial L}{\partial z_i^l} \tag{E.7}$$

反向传播算法会给出神经元对应误差δ_i^l的计算过程，然后通过计算误差δ_i^l获得损失函数L关于第l层的第i个神经元与第j个神经元连接的权重参数的梯度$\partial L/\partial w_{i,j}^l$，以及第$l$层第$i$个神经元的偏置参数的梯度$\partial L/\partial b_i^l$。表E-2为反向传播的4个基本方程，下面开始对其进行算法推导。

表E-2　反向传播4个基本方程

方　程	公　式	含　义
BP1	$\delta^L=\nabla_a L\odot f'\left(z^L\right)$	输出层误差
BP2	$\delta^l=\left(\left(w^l\right)^{\mathrm{T}}\delta^{l+1}\right)\odot f'\left(z^l\right)$	第l层误差

方　程	公　式	含　义
BP3	$\dfrac{\partial L}{\partial b_i^l} = \delta_i^l$	损失函数关于偏置的偏导
BP4	$\dfrac{\partial L}{\partial w_{i,j}^l} = a_j^{l-1} \delta_i^l$	损失函数关于权值的偏导

❑ **BP1 输出层误差**

根据式（E.7）的定义，δ_i^L 为输出层误差，又因为 $\boldsymbol{a}^l = f\left(\boldsymbol{z}^l\right)$，对损失函数求导可得：

$$\delta_i^L = \frac{\partial L}{\partial z_i^L} = \frac{\partial L}{\partial a_i^L}\frac{\partial a_i^L}{\partial z_i^L} = \frac{\partial L}{\partial a_i^L}\frac{\partial f\left(z_i^L\right)}{\partial z_i^L} = \frac{\partial L}{\partial a_i^L}f'\left(z_i^L\right) \tag{E.8}$$

其中，$\partial L / \partial a_i^L$ 度量了损失函数 L 在第 i 个神经元输出的函数变化程度，$f'\left(z_i^L\right)$ 度量了激活函数 $f(z_i^L)$ 在第 i 个神经元加权输入处的变化程度。

式（E.9）以神经元为单位，对输出层误差向量化，得到输出层的误差公式，即为反向传播第一条基本方程 BP1。

$$\text{BP1：}\ \boldsymbol{\delta}^L = \nabla_a L \odot f'\left(\boldsymbol{z}^L\right) \tag{E.9}$$

❑ **BP2 第 l 层误差**

非输出层的误差依赖于下一层的误差，即网络第 l 层的误差依赖于 $l+1$ 层的误差。基于式（E.7）有：

$$\delta_i^l = \frac{\partial L}{\partial z_i^l} = \sum_j \frac{\partial L}{\partial z_j^{l+1}}\frac{\partial z_j^{l+1}}{\partial z_i^l} = \sum_j \delta_j^{l+1}\frac{\partial z_j^{l+1}}{\partial z_i^l} \tag{E.10}$$

式（E.10）应用了复合函数链式求导法则，前一层的输出作用于后一层的输入。$\dfrac{\partial L}{\partial z_j^{l+1}}$ 相当于 $l+1$ 层的误差，因此可以简化为 δ_j^{l+1}。

又由于：

$$z_j^{l+1} = \left(\sum_i w_{i,j}^l a_i^l\right) + b_j^{l+1} = \left(\sum_i w_{i,j}^l f\left(z_i^l\right)\right) + b_j^{l+1} \tag{E.11}$$

所以：

$$\frac{\partial z_j^{l+1}}{\partial z_i^l} = w_{i,j}^l f'\left(z_i^l\right) \tag{E.12}$$

将式（E.12）代入式（E.10），可以得到神经网络第 l 层第 i 个神经元的误差：

$$\delta_i^l = \sum_j \delta_j^{l+1} w_{i,j}^l f'\left(z_i^l\right) \tag{E.13}$$

对式（E.13）向量化后可得到反向传播第二条基本方程，即神经网络第 l 层的误差公式BP2。

$$BP2: \boldsymbol{\delta}^l = \left(\boldsymbol{\delta}^{l+1}\left(\boldsymbol{w}^l\right)^T\right) \odot f'\left(\boldsymbol{z}^l\right) \tag{E.14}$$

式（E.14）BP2充分体现了误差反向传播的特点。结合反向传播基本方程BP1和BP2，当 $l+1$ 层误差已知时，可以间接推导得到第 l 层的误差。依次类推，最后能够从网络的输出层倒推到输入层的所有误差。

□ BP3　损失函数关于偏置b的偏导

同理，根据复合函数的链式求导法则可得：

$$\frac{\partial L}{\partial b_i^l} = \sum_j \frac{\partial L}{\partial z_j^l}\frac{\partial z_j^l}{\partial b_i^l} = \frac{\partial L}{\partial z_i^l}\frac{\partial z_i^l}{\partial b_i^l} \tag{E.15}$$

接下来，对第 l 层网络第一个神经元的输入 z_i^l 关于偏置求导，其导数为：

$$z_i^l = \left(\sum_j w_{i,j}^{l-1}a_j^{l-1}\right) + b_i^l \Rightarrow \frac{\partial z_i^l}{\partial b_i^l} = 1 \tag{E.16}$$

代入式（E.15）可得：

$$\frac{\partial L}{\partial b_i^l} = \frac{\partial L}{\partial z_i^l}\times 1 = \frac{\partial L}{\partial z_i^l} = \delta_i^l \tag{E.17}$$

最终损失函数在网络中任意偏置 b_i^l 的偏导等于该神经元上的误差，得到反向传播第三条基本方程BP3，即损失函数关于偏置b的偏导。

$$BP3: \frac{\partial L}{\partial b_i^l} = \delta_i^l \tag{E.18}$$

□ BP4　损失函数关于权重w的偏导

损失函数关于权重w的偏导，其与偏置b的偏导计算方法相同。

$$\frac{\partial L}{\partial w_{i,j}^l} = \sum_k \frac{\partial L}{\partial z_k^l}\frac{\partial z_k^l}{\partial w_{i,j}^l} = \frac{\partial L}{\partial z_i^l}\frac{\partial z_i^l}{\partial w_{i,j}^l} \tag{E.19}$$

$$z_i^l = \left(\sum_j w_{i,j}^{l-1}a_j^{l-1}\right) + b_i^l \Rightarrow \frac{\partial z_i^l}{\partial w_{i,j}^l} = a_j^{l-1} \tag{E.20}$$

同理，将式（E.20）代入式（E.19）可得：

$$BP4: \frac{\partial L}{\partial w_{i,j}^l} = \frac{\partial L}{\partial z_i^l}a_j^{l-1} = a_j^{l-1}\delta_i^l \tag{E.21}$$

由式（E.21）BP4可知损失函数关于权重的偏导，连接了神经网络第l层第j个神经元的误差和上一层第i个神经元的输出。

3. 反向传播算法流程

基于反向传播算法的4个基本方程，反向传播算法的基本流程如下。

❑ **输入**：输入层输入向量x。

❑ **向前传播**：计算$z^l = w^{l-1}a^{l-1} + b^l, a^l = f(z^l)$。

❑ **输出层误差**：根据式（E.9）BP1计算误差向量$\delta^L = \nabla_a L \odot f'(z^L)$。

❑ **反向传播误差**：根据式（E.14）BP2逐层反向计算神经网络中每一层的误差

$$\delta^l = \left(\delta^{l+1}(w^l)^T\right) \odot f'(z^l)$$

❑ **输出**：根据式（E.18）BP3和式（E.21）BP4输出损失函数关于权重和偏置的偏导。

在训练阶段，将数据传入神经网络，经过一次向前传播后，得到每一层的输出数据。随后，从输出层往前计算每一层的误差，直到第一层（输入层）为止。接下来，根据每一层的误差数据计算每一个损失函数关于偏置和权重参数的偏导，而该偏导则为神经网络中参数的变化率。有了上述变化率后，可以利用梯度下降算法更新神经网络中的参数。

如此循环迭代，直到损失函数收敛到最优值时结束训练。

参考文献

ABRAMSON B, 1990. Expected-Outcome: A General Model of Static Evaluation[J]. IEEE Transactions on Pattern Analysis & Machine Intelligence, 1990, 12(2):182-193.

ADAMS R A, HUYS Q J M, ROISER J P, 2016. Computational Psychiatry: towards a mathematically informed understanding of mental illness[J]. Journal of Neurology Neurosurgery & Psychiatry, 87(1):53-63.

AMARI, S I, 1998. Natural gradient works esociently in learning[J]. Neural Computation 10 (2), 251-276.

BAIRD L, MOORE A, 1999. Gradient descent for general reinforcement learning[C]. Massachusetts : MIT Press.

BAIRD L, 1995. Residual Algorithms: Reinforcement Learning with Function Approximation[J]. Machine Learning Proceedings:30-37.

BARAS D, MEIR R, 2007. Reinforcement Learning, Spike-Time-Dependent Plasticity, and the BCM Rule[M]. Massachusetts : MIT Press.

BARTO A G, MAHADEVAN S, 2003. Recent Advances in Hierarchical Reinforcement Learning[J]. Discrete Event Dynamic Systems, 13(4):341-379.

BARTO A G, SUTTON R S, BROUWEr P S, 1981. Associative search network: A reinforcement learning associative memory[J]. Biological Cybernetics, 40(3):201-211.

BARTO A G, 2011. Adaptive Real-Time Dynamic Programming[M]. Berlin : Springer.

BARTO A G, 2013. Intrinsic Motivation and Reinforcement Learning[M]. Berlin : Springer.

BARTO, A G, RICHARD S S, CHARLES W A,1988. NNeurocomputing: foundations of research[M]. Massachusetts : MIT Press.

BERTSEKAS D P, TSITSIKLIS J N, Wu C, 1997. Rollout Algorithms for Combinatorial Optimization[J]. Journal of Heuristics, 3(3):245-262.

BERTSEKAS D P, YU H, 2009. Projected equation methods for approximate solution of large linear systems[J]. Journal of Computational & Applied Mathematics, 227(1):27-50.

BERTSEKAS D P, 2009. Dynamic Programming and Optimal Control 3rd Edition, Volume II[J]. Belmont, 56(2):231-279.

BERTSEKAS D P, 1995. Dynamic Programming and Optimal Control, Vol. II[J]. Athena Scientific,

47(6):833-834.

BHAT N, FARIAS V F, MOALLEMI C C, 2012. Non-Parametric Approximate Dynamic Programming via the Kernel Method[J]. Advances in Neural Information Processing Systems, 1:386-394.

BOAKES R A, COSTA D S, 2014. Temporal contiguity in associative learning: Interference and decay from an historical perspective.[J]. Journal of Experimental Psychology Animal Learning & Cognition, 40(4):381.

BOYAN J A, 1995. Generalization in reinforcement learning: Safely approximating the value function[J]. Advances in Neural Information Processing Systems, 7:369-376.

BROWNE C B, POWLEY E, WHITEHOUSE D, et al, 2012. A Survey of Monte Carlo Tree Search Methods[J]. IEEE Transactions on Computational Intelligence & Ai in Games, 4(1):1-43.

CALABRESI P, PICCONI B, TOZZI A, et al, 2007. Dopamine-mediated regulation of corticostriatal synaptic plasticity[J]. Trends in Neurosciences, 30(5):211-219.

CIREÅŸAN D, MEIER U, MASCI J, et al, 2012. Multi-column deep neural network for traffic sign classification[J]. Neural Networks, 32(1):333-338.

CLARIDGE-CHANG A, ROORDA R D, VRONTOU E, et al, 2009. Writing memories with light-addressable reinforcement circuitry[J]. Cell, 139(2):405-415.

COHEN J Y, HAESLER S, VONG L, et al, 2012. Neuron-type-specific signals for reward and punishment in the ventral tegmental area[J]. Nature, 482(7383):85-88.

DAHL G E, YU D, DENG L, et al, 2012. Context-Dependent Pre-Trained Deep Neural Networks for Large-Vocabulary Speech Recognition[J]. IEEE Transactions on Audio Speech & Language Processing, 20(1):30-42.

DAYAN P, NIV Y, 2008. Reinforcement learning: the good, the bad and the ugly.[J]. Current Opinion in Neurobiology, 18(2):185-196.

DENG, LI, AND DONG YU, 2014. Deep learning: methods and applications[J].Foundations and Trends in Signal Processing, 7（3–4）:197-387.

DOLAN R J, PETER D, 2013. Goals and Habits in the Brain[J]. Neuron, 80(2):312-325.

DOLL B B, SIMON D A, DAW N D, 2012. The ubiquity of model-based reinforcement learning[J]. Current Opinion in Neurobiology, 22(6):1075-1081.

DOUCET A, FREITAS N D, GORDOn N, 2001. An Introduction to Sequential Monte Carlo Methods[M]. New York: Springer :3-14.

ESHEL N, JU T, BUKWICH M, et al, 2016. Dopamine neurons share common response function for reward prediction error[J]. Nature Neuroscience, 19(3):479-486.

FUNAHASHI K I, NAKAMURA Y, 2008. Approximation of dynamical systems by continuous time recurrent neural networks[J]. Neural Networks, 6(6):801-806.

GEIST M, SCHERRER B, 2013. Off-policy Learning with Eligibility Traces: A Survey[J]. Journal of Machine Learning Research, 15(1):289-333.

GRAVES A, MOHAMED A R, HINTON G，2013. Speech recognition with deep recurrent neural networks. Neural and Evolutionary Computing[J]. 38(2003):6645-6649.

GRONDMAN I, BUSONIU L, LOPES G A D, et al, 2012. A Survey of Actor-Critic Reinforcement Learning: Standard and Natural Policy Gradients[J]. IEEE Transactions on Systems Man & Cybernetics Part C, 42(6):1291-1307.

HAHNLOSER R H, SARPESHKAR R, MAHOWALD M A, et al, 2000. Digital selection and analogue amplification coexist in a cortex-inspired silicon circuit[J]. Nature, 405(6789):947-951.

HAN S, Liu X, Mao H, et al, 2016. EIE: Efficient Inference Engine on Compressed Deep Neural Network[J]. Acm Sigarch Computer Architecture News, 44(3):243-254.

HAVAEI M, DAVY A, WARDE-FARLEY D, et al, 2017. Brain tumor segmentation with Deep Neural Networks[J]. Medical Image Analysis, 35:18-31.

HINTON G, DENG L, YU D, et al, 2012. Deep Neural Networks for Acoustic Modeling in Speech Recognition: The Shared Views of Four Research Groups[J]. IEEE Signal Processing Magazine, 29(6):82-97.

IAN GOODFELLOW H, BENGIO Y, COURVILLE A,2017: Deep learning[J]. Genetic Programming & Evolvable Machines, 19(1-2):1-3.

JOHANSEN E B, KILLEEN P R, RUSSELL V A, et al, 2009. Origins of altered reinforcement effects in ADHD[J]. Behavioral and Brain Functions, 5(1):7.

KAELBLING L P, LITTMAN M L, MOORE A W, 1996. Reinforcement Learning: A Survey[J]. Artificial Intelligence Research, 4(1):237-285.

KEIFLIN, R, JANAK, P H, 2015. Dopamine prediction errors in reward learning and addiction: From theory to neural circuitry. Neuron, 88(2):247- 263.

LECUN Y, BENGIO Y, HINTON G, 2015. Deep learning.[J]. Nature, 521(7553):436.

LEE H, YAN L, PHAM P, et al, 2009. Unsupervised feature learning for audio classification using convolutional deep belief networks[C]. Curran Associates Inc:1096-1104.

LGENSETEIN R, PECEVSKI D, MAASS W，2008. A learning theory for reward-modulated spike-timing-dependent plasticity with application to biofeedback.[J]. Plos Computational Biology, 4(10):e1000180.

LEWIS R L, HOWES A, SINGH S, 2014. Computational rationality: linking mechanism and behavior through bounded utility maximization[J]. Topics in Cognitive Science, 6(2):279.

Lillicrap T P, Hunt J J, Pritzel A, et al, 2015. Continuous control with deep reinforcement learning[J]. Computer Science, 8(6):A187.

LIU W M, LI R, SUN J Z, et al, 2006. PQN and DQN: algorithms for expression microarrays[J]. Journal of Theoretical Biology, 243(2):273-278.

LUDVIG E A, SUTTON R S, KEHOE E J, 2012. Evaluating the TD model of classical conditioning[J]. Learning & Behavior, 40(3):305.

LUKOŠEVIČIUS M, JAEGER H, 2009. Reservoir computing approaches to recurrent neural network training[J]. Computer Science Review, 3(3):127-149.

MARTINEZ J F, IPEK E, 2009. Dynamic Multicore Resource Management: A Machine Learning Approach.[J]. IEEE Micro, 29(5):8-17.

MENACHE I, MANNOR S, SHIMKIN N, 2005. Basis Function Adaptation in Temporal Difference Reinforcement Learning[J]. Annals of Operations Research, 134(1):215-238.

MNIH V, KAVUKCUOGLU K, SILVER D, et al, 2015. Human-level control through deep reinforcement learning.[J]. Nature, 518(7540):529.

NADDAF Y, NADDAF Y, VENESS J, et al, 2013. The arcade learning environment: an evaluation platform for general agents[J]. Journal of Artificial Intelligence Research, 47(1):253-279.

NOWÉ A, VRANCX P, HAUWERE Y M D, 2012. Game Theory and Multi-agent Reinforcement Learning[M]. Springer :441-470.

NUTT D J, LINGFORDHUGHES A, ERRITZOE D, et al, 2015. The dopamine theory of addiction: 40 years of highs and lows.[J]. Nature Reviews Neuroscience, 16(5):305.

PAWLAK V, WICKENS J R, KIRKWOOD A, et al, 2012. Timing is not Everything: Neuromodulation Opens the STDP Gate[J]. Front Synaptic Neurosci, 2(146):146-146.

PETERS J, SCHAAL S, 2008. Reinforcement learning of motor, skills with policy gradients[J]. Neural Networks, 21(4):682-697.

PEZZULO G, MA V D M, LANSINK C S, et al, 2014. Internally generated sequences in learning and executing goal-directed behavior[J]. Trends in Cognitive Sciences, 18(12):647-657.

PFEIFFER B E, FOSTER D J, 2013. Hippocampal place-cell sequences depict future paths to remembered goals[J]. Nature, 497(7447):74-79.

RANGEL A, HARE T, 2010. Neural computations associated with goal-directed choice[J]. Current Opinion in Neurobiology, 20(2):262-270.

ROSIN C D, 2011. Multi-armed bandits with episode context[J]. Annals of Mathematics & Artificial Intelligence, 61(3):203-230.

RUSHWORTH M F S, WALTON A M E, 2009. Neuroeconomics: Decision Making and the Brain[J]. Neuron, 63(2):150-153.

SAHA S, RAGHAVA G P, 2010. Prediction of continuous B-cell epitopes in an antigen using recurrent neural network.[J]. Proteins Structure Function & Bioinformatics, 65(1):40-48.

SCHMIDHUBER J, 2015. Deep learning in neural networks: an overview.[J]. Neural Networks, 61:85-117.

SCHMIDHUBER J, 2012. Multi-column deep neural networks for image classification[J]. 157(10):3642-3649.

SCHULMAN J , LEVINE S , ABBEEL P , et al, 2015. Trust Region Policy Optimization[J].

Computer Science, 2015:1889-1897.

SEIJEN H V, MAHMOOD A R, PILARSKI P M, et al, 2016. True online temporal-difference learning[J]. Journal of Machine Learning Research, 17(1):5057-5096.

SHAHRIARI B, SWERSKY K, WANG Z, et al, 2015. Taking the Human Out of the Loop: A Review of Bayesian Optimization[J]. Proceedings of the IEEE, 104(1):148-175.

SHELTON C R, 2001. Importance Sampling for Reinforcement Learning with Multiple Objectives[D]. Massachusetts：Massachusetts Institute of Technology.

SILVER D, HUANG A, MADDISON C J, et al, 2016. Mastering the game of Go with deep neural networks and tree search[J]. Nature, 529(7587):484-489.

SILVER D, SCHRITTWIESER J, SIMONYAN K, et al, 2017. Mastering the game of Go without human knowledge.[J]. Nature, 550(7676):354-359.

SINGH S P, SUTTON R S,1996. Reinforcement learning with replacing eligibility traces[J]. Machine Learning, 22(1-3):123-158.

STADIE B C，LEVINE S，ABBEEL P, 2005．Incentivizing Exploration In Reinforcement Learning With Deep Predictive Models[M]. Berlin :Springer.

Stone P, 2008. Reinforcement Learning for RoboCup-soccer keepaway[J]. Adaptive Behavior, 13(13):165-188.

SUTTON R S, BARTO A G, 2005. Reinforcement Learning: An Introduction, Bradford Book[J]. IEEE Transactions on Neural Networks, 16(1):285-286.

SUTTON R S, PRECUP D, SINGH S, 1999. Between MDPs and semi-MDPs: A framework for temporal abstraction in reinforcement learning[J]. Artificial Intelligence, 112(1-2):181-211.

SUTTON R S, 1990. Integrated Architectures for Learning, Planning, and Reacting Based on Approximating Dynamic Programming[J]. Machine Learning Proceedings, 2(4):216-224.

SUTTON R S, 1992. Introduction: The challenge of reinforcement learning[J]. IEEE Transactions on Neural Networks, 8(3-4):225-227.

SUTTON R S, 1984. Temporal credit assignment in reinforcement learning [D]. Massachusetts：University of Massachusetts, 34(5):601-616.

SUTTON R S, 2009. The Grand Challenge of Predictive Empirical Abstract Knowledge[J]. Working Notes of the IJCAI-09 Workshop on Grand Challenges.

TAKAHASHI Y, SCHOENBAUM G, NIV Y, 2008. Silencing the Critics: Understanding the Effects of Cocaine Sensitization on Dorsolateral and Ventral Striatum in the Context of an Actor/Critic Model[J]. Frontiers in Neuroscience, 2(1):86.

TESAURO G, 1995. Temporal difference learning and TD-Gammon[J]. Communications of the Acm, 38(3):58-68.

VALENTIN V V, DICKINSON A, O'Doherty J P, 2007. Determining the neural substrates of goal-directed learning in the human brain.[J]. Journal of Neuroscience the Official Journal of the Society for Neuroscience, 27(15):4019.

WISE R A, 2004. Dopamine, learning and motivation[J]. Nature Reviews Neuroscience, 5(6):483-494.

YU H, 2012. Least Squares Temporal Difference Methods: An Analysis Under General Conditions[J]. Siam Journal on Control & Optimization, 50(6):3310-3343.

ZHANG J J, ZHENG X, WANG X, et al, 2016. Where Does AlphaGo Go: From Church-Turing Thesis to AlphaGo Thesis and Beyond[J]. IEEE/CAA Journal of Automatica Sinica, 3(2):113-120.